地域再生の環境学

淡路剛久［監修］　寺西俊一／西村幸夫［編］

東京大学出版会

Environmental Studies for Regional Sustainability
Takehisa AWAJI, Supervising Editor
Edited by Shunichi TERANISHI and Yukio NISHIMURA

University of Tokyo Press, 2006
ISBN 4-13-036300-X

監修者序文

　近年，さまざまなことばを頭に冠して「再生」ということばがよく使われている．たとえば，インターネット検索で「日本再生」とか「日本経済の再生」ということばを検索してみよう．650万件ほどのヒットがあるはずである．「都市再生」とか「地域再生」では，50万から100万以上の項目が，「自然再生」あるいは「環境再生」でも20万から30万の項目が出てくると思う．それだけ「…再生」ということばが使われているわけである．

　ところで，「再生」とはなんだろうか．広辞苑によれば，「死にかかったものが生きかえること．蘇生．復活」という意味が第一に出てくる．再生ということばがひんぱんに使われているということは，それだけ日本あるいは日本経済が弱体化し，都市あるいは地域が衰退し，さらには自然や環境の破壊が進行しているという認識があり，そのような現状を克服し，再活性化の努力が行われているということであろう．しかし，問題は，再生の方向とその方法論である．同じ「再生」という目標がかかげられ，再生論が語られ，再生政策が提案されていても，実は，相互に全く正反対の方向を向いた再生論があるのである．たとえば，規制緩和と市場主義が進行する中で，環境の視点を欠いた，否むしろ，環境負荷を高めることとなる，都市や地方の再生活性化のための再生論がある．他方で，過去からの，そして，政府の失敗と市場の失敗から絶えず生ずる可能性のある環境破壊のストックを正視し，環境の再生をはかることを通じて都市や地方の再活性化をはかろうとする再生論がある．「地域再生の環境学」と題した本書は，後者の立場から出発している．

　本書のテーマである環境再生の研究は，本書の執筆者が参加する日本環境会議によって，2000年に研究課題として取り上げられた．それ以降，研究が続けられ，2002年10月から2004年9月までは，日本生命財団による特別研

究助成(研究題目:「環境再生を通じた『持続可能な社会』の実現に向けた総合的研究」,研究代表:淡路剛久)を受けた学際的な共同研究プロジェクトとして実施されてきた.本書はその主要な成果である.本書の目標を一言でいえば,環境再生を通じて地域再生をはかり,サステイナブルな社会(持続可能な社会)の実現をめざそうとするものである.「環境再生を通じた地域再生」という課題の立て方に,本書の著しい特色があると思う.

　本書の出版にあたっては,日本生命財団から研究費の援助を受け,また,出版の補助を受けた.同財団の援助なくしては,本書の出版は不可能であったであろう.同財団に心より深甚なる感謝の意を表したい.また,東京大学出版会の黒田拓也氏からは,本書の編集と出版にあたって,有用な助言とご協力をいただいた.心より感謝申し上げたい.

　　　　　　　　　　　　執筆者一同を代表して　監修者　淡路剛久

まえがき

　地域再生を論じることは地域の環境を見つめ直すところから始めなければならない．本書はそのための学際的な試みとして，法学，経済学，生物学，医学，工学などの異なった立場から書かれた合計10編の論文からなっている．

　こうした多面的な作業が可能だったのは，監修者序文にふれられているように，「環境再生を通じた『持続可能な社会』の実現に向けた総合的研究」という日本生命財団による特別研究の助成が受けられたからであるが，それを可能にしたのは公害問題・環境問題から出発する多様な問題意識を共有する日本環境会議の日頃の活動とネットワークがあったからである．

　地域の環境を見つめ直すことは，これまでの地域における諸活動の蓄積について，その光と陰とを同時に凝視することから出発せざるを得ない．地域の環境とは良くも悪くもそうした過去の行為のストックのうえに成り立っているからである．

　これは地域の現実を見つめ直す作業である．地域の現実の本質的な理解なくして，地域の再生はありえない．地域の再生は将来に向けた蜃気楼のような夢物語を描くことではないのである．

　分野は違うものの本書の各章の主張には，お互い符合する，キーワードがいくつかある．それはたとえば，環境の回復であり，人への期待であり，地域社会の再生であり，既存システムの転換である．ここには地域再生をプロジェクトベースで考えるのではなく，地域の環境総体を引き受けそれを回復させていこうとする地道な運動の視点があるのだ．

　本書の構成は次のようになっている．

　まず，序章（淡路剛久）において，これまでの環境政策が公害・環境破壊の防止から環境負荷の低減へ向けた努力が払われた第一の環境政策，循環型

社会の構築を目指した第二の環境政策であったところから，環境破壊ストックからいかにして環境を回復していくかを目指す第三の環境政策へと向かいつつあることが述べられている．これによって本書の提言の歴史的な位置づけが明らかにされている．

　第1章（原田正純），第2章（除本理史・尾崎寛直・礒野弥生）は水俣を中心として公害被害の現実からの地域の再生を論じている．両論文ともに，環境回復・再生の道筋における人やコミュニティが果たす役割の重大さを強調することで論文が結ばれている点が印象深い．

　第3章（磯崎博司）と第4章（羽山伸一）は自然の再生を中心に論じている．生物多様性を基盤に据えた積極的な自然保全や自然再生の国内外の事例をもとに，具体的な事業の紹介を超えて，たとえば，統合的管理や参加型管理と呼ばれる環境へのコミットメントの総合的なあり方を考察するところにまで至っている．

　自然環境を対象とするこれらの章に続く第5章と補論1（西村幸夫，塩崎賢明）は都市環境の再生問題を扱っている．ここでも事業推進偏重のこれまでの都市づくりへの反省を込めて，都市の計画システムそのものの変革の必要性が訴えられている．

　第6章（中村剛治郎・佐無田光）と第7章（永井進）は経済学の立場から，臨海部の工業地帯の再生の問題と道路交通政策の問題について，新しい時代の地域経営のあり方が論じられている．

　地域再生のプロセスにおいて重要な役割を果たすべき市民参加を論じた第8章と補論2（大久保規子，山下英俊）は，環境情報や司法へのアクセス権などを保障するといった原則に照らして現状を批判的に把握し，参加の枠組み整備を超えて本来の市民参加へ向かう視点を提示している．

　終章（寺西俊一・除本理史）では，序章と呼応するように，環境再生の地道な努力から地域再生に至る道筋が展望されている．

　環境の回復・再生に特区のような促成栽培の道はない．地域の現状に向き合い，地球規模の視野を保ちつつ，現場での地道な努力を続ける意思とそれを支える仕組みが必要なのである．そこまで含めて環境学と表現するならば，つたないながらもここには，地域再生という総合的な目標を掲げた環境学を

学際的な協働によって生み出そうとするこころざしがあるといえるだろう．
　本書が地域の環境再生にわずかでも寄与できるとするならば，執筆者一同にとってこれ以上の喜びはない．

　2006年4月

西村幸夫

目　次

監修者序文

まえがき

序章　環境再生とサステイナブルな社会　　　　　　　　　淡路剛久
1. はじめに…………………………………………………………………………1
2. 求められる環境政策の三本柱
　　──サステイナブル・ソサイエティーへの転換に向けて …………2
3. なぜ，環境の回復の再生か……………………………………………………3
　3.1 「第一の環境政策」──公害・環境破壊の防止から環境負荷の低減へ　3/ 3.2 「第二の環境政策」──循環政策　4/ 3.3 ストックされる環境破壊　5
4. 「第三の環境政策」──環境の回復と再生……………………………………8
　4.1 従来の環境政策の限界　8/ 4.2 新たに動き始めた「第三の環境政策」　9
5. 環境再生の推進に向けて……………………………………………………10
6. おわりに………………………………………………………………………11

1章　水俣がかかえる再生の困難性──水俣病の歴史と現実から
　　　　　　　　　　　　　　　　　　　　　　　　　　　原田正純
1. 水俣病に終わりはあるのか──幕引きはできない ……………………13
2. 水俣の再生の前提──被害者の完全救済は可能なのか ………………15
3. 再生とは権利の回復──行政は責任を果たしていない ………………19
4. 地域再生を担う人々──胎児性や小児性水俣病の問題 ………………22
5. 再生へ向けた行政手法の変革──当事者参画の重要性 ………………25

6. 再生のキーワードは人——水俣学の立ち上げ …………………………28

2章 公害からの回復とコミュニティの再生
　　　　　　　　　　　　　　　　　　除本理史・尾崎寛直・礒野弥生
  1. はじめに ……………………………………………………………………31
  2. 環境とコミュニティの再生に向けた課題 ………………………………33
  3. 被害者救済に係る施策の問題点——大気汚染公害の事例……………34
　　3.1 認定患者と「未認定」患者の間の壁　34/ 3.2 医療と介護の双方のニーズを抱える公害病患者　37/ 3.3 「未認定」患者の生活困難と求められる施策　38/ 3.4 公害病患者の介護ニーズと医療・福祉・環境の政策統合　44/ 3.5 公害病患者のQOLとコミュニティ・ケア　49
  4. 公害被害者のノーマライゼーションとコミュニティの再生
　　 ——熊本水俣病の事例 ……………………………………………………50
　　4.1 水俣病患者のノーマライゼーションとコミュニティ・ケア　50/ 4.2 水俣の福祉コミュニティ構築に向けた3つの取組み　51
  5. おわりに ……………………………………………………………………58

3章 自然および農村環境の再生——日本の原風景の保全に向けて
　　　　　　　　　　　　　　　　　　　　　　　　　　　　磯崎博司
  1. はじめに ……………………………………………………………………63
  2. 従来型の自然保護施策 ……………………………………………………64
  3. ストックされた環境負荷の影響 …………………………………………66
　　3.1 外来種による被害　67/ 3.2 農村環境依存種に迫る絶滅の危機　68/ 3.3 中山間地域の荒廃と「山の里下り」　69
  4. 積極的な自然保全施策の必要性 …………………………………………71
  5. 積極的な自然保全に向けた活動事例 ……………………………………74
　　5.1 琵琶湖の内湖再生　74/ 5.2 地方自治体による里山の再生と保全　77/ 5.3 自然共生農業　81
  6. 必要とされる制度整備 ……………………………………………………86

6.1 明確な自然保全目標　86/　6.2 事前評価およびモニタリング　86/　6.3 積極的な公衆参加の確保　87/　6.4 資金確保　90/　6.5 統合的管理　92

7. おわりに …………………………………………………………………94

　■コラム：群馬県新治村にみるグリーンツーリズムの有効性について　84/
　　　　　滋賀県甲良町にみる住民参加の可能性について　88/
　　　　　収益確保に向けて　91

4章　自然再生事業と再導入事業　　　　　　　　　　　　羽山伸一

1. はじめに ……………………………………………………………………97
2. 自然再生とは何か …………………………………………………………98
3. 自然再生事業の課題 ……………………………………………………100

　3.1 自然再生事業とは何か　100/　3.2 釧路湿原（北海道）　101/
　3.3 丹沢山地（神奈川県）　103

4. 自然再生事業に求められるしくみ ……………………………………104

　4.1 統合型管理　104/　4.2 順応的管理　106/　4.3 参加型管理と財源の確保　107

5. 再導入という自然再生事業 ……………………………………………109

　5.1 米国での取り組み　109/　5.2 カナダでの取り組み　112/
　5.3 欧州での取り組み　114/　5.4 日本での取り組み　120

5章　都市環境の再生——都心の再興と都市計画の転換へ向けて　西村幸夫

1. はじめに …………………………………………………………………125
2. 人口減少時代の都市の新しいパラダイム ……………………………126

　2.1 人口増大に対処するための20世紀の都市計画　126/　2.2 縦割り行政の浸透　127/　2.3 事業推進型の都市計画　127/　2.4 迫られる都市計画のパラダイム転換　129/　2.5 コミュニティの復活と地方分権　130/　2.6 都市の縮退現象への対処　131/　2.7 詳細かつ厳格な計画規制へ　132

3. 都市計画システムの再構築 ……………………………………………132

3.1 市民参加と「諒解達成型」プロセスの重要性 133/ 3.2 参加と公開の原則 134/ 3.3 参加を支援する仕組みの整備 136/ 3.4 規制力強化の原則 138/ 3.5 ゾーニングの問題点 139/ 3.6 資産評価システムの改善 141

4. 中心市街地の再生戦略――市街地再生へ向けたロードマップを ………… 142

4.1 郊外化の防止 143/ 4.2 都心商業地域の魅力再生 145/ 4.3 公共交通機関の強化 146/ 4.4 都市型住宅のプロトタイプ確立へ 148/ 4.5 文化情報の発信基地化 150/ 4.6 個性を生かした景観整備 151/ 4.7 地域コミュニティを重視した再生型のまちづくり 153

5. 欧米の都市再生施策から学ぶ ………………………………………………… 154

5.1 アメリカのメイン・ストリート・プログラムと歴史地区保全 155/ 5.2 フランスの都市連帯・再生法 155/ 5.3 イギリスの都市再生施策の変遷 156/ 5.4 オランダの多極分散型の都市ネットワーク施策 156

~補論1~　都市再生は住宅再生から　　　　　塩崎賢明……… 159

6章　環境再生と地域経済の再生
　　　――ポスト工業化時代の大都市圏臨海部再生　　中村剛治郎・佐無田光

1. 大都市圏臨海工業地帯の形成・発展・衰退と再生のあり方 ………… 163

1.1 日本の大都市圏臨海工業地帯の形成と特異性 164/ 1.2 歴史的転機に立つ大都市圏臨海工業地帯 166

2. 欧米諸国におけるポスト工業化時代の都市再生 ………………………… 169

2.1 ポスト工業化とは何か――工業都市の衰退と再生 169/ 2.2 イギリスの都市再生――資本中心から人間中心へ 171/ 2.3 ドイツ・ルール工業地帯の都市再生――環境再生を通じて地域経済の再生へ 173/ 2.4 米国・サンフランシスコ湾計画――不動産ではなく,自然資源として 175

3. 日本における臨海部の都市再生計画 ………………………………………… 177

3.1 千葉市・蘇我臨海部の再生計画 177/ 3.2 京浜臨海部の再生計

画 179/ 3.3 四日市臨海部の再生計画 181/ 3.4 堺臨海部の再生計画 183/ 3.5 北九州臨海部の再生計画 185

 4. 環境再生を軸とする地域経済再生への展望 ……………………188

  4.1 日本における二重の課題 188/ 4.2 日本における臨海部再生計画の特徴と問題点 191/ 4.3 新たな時代にふさわしい取り組みとは 199

7章 環境再生とサステイナブルな交通——道路交通政策の再構築に向けて
永井 進

 1. はじめに——急激なモータリゼーションとその弊害 ……………………205
 2. 自動車交通の外部費用 ……………………………………………206
  2.1 日本における自動車の外部費用の計測——兒山・岸本モデル 206/ 2.2 外部費用推計の問題点と具体的な適応について 211
 3. 道路政策転換への課題 ……………………………………………214
  3.1 道路公害訴訟の影響と道路政策の転換 214/ 3.2 道路整備五ヵ年計画と道路特定財源制度の見直し 220/ 3.3 川崎市南部地域の「欠陥道路」の再構築 222/ 3.4 尼崎地域の道路再生と交通需要管理政策 225/ 3.5 韓国ソウルにおける高架道路の撤去と清渓川の復活 228
 4. 8都県市におけるディーゼル車排ガス規制とその効果 ……………230
  4.1 広域連携の実現 230/ 4.2 8都県市と国における対応の違い 231
 5. ロンドンの混雑税 ……………………………………………………238
 6. 「環境面で持続可能な交通」の構築に向けて ………………………243
  ■コラム：ディーゼル車排ガス規制における補助金の役割 236/ 混雑税のパブリック・アクセプタンス 241

8章 環境再生と市民参加——実効的な環境配慮システムの構築をめざして
大久保規子

 1. はじめに ……………………………………………………………251
 2. EU環境法の展開 …………………………………………………252

2.1　オーフス条約とEC指令　252/　2.2　SEA指令　254/　2.3　個別条約　255
3. 環境基本法と参加・政策統合……………………………………………256
　　3.1　環境基本法における市民参加の位置づけ　256/　3.2　施策の策定における環境配慮　258/　3.3　環境基本計画　261
4. 公共事業計画と参加…………………………………………………………263
　　4.1　開発計画体系の見直し　263/　4.2　個別の事業計画　269/　4.3　都市計画と参加　274
5. 今後の展望……………………………………………………………………277

～補論2～　「環境先進県」が生んだ「負の遺産」
　　　　　　──循環から環境再生への転換・拡張の必要性
　　　　　　　　　　　　　　　　　　　　　　　　　　　山下英俊………283

終章　環境再生を通じた地域再生──これからの課題と展望
　　　　　　　　　　　　　　　　　　　　　　　寺西俊一・除本理史

1. はじめに……………………………………………………………………291
2. 各地で広がる「環境再生を通じた地域再生」への取り組み……………292
　　2.1　欧州にみる動向と事例　292/　2.2　日本にみる動向と事例　294
3. 「環境再生を通じた地域再生」がめざしていること……………………295
　　3.1　「環境被害ストック」の除去・修復・復元・再生　295/
　　3.2　「環境的な豊かさ」の実現につながる「良質資産」の形成　298/
　　3.3　「エコロジー的に健全で持続可能な社会」の構築　299
4. これからの課題と展望に触れて……………………………………………300
　　4.1　推進主体をめぐる問題　301/　4.2　政策統合をめぐる問題　304/
　　4.3　費用負担と資金・財政措置をめぐる問題　306

あとがき　313

索　引　317

執筆者紹介　321

序章　環境再生とサステイナブルな社会

淡路剛久

1. はじめに

　環境政策の課題が「サステイナブル・ソサイエティー」（「持続可能な社会」と訳されることが多い）の構築であることは，今日，環境問題に関心をもつすべての者にとってほぼ共通の了解となっているように思われる．地域環境から地球環境に至るまで環境破壊が進み，環境の有限性が認識されるようになった1990年代，当初のスローガンは「サステイナブル・ディベロップメント」（この概念に込めたい意味に応じて「持続可能な開発」とか，「持続可能な発展」とか，「維持可能な発展」と訳される）であったが，その後は，「持続可能な社会」の構築と言う場合が多くなり，環境行政もまた，「持続可能な社会」の構築という目標を正面にかかげるようになった[1]．

　もちろん，サステイナブル・ソサイエティーの構築が目標となると，それに関わる政策領域は，きわめて広範となる．サステイナブル・ディベロップメントの課題を掲げたリオ・デ・ジャネイロ・サミット（地球サミット1992年），そして，その10年後のヨハネスブルグ・サミット（2002年）のきわめて広範なアジェンダがそのことを示している．しかし，環境政策の視点から

---

1) たとえば，環境省『環境基本計画――環境の世紀への道しるべ――』（2000年）は，第2部「21世紀における環境政策の展開の方向」において，その第1節を「持続可能な社会を目指して」，第2節を「持続可能な社会の構築に向けた環境政策」にあてている．

アプローチするならば，持続可能な社会とは，環境と共生し，環境の枠内で発展できる社会の構築ということにほかならない．

わが国の環境政策の目標が，このような持続可能な社会の構築へとたどり着くまでには，地域環境から地球環境に至るまでの公害・環境問題の拡大，そして，それに対応した環境政策の拡大を経験しなければならなかった．すなわち，1950年代から60年代になって，それまで蓄積されてきた環境汚染が悲惨な人身公害被害，重大な環境破壊として顕在化し，公害政策が展開されるようになった．同じ頃，開発政策の展開により自然環境の破壊が広がり，1970年代以降，自然環境保護政策が進められるようになった．さらに，1976年のOECDによる日本の環境政策のレビューを契機に，1980年頃までに，アメニティの悪化と破壊が認識されるようになり，1980年代以降，アメニティの保全が環境政策の課題に加わった．そうして，1980年代の後半，本格的には，1990年代になって，地球環境の悪化と破壊の危機が認識されるようになり，1990年代以降の環境政策として，地球環境政策が重要な課題として出現した．こうして，わが国の環境政策は，公害規制，自然保護，アメニティ保全，そして地球環境保全へと拡大してきたのである．

2．求められる環境政策の三本柱
――サステイナブル・ソサイエティーへの転換に向けて――

このように，公害規制から地球環境の保全へと拡大した現在の環境政策の中心的かつ終極的な目標は，持続可能な社会の構築ないしそれへの転換である．そのためには，公害，自然環境，アメニティ，地球環境へと拡大したすべての環境政策の領域を通じて，三本柱の環境政策が必要と考えられる．すなわち，従来，目標として掲げられ，さまざまな施策が投入されてきた「環境負荷の低減」と「循環型社会の形成」が今後も重要な環境政策であり続けることは言うまでもないが，しかしそれだけでなく，それらに加えて，悪化し破壊された環境の回復と再生を目標とする「環境再生」の環境政策が必要になってきているのである．

ここで，「環境負荷の低減」と「循環型社会の形成」については，環境政策に関心をもつ者ならば，しばしば聞かされた環境政策のキーワードだと思わ

れるが，環境再生については，耳慣れないかも知れない．もっとも，これまで外国の事例として伝えられてきた諸事例，たとえば埋め立てられてきた海岸地域を自然に戻したラベンナ（イタリア）の事例，基地跡地を転換利用して，自然エネルギーを用い，住居空間から自動車を排除したフライブルグのヴォバーン地区（ドイツ）の事例などは，かなり以前から知られている．また，ソウル市（韓国）での清渓川復元事業の事例は，近年，わが国でも注目されている環境再生の事例である．

しかし，それらは特別の事例であって，環境政策の三本柱のひとつとなるような一般的・普遍的かつ重要な環境政策の課題と位置づける必要はないのではないか，という疑問があるかもしれない．たしかに，1960年代から十数年ほどは公害規制が中心であり，1990年代以降は地球環境問題に対応した環境負荷の低減が中心とされてきた．このような公害の防止を含めた環境負荷の低減は，「第一の環境政策」である．そして，1990年代以降には，廃棄物問題の深刻化にともない廃棄物・リサイクル政策を中心とした循環政策が「第二の環境政策」の課題として加わってきた．とくに1990年代後半における環境政策の中心的なキーワードは，「循環（リサイクル）」であり，「循環型社会の構築」であった．これに対して，環境の回復と再生は，最近に至るまで，環境政策の中心の一つとして位置づけられることはなかった．環境再生は，その意味で，新たな環境政策の課題だということができる．

そこで，次に，なぜ環境の回復と再生が，環境政策の三本柱の一つとして位置づけられなければならないかについて述べることにしよう．環境再生がなにゆえ「第三の環境政策」の課題とならなければならないかを明らかにするためには，まず，「第一の環境政策」としての環境負荷の低減，「第二の環境政策」としての循環について述べなければならない．

3. なぜ，環境の回復と再生か

3.1 「第一の環境政策」——公害・環境破壊の防止から環境負荷の低減へ

四大公害に典型的に見られるように，日本において，蓄積されていた公害

が人身被害として一挙に顕在化したのは，1950年代末頃から1960年代にかけてであった．また，この時期には，経済発展を進める産業政策や開発政策によって，人身被害のみならず，生活環境の悪化と破壊，自然破壊が各地で広がった．このような公害・環境破壊の防止のための環境政策——当時は「公害政策」と呼ばれたが——の中心となったのは，公害規制による汚染の低減，さらには防止であった．「公害対策基本法」を基本法とし，個別の規制法が制定・実施され，あるものは比較的早くに効果をあげた（たとえば，重金属による水質汚染や亜硫酸ガスによる大気汚染対策など）．しかし，他のものは十分な実効をあげることなく，新たな政策が投入されつつ（たとえば，閉鎖性水域の水質汚染や自動車に起因する粒子状物質や二酸化窒素による大気汚染対策），今日に至っている（なお，「規制」が「循環」へとつながった領域として，水質の規制と水利用の循環などがある）．

こうした「第一の環境政策」は，1993年に，それまでの「公害対策基本法」に代わる基本法として制定された「環境基本法」の下で，「環境負荷の低減」という政策課題として重要な地位を与えられている．環境が有限であることが明らかになった現在においては，あらゆる領域で，「環境負荷の低減」が必要とされる．とりわけ，従来からの公害防止対策のほか，地球温暖化対策や，化学物質対策のような，きわめて重要な環境問題の解決あるいは前進がこの環境政策の対象となっている．

3.2 「**第二の環境政策**」——循環政策

1980年代中頃から，本格的には1990年代以降，廃棄物問題が重要な環境政策の課題となってきた．増加する一方の廃棄物，処分場の逼迫が直接の原因であり，環境行政の直接の課題として，リサイクルによる廃棄物の減少が目指された．そのために，一方で，「循環型社会形成推進基本法」が制定され，他方で，容器包装，家庭用機器，食品，建設資材，自動車など製品ごとの各リサイクル法が制定されてきた．「循環」にかかわるこの種の施策は，この10年間でもっとも動きのあった領域である．

もっとも，循環政策は，具体的な環境行政の上では，廃棄物の減少・リサイクルの推進として狭くとらえられる傾向にあるが，本来はもっと広い政策

領域としてとらえられなければならない．たとえば，「循環」は，地球環境問題からみれば，「環境負荷の低減」と相まって天然資源の有効利用をはかる政策課題でもあり，将来世代を視野に入れた地球環境問題に深く関係している．また，自然との関係では，人間活動を自然の循環に適合させることにより，人類を含めた生物の生態系の維持と多様性の保全をはかろうとするものであり，ここでも地球環境の保全が究極の目標とされている．

3.3　ストックされる環境破壊

フローのみの環境政策では不完全

　1990年代以降に展開された以上のような「環境負荷の低減」と「循環」に関わる施策は，その多くがサステイナブル・ソサイエティーに向けて，ともかく社会を動かしているという点で，評価されるであろう．しかし，これらの施策を見て気がつくことは，具体的な環境政策を展開する「場」（地域・現場）の現況（環境の現状）が政策の中にインプットされていない，ということである．つまり，「場」の現況を抜きにしたフローに対する環境政策の投入は（十分かどうかはともかくとして）なされてきたが，ストックとして現存する環境を前提とした政策の投入が（土壌汚染対策などストックとしての公害は別として）不十分なのではないか，ということである．実は，そこに，現行の環境政策にみる一つの大きな限界がある．

環境汚染，環境被害のストック

　公害のストックは，足尾鉱毒事件や水俣病事件などを想起すれば，容易に理解できよう．公害のストックは，まず，人間破壊を引き起こしたという人身被害の面で重大な課題を残している．水俣では，地域に生き，生活する被害者の孤立した状況に目を向ける必要があり，地域に生活する住民としての真の救済をはかるためになにをなすべきか，重要な課題が残されている．大気汚染被害者については，高齢化とともに公害被害の救済事業が福祉事業と密接に関連してきているが，高齢化した被害者の今後の救済事業のあり方を検討するためには被害救済の現状，実態が明らかにされる必要がある．

　公害や環境汚染のストックとして分かりやすいのは，閉鎖性水域の水質汚

染や土壌汚染のように，環境汚染源として直接にストックされる場合であろう．しかし，それだけではない．大気汚染や騒音の原因となる道路や空港のように人工物としてストックされる場合もあるし，都市構造そのものとしてストックされることもある．環境被害のストックは，過去のストックのみならず，これからも不断に生ずる可能性がある．

このように人工物としてストックされた公害や環境破壊源は，継続して公害や環境破壊を引き起こす可能性があるため，「環境負荷の低減」という環境政策を必須とする一方で，たとえば道路や空港の供用・存続の可否をめぐって環境再生の課題を提起し，供用廃止後の環境再生のあり方について夢のある環境再生プログラムの可能性を提起することもある．

自然環境および自然アメニティの破壊・悪化のストック

自然保護あるいは自然環境の保全は，貴重な自然の保護から始まって拡大し，生物多様性の保全へ進展したことにより，里山や中山間地の環境保全まで含まれるようになっている．しかし，貴重な自然についても，身近な自然についても，環境の破壊がストックされている．たとえば，貴重な自然としての自然公園は，過剰利用により自然が悪化あるいは破壊され，自然環境保全地域では，かつての指定前の国有林野における林業によりコア部分が荒廃しているところが少なくない．また，里山，河川，海浜，動植物など，身近な自然の悪化と破壊がストックされている（たとえば，里山の放置と荒廃，河川護岸の人工化，海浜の埋立て，地域的希少動植物の絶滅など）．これらは，われわれが日常的に経験していることである．自然環境の悪化と破壊のストックは，さらに，人と自然との関係，すなわち自然アメニティをも悪化させている．

ここでも，自然破壊のストックは，過去から受け継いだものだけでなく，「環境負荷の低減」と「循環」の政策にもかかわらず，これからも不断に生ずる可能性があるのである．

都市アメニティ破壊・悪化のストック

アメニティの悪化や破壊が引き起こされているのは，自然アメニティだけ

ではない．わが国の都市における道路の位置や構造，道路施設のあり方は，かねてより都市アメニティを破壊する最大の原因の一つと考えられてきた．また，公益が私益に容易に転化する都市計画の矛盾[2]や近時の規制緩和による無秩序な高層建築物ラッシュは，都市アメニティの最低限の要素である都市景観（特に都市のスカイライン）を破壊しており[3]，今後もこのような傾向が続く可能性が高い．

これまで，都市アメニティの問題は，いかにしてその悪化を防ぐかの防戦が中心であったように思われる．しかし，日本の都市は，スクラップ化され新たにビルドされることも多い．高速道路で覆われた日本橋周辺の環境再生をどうはかるかは，きわめて今日的な課題となっている．ソウル市の清渓川復元事業の事例は，わが国の都市環境の再生に対して，重要な課題を示唆している．

地球環境破壊のストック

いま，もっとも重要な環境問題である地球温暖化問題は，環境破壊ストックの最大のものである．地球温暖化の原因である温室効果ガスの大気圏中でのストックは，すでに危険領域を越えつつある．しかし，この領域における政策は，環境再生どころか，環境負荷のレベルをどう減らすかの段階にとどまっているのが現状である．

---

2) 公共施設（大学，病院など）は「公」の性質をもつため，周りが一種低層住居専用地域で10メートルの高度制限がある地域であっても，中高層地域の指定がなされていることがあるが，そのような施設は従来敷地が広いために，せいぜい4，5階の建物が建てられていただけであった．しかし，施設が廃止され，民間に売却されたときに，経済的利益を追求する「私」に転換し，制限一杯の高さと土地利用が行われる事例が，少なからず生じている．たとえば，東京都世田谷区深沢地区の都立大跡地の巨大かつ高層のマンション群がそのような例と考えられる．

3) よく知られている国立・大学通りマンション事件がその例である．

4.「第三の環境政策」——環境の回復と再生

4.1 従来の環境政策の限界

　以上のように,公害や環境破壊のストックは,環境問題のそれぞれの領域において,過去からのストックとして,また現在発生しつつあるストックとして(これは環境政策の失敗や限界から不断に生ずる),新たな政策領域を要求している。もっとも,このような政策課題に対して,近時の環境行政はその取り組みの必要性に気づいていないわけではない[4]。しかし,ストックとしての環境負荷から環境を再生させるという積極的理念が基本法になかったためか,ストックとしての環境負荷のとらえ方は,「負の遺産」と呼ばれているようにきわめて狭い。「有害物質による土壌や地下水の汚染,難分解性有害物質の処理問題,地球温暖化問題やオゾン層の破壊問題など」と例示されているように,ストック公害に限定されている。日本社会が1990年代に至るまで経験し,それがストックとしての環境問題あるいは環境負荷となっている公害地域,悪化した生活環境,アメニティを喪失した都市環境,破壊された自然環境という広範にわたる環境の「場」が対象とはされておらず,その意味で,個別・分断的な施策にしかなっていない。

　たとえば,ストックされた環境被害対策としては,「公害防止事業費事業者負担法」が定めるような公害防止事業のみであり,ストックされた自然破壊に対しては,限定された自然環境回復事業(自然公園事業など)があるにすぎず,また,中山間地域の農地や林野の環境保全に対しては,中山間地域に

---

[4]　前掲の『環境基本計画』のなかには,次のような一文がある。「21世紀初頭は,20世紀における環境上の『負の遺産』の解消と環境の再生を図りながら持続可能な社会へ転換することを最大の課題とし,社会経済のあらゆる分野においてその解決に向けた取組を強化すべき重要な時期です。」(第1部第3節「21世紀初頭における環境政策の課題」)。そして,21世紀初頭における環境政策の展開の方向として「持続可能な社会の構築」を挙げ,「フローの面においては,社会経済活動からの環境負荷が環境の許容範囲内にとどまり,人の健康などに悪影響を与えないことが必要です。また,ストックの面においては,可能な限り環境上の『負の遺産』を解消し,将来世代により良好なものとして環境を継承していく社会でなければなりません。」と記述している(第2部第1節「持続可能な社会を目指して」)。

対する直接所得補償政策という別目的の施策がとられているにすぎない．これらの施策がストック公害・環境被害に対してどれほどの効果をもたらしているかについて調査が必要とされるが，きわめて限られた個別・分断的な施策にとどまっており，本格的な政策領域となってはいない．

4.2 新たに動き始めた「第三の環境政策」

しかし，20世紀末から21世紀に入って，環境の回復と再生は，重要な環境政策の課題として，被害者・市民から，あるいは行政から，あるいは立法者から，始動している．これは注目すべき新たな動きであり，「第三の環境政策」が動き始めた兆候とみることができる．しかし，そのような動きを正面から取り上げ，第三期の，そして「第三の環境政策」として位置づけ，政策投入をしていかなければ，課題の解決は困難である．以下，いくつかの例をみよう．

たとえば，公害地域においては，被害者が公害地域の再生運動を始めている（西淀川，尼崎，川崎など）．これは，大気汚染訴訟が被害者・原告の勝訴に終わった後，企業との間で和解がなされ，公害地域の環境再生をはかるために支払われた資金を基礎として展開されているものである．しかし，被害者・住民が環境再生の取り組みをしても，それが政策に結びつく仕組みや行政とのネット・ワークやパートナーシップが作られていなければ，その成果は，限定されたものにとどまる．行政が環境再生を積極的な政策理念として位置づけていくことが求められている．

もう一つの例を挙げよう．自然の再生について，「自然再生推進法」が議員立法された．この法律に対しては，立法当初は新たな公共事業の「隠れ蓑」として使われるのではないか，という警戒の声も聞かれた．この「自然再生推進法」は，その目的として，「生物多様性の確保を通じて自然と共生する社会の実現を図り，あわせて地球環境の保全に寄与する」（1条）ことを挙げているが，この法律の適用によって進められている自然再生事業がどれだけその本来の目的に貢献するようなものとなっているか，それとも，単に形を変えた従来の土木事業の再来かについては，調査研究が必要である．仮に，法律が掲げる目的のためになされている事例が多いと仮定したとしても，その

政策は，自然の循環に戻す手助けをする，そのための分断的ではなく，統合的な政策とならなければならない．本書の羽山論文（第4章）が指摘するとおり，自然に対する人の知見はいつでも不完全だとすれば，その政策は柔軟でなければならず，また，非専門家といわれながら地域の自然を熟知している住民の参加に基づくものでなければならない．

以上のように，環境の回復と再生のための施策は，21世紀に入って，いくつかの領域で個別的に，着実な仕方で始められている．そこで，課題となるのは，このような「第三の環境政策」というべき環境の回復と再生の政策を，どのようにして進め，どのような政策体系にすべきか，という問題である．

5. 環境再生の推進に向けて

21世紀において新たに投入されるべき「第三の環境政策」＝環境再生を推進していくためには，まず，環境再生の理念を「環境基本法」に導入することが考えられてよい．もっとも，環境再生の領域は広くも狭くもとらえられるので，その理念は抽象的なものとなるかもしれない．しかし，いずれにせよ，理念を具体的に実施するための環境政策の手法を明らかにするためには，次のような点を検討する必要がある．

第一は，環境再生のために投入すべき環境政策の領域を明確化することである．

第二は，環境再生を進めるための環境政策の主体である．

第三は，環境再生を進めるためには，計画的手法が中心となるものと思われるが，そのさいの基本的事項を定める必要がある．

第四は，費用負担である．

第五は，手法である．具体的な施策は，おそらくさまざまな施策のポリシー・ミックスとなろう．

環境再生政策は，それが展開される政策領域が多様であり，かつ，それぞれの領域においては，コミュニティー政策，地域経済政策，交通政策，都市政策，農村政策など，それぞれ固有の政策が進められるなかで，それらと関連させつつ展開される必要があるため，各論においては多様である．総論に

おける共通理念と手法の提示，各論におけるその多様な展開が，環境再生政策論における特徴である．

このことは積極的意味をもち得る．それは，環境再生をそれぞれの領域に政策として投入することによって，その領域の活性化がはかられ，その領域自体の再生がはかられるということである．これを経済学の用語である「外部経済」のアナロジーでいうならば，環境再生政策の「外部性のインパクト」と呼ぶことができるし，そのようなアナロジーを避けるならば，環境再生政策の「外部的インパクト」と呼ぶことができる．

たとえば，環境再生は，環境ストックをプラスのストックとして，あるいはマイナスのストックとして，環境再生地域における経済社会活動の発展あるいは転換を導く動因となる可能性がある．本書で中村・佐無田論文（第6章）はこの点を扱っているが，同論文では，人間の経済社会活動の領域において，環境のストックがその領域における人間活動の重要な要素である場合，当該環境のストックを転換あるいは維持することによって経済社会活動との統合をはかりつつ，産業構造の再編と地域社会の再生がはかられることが明らかにされている．その意味で，環境再生政策は「外部的インパクト」をもつこととなるのである．このようにして，環境再生政策と地域政策との統合がいかにして可能かを研究する課題もまた，環境再生政策論の重要な課題となる．

6. おわりに

サステイナブル・ソサイエティーは，理念的に提示された「環境負荷の低減」と「循環」のみによっては達成できない．人間活動は，過去において環境被害のストックを生ぜしめ，これをマイナスの遺産として今日に残してきたし，政府と市場の失敗は，今後とも不断に環境被害のストックを生ぜしめるであろう．それは，人間の社会経済活動が残したプラスの遺産である世界遺産とは裏面関係にあるマイナスの遺産である．

生きた環境政策は，このような環境問題の現実を正面から見据える必要がある．今後，環境再生を環境政策の第三の柱として位置づけることによって，

わが国の環境政策は，より一歩，サステイナブル・ソサイエティーに近づくことができるのではないか，と思われる．

1章　水俣がかかえる再生の困難性

水俣病の歴史と現実から

原田正純

1. 水俣病に終わりはあるのか——幕引きはできない

　2005年（平成17年）9月26日，新しい水俣病認定申請患者のグループの1つ，「出水の会」（1,250人）がチッソ工場の正門前に座り込みを始めた．これは，1971年の川本輝夫さんらの座り込みから実に34年ぶりのことで，多くの人びとが驚いた．翌日には，同様の新しい申請者グループの1つ，「不知火患者会」（約1,100人）が，損害賠償請求の訴訟を起こすことを発表した．「水俣病公式発見」から50年が経とうとしているのに，これは一体，どう考えたらいいのだろうか．

　2004年（平成16年）10月15日の水俣病関西訴訟の最高裁判決は，水俣病に関する熊本県と国の責任を認め，原告が主張する新しい水俣病の判断条件を認め，水俣病を否定された原告を水俣病と認めて，長い論争が続いた救済基準を司法によって確定させた．この判決を受けて，今まで申請もしていなかった患者たちが続々と申請を始め，その数は2006年4月現在，3,800人を超えた．最高裁による判決確定後も，国は何もしようとしなかったし，できなかった[1]．上記の新しい動きは，そのために起こった行動であった．これにより，水俣病事件が決して過去のものではなく，現在なお進行中の問題であることを世間に示した．

---

[1]　最近，医療費の本人負担分を公費で支払うという政策を行った．

水俣病事件では，過去において何回も「水俣病は終わった」「解決した」と言われてきた．たとえば，以下のとおりである．

① 1959 年（昭和 34 年）：熊本大学水俣病研究班が原因物質を明らかにした時
② 1968 年（昭和 43 年）：政府が水俣病を公害病と正式に認定した時
③ 1973 年（昭和 48 年）：第一次水俣病裁判で原告が勝訴した後，患者とチッソの間に補償協定が締結された時
④ 1977 年（昭和 52 年）：「後天性水俣病判断条件」（「52 年通知」）に関する環境庁次官通知が出された時
⑤ 1986 年（昭和 61 年）：特別医療事業が施行され，医療費が出るようになった時
⑥ 1990 年（平成 2 年）：水俣湾のヘドロ処理事業が完了し，魚介類の安全宣言がされた時
⑦ 1996 年（平成 8 年）：関西訴訟を除く大多数の患者が政府の和解案を受け入れ，訴訟や申請を全て取り下げた時

ざっと，拾い上げてみただけでも，何回も「水俣病は終わった」とされ，環境の復元や再生，再出発が言われた．再生や再出発の前提は「水俣病問題がすでに終わった」とされることが多い．再生や再出発の前提として，問題の解決が必要であることはもちろん，問題が未解決のまま，問題を残したままの再生では，事件を過去のものとして隠蔽することになりかねない．俗に言う「幕引き」の役を引き受けることになる．従来の「出直し」や「再生」はそのような役割りを果たすことが多かった．しかし，すべての問題が解決するまで無策であっていいということでもない．

公害被害地のように問題が山積している地域では，その解決と地域の再生・復元とを別々にすることは困難である．

唯一和解を拒否して裁判を続けた水俣病関西訴訟は，不知火沿岸から病を引きずったまま，関西に移り住んだ人々が，チッソ，国，県を相手に 1982 年（昭和 57 年）10 月 27 日に補償請求を起こした裁判である．2004 年（平成 16 年）10 月 15 日に下された判決は，いわゆる四大公害病のなかで唯一行政責任を認めた画期的なものであった．

しかし，判決を内容的に見ると，原因物質がメチル水銀と明らかになった時点で何もしなかったことを水質二法（水質保全法，工場排水規制法）にもとづく違法としたが，本来ならば，原因が魚貝類と分かった時点で食品衛生法にもとづく違法とすべきであった．その差はわずか3年5ヵ月であるが，被害の拡大防止，および将来に活かすためには，その意義はとても大きいのである．

また，判決の意義は，原告が水俣病認定審査会から棄却，または保留とされた患者たちであったことである．したがって，原告（患者）が水俣病かどうかも大きな争点であった．これに対して，最高裁は原告の主張をほぼ認めて，審査会の判断を退けた．これを契機に一挙に申請者が増え，今日，審査会は機能不全に陥り，認定制度が破綻している．この事態は，ある程度推定できたことではあったとしても，問題の底深さと「水俣病は終わっていない」ことを，今更のように思い知らされた．すでに，私たちが指摘していたように，止むに止まれなかったとしても，1995年（平成7年）の和解案は，行政責任を明らかにしていなかったという一点において，残された問題が大きかったのである[2]．

しかし，一方では，この和解以降とられてきた諸々の諸事業を見ると，和解によって問題が解決したという前提で始まったものが少なくない．義務教育における水俣病学習の奨励，世界への情報発信事業，社会学的研究班の立ち上げ（環境省），資料収集事業など教訓を学ぶという諸事業の背景には，「過去から学ぶ」という形で，水俣病をすでに過去のものとして歴史のなかに閉じ込めようとした一面があったのではないか（たとえ，意識的でなく，善意であったとしても）．

2. 水俣の再生の前提——被害者の完全救済は可能なのか

「再生の前提が被害者の完全救済である」という文言には誰も異論はないようにみえる．しかし，水俣病事件の場合，果たして「救済」でよいのか，

---

[2] 原田正純「水俣病事件における和解勧告」『公害研究』第20巻第3号，1991年．

「賠償」なのか，を明確にする必要があった．裁判は損害賠償請求の「賠償」であり，公害健康被害補償法（公健法）では「補償」である．それがいつの間にか「救済」に和解の時にすりかえられてしまっていたという問題がある[3]．

また，仮に「救済」としたとしても，その対象の被害者（この場合，水俣病）は誰かという問題，さらに，水俣病の被害とは何か，という問題が残る．

被害者は誰かという問題では，水俣病かどうか診断が問題になるが，その場合は当然，水俣病の診断基準が問題になる．この診断基準は，医学的な問題のようにみえるが，実は純粋に医学的な概念ではない．むしろ，社会的，政治的な概念と言った方が実態に合っている．

水俣病に限らず，公害事件や労災・職業病の場合，被害者かどうかの決定に認定制度が入り口のところで「救済」の壁となる．認定制度がなぜ必要かと言えば，まず，「公平さ」とある程度の「合理性」が求められるからである．もともとは，認定の基準はなるべく「不公平」が起こらないように決められたものである．さらに，「賠償」や「補償」の問題になるので，一定の「合理性（科学性）」が求められた．しかし，その「合理性」は一般的な合理性で十分であって，厳密な「科学性」が要求されているのではないはずである．まして，それが「救済」の障碍になるようなことがあっては，本来の法の主旨に反することになる[4]．

水俣病の場合，患者の長い交渉や座り込みなどの結果，補償協定がチッソと結ばれた．それは，新認定患者にも裁判の原告と同じように補償金を支払うことや，物価にスライドした医療手当（年金）と医療費の支給などを内容とするものであった．この協定で，一定の「救済」の窓口が開かれたと期待されたが，「(昭和)52年次官通知（環境庁）」によって認定の基準が厳しくなり，その後，認定されることは狭き門となってしまった[5]．その結果，当然の

---

3) 花田昌宣「水俣学研究序説」原田正純編著『水俣学講義第2集』日本評論社，2005年．
4) 原田正純「医学における認定制度の政治学，水俣病の場合を中心に」『思想』第908号，2000年．
5) 1977年7月1日，「昭和52年判断条件」（「後天性水俣病の判断条件について」）が環境庁企画調整局環境保健部長名で通知された．その内容は「症候は，それぞれ単独で

2. 水俣の再生の前提　　17

図 1-1　不知火海沿岸地図

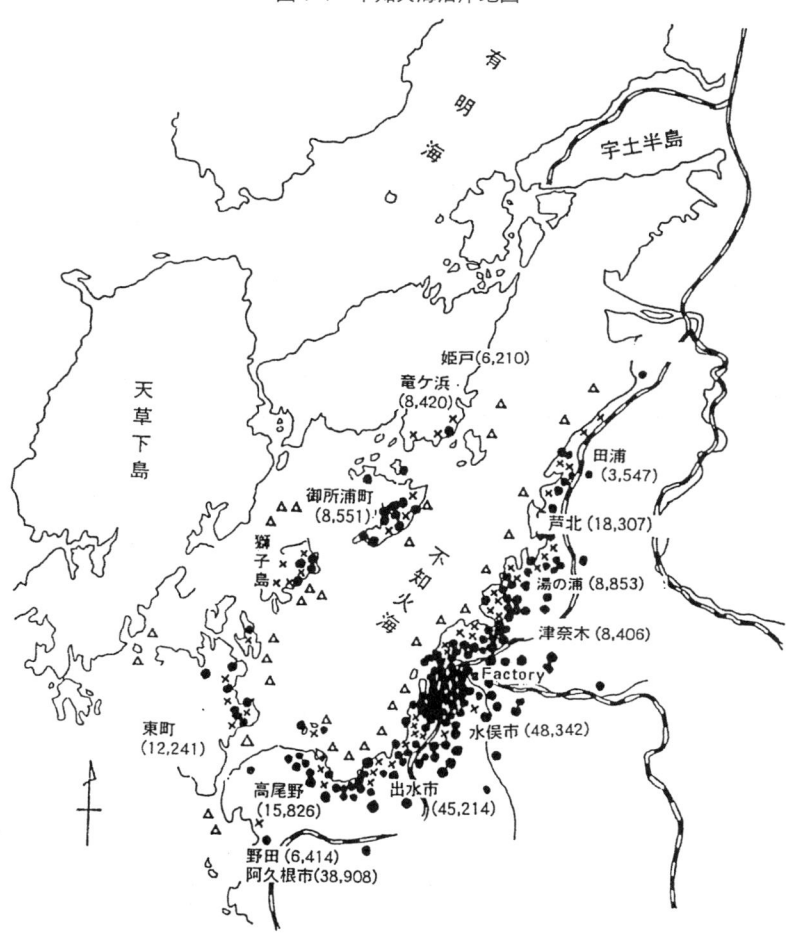

有明海
宇土半島
天草下島
姫戸(6,210)
竜ケ浜(8,420)
田浦(3,547)
御所浦町(8,551)
芦北(18,307)
獅子島
湯の浦(8,853)
不知火海
津奈木(8,406)
Factory
東町(12,241)
水俣市(48,342)
高尾野(15,826)
出水市(45,214)
野田(6,414)
阿久根市(38,908)

● 水俣病患者
× ネコの狂死が確認されたところ
△ 魚の浮上が確認されたところ
（　）人口は1960年の国勢調査による

表 1-1　水俣病関連統計（2003年2月28日現在，熊本県水俣病対策課）
水俣病認定申請処理状況

		申請総件数	取下げ等	申請実件数	処分済み件数		未処分数			
					認定	棄却	未審査	答申保留	処分保留	計
熊本県	臨時措置法	395	63	(284) 332	〔14〕 32	(250) 300	0	0	0	0
	新法旧法計	14,726	1,856	(8,704) 12,870	〔1,189〕 1,743	(6,926) 11,087	24	16	0	40
	合計	15,121	1,919	(8,988) 13,202	〔1,203〕 1,775	(7,176) 11,387	24	16	0	40
鹿児島県		4,360	318	4,042	490	3,525	27	0	0	27
新潟県		2,138	133	2,005	690	1,315	0	0	0	0

(注) ①熊本県分は旧法施行前の44件を含む．
②熊本県分申請実件数及び棄却の（　）内は実人数．
③申請総件数には移管を含む．
④熊本県分・認定の〔　〕内は死亡数再掲（チッソ㈱資料より）．

ことながら，認定患者は激減してしまった．裏を言えば，チッソの懐具合（財政）に合わせた認定になってしまった[6]．そのために，原告2,000人を上回る第三次訴訟が持ち上がったのである．

当時，不知火海沿岸の地域には少なく見積もっても20万の人が住んで，漁業やそれと何らかの関係がある暮らしをしていた（図1-1）．彼らは紛れもなく確実に汚染された人々であることは，彼らの住むところはネコが100％斃死した地域であることから明らかであった．ネコの水俣病が100％のところで，水俣病と認定された患者は2,265人であるから，わずか1％しか認定さ

は一般に非特異的と考えられるので，水俣病であることを判断するに当たっては，高度の学識と豊富な経験に基づき，総合的に判断する必要が在る」として症候の組合せを重視し，その組合せを示した．「ア；感覚障害があり，かつ運動失調が認められること．イ；感覚障害があり，運動失調が疑われ，かつ，平衡機能障害あるいは両側性の求心性視野狭窄が認められること．ウ；感覚障害があり，両側性の求心性視野狭窄が認められ，かつ，中枢性障害を示す他の眼科又は耳鼻科の症候が認められること．エ；感覚障害があり，運動失調が疑われ，かつ，その他の症候の組合せがあることから，有機水銀の影響によるものと判断される場合であること」．そのために，この後，多数の棄却患者が急増するのである．

6)　花田昌宣・酒巻政章「被害補償の経済学」原田正純編著『水俣学講義』日本評論社，2004年．

れていないことになる（表1-1）．したがって，被害者は，単に公害健康被害補償法（公健法）によって認定された患者だけではない．1996年の大規模な和解によって，和解の一時金を受け取った患者の数は10,353人，医療手帳を取得したもの9,656人であったが[7]，もちろん，被害者は彼らだけでもないはずである．先に述べたように，最高裁判決後，新たに申請する者が急増し，2005年9月30日の時点で，3,300人を超えたことでも明らかである．それをみると，未だに被害の全貌どころか，被害者の数さえ明らかにされていないことになる．

　被害の内容は，最初，わずかな神経症状（感覚障害，共同運動障害，視野狭窄）の組み合わせ（「ハンター・ラッセル症候群」と呼ばれた症候群）とその有無によって判定されていた．その後，かなり被害者の枠は拡げられたものの，しかし，水俣病の被害の内容はそのような神経症状の有無だけではない．自覚症状，その他の神経症状，全身症状，症状増悪など身体症状だけではなく，こころの傷，差別と偏見，生活障害，経済的負担などの被害や，医療，福祉，漁業，共同社会への影響，地域社会の伝統的な生活様式や文化の崩壊など，未解決の問題が多すぎる[8]．それらの多様な負の影響に対応して，回復なり再生することが果たして可能だろうか．そういった状況のなかで，「水俣の再生は被害者の完全救済が前提」などといえるのであろうか．被害者の数さえ特定できずに，完全救済や再生が可能なのか，私は悲観的にならざるを得ないのである．

3．再生とは権利の回復——行政は責任を果たしていない

　最高裁で行政責任が認められ，世間一般では2004年10月の判決に対する

---

7) 1996年，多くの未認定患者が和解案を受け入れた．政治解決といわれるものである．その内容は，①一時金260万円，②医療手帳を交付し，医療費および医療手当てを支給する，③政府が遺憾の意を表明，④紛争終結（申請や裁判を取り下げる），⑤6,000万円から34億円の団体加算金を支払う，などというものであった．条件は，一定の疫学条件があり，四肢末端優位の感覚障害が認められるものであった．

8) 原田正純「水俣病における救済問題」一番ヶ瀬康子編『生活福祉論』光生社，1994年．

評価が高い。だが、その内容については、未来に活かすという点で必ずしも満足できるものではなかったことはすでに述べた。それは、食品衛生法の適用でなく、水質二法の適用であった点に不満が残った。判決は、原因が魚貝類であるということが明らかになった時点でなく、原因物質が有機水銀であるということが明らかになり、工場排水のなかに含まれた微量の有機水銀が分析可能になった時から2ヶ月が経った1960年（昭和35年）1月以降に、国が水質二法にもとづく規制権限を行使しなかったことが、法の趣旨、目的、権限などに照らし、著しく合理姓を欠くとして、国家賠償法上違法としたのである。

　しかし、原告が主張したのは、水俣病の原因が魚貝類と明らかになった1956年（昭和31年）8月の時点で食品衛生法の適用をすべきであったことである。先に述べたように、その差はわずか3年5ヶ月の差のように見えるが、その意味は大きいのである。すなわち、水俣病事件を食中毒事件として捉えるかどうかの問題である[9]。

　分かりやすく言えば、仕出し弁当で食中毒がおこったとする。食品衛生法では直ちに摂食禁止、販売禁止、営業停止である。そして、仕出し弁当には刺身もてんぷらもあるから、どれが原因か分からないからといって、売り続けることはない。原因は仕出し弁当であるからである。しかし、水俣病では魚貝類のなかの何が原因か分からないといって、漁獲禁止や排水停止などの措置はとられなかったのである。もし、魚貝類で食中毒がおこれば直ちに、販売禁止、摂食禁止とするべきで、魚貝類のなかの何が原因物質か分からないからといって放置できないはずである。これは、原因と病因物質とを意識的に混同したものである。したがって、最高裁判決が国・県の責任を認めた点は評価するとしても、将来に活かすためには、原因が分かった時点で行政が対策を立てる必要性を指摘するべきであった。

　環境省大臣は責任を認めて頭を下げたものの、責任を取るということは、誰に対してどういう責任があるか、明らかにしなければならない。

　まずは、まだ放置された被害者に対しての救済責任であろう。そのために

9）　津田敏秀「食中毒事件としての水俣病事件」『環境と公害』第33巻第3号，2004年．

は，大阪地裁，大阪高裁，最高裁の判決が再三示唆したように救済のシステム（認定制度）を変えなくてはならない．最高の権威で医学的に正しいとされてきた審査会の決定が覆されたのであるから，認定制度を根本から見直して，閉ざされた救済の道を開くべきである[10]．しかし，判決以後も環境省は頑なに「認定制度の見直しはしない」と明言している．

さらに，被害者の救済に次ぐ行政と企業の責任は，被害（影響）の実態を明らかにすることだろう．それとて，熊本県が提案している実態調査さえも，環境省は拒否している．

そして，行政と企業が果たすべき責任は，水俣病事件で疲弊し，傷ついた地域の再生であろう．たしかに，もやい館，オレンジ館，情報センターや資料館など箱ものはいくつかできた．また，環境モデル都市構想，市民と患者の亀裂を埋める「もやい直し運動」，ごみの21種分別，リサイクル運動，ごみ減量運動，グリーン・ツーリズム，エコ・タウン運動などが推進されて，全国から見学者が絶えない．さらに，ソーシャル・キャピタル（社会関係資本）の発揚として，「環境テクノセンター」を中心に家電リサイクル，タイヤリサイクル，びんリサイクル，オイルリサイクル，プラスチックリサイクルなどの新しい企業が起こっている．このように市民を巻き込んだ運動は盛りだくさんで，そのなかには一定の評価を得たものもある．しかし，被害者の癒しや水俣の再生にそれがどう繋がっているのか，いま一つ，見えてきていない．依然として「ニセ患者」，「金の亡者」といった発言や「水俣病病名変更運動」など，差別は存在している．

「公害都市」からの再生にとって箱ものやスローガンよりも大切なことは，人づくり（人材育成）にある．再生の成否は人である．再生のためのまちづくりに有用な人材の育成や若者たちが働く基盤づくりなどに，チッソや国がどれほどの努力をしたというのだろうか．その意味では，チッソも行政も，とても責任を果たしているとはいえない．単に補償金を払うとか，予算をつけるということだけで，責任を果たしたことにはならない．水俣における再生とは，長きにわたる被害者の人権侵害からの回復であり，それを担う人づ

---

10) 原田正純「水俣病関西高裁判決」『環境と公害』第31巻第2号，2001年．

写真 1-1　胎児性患者

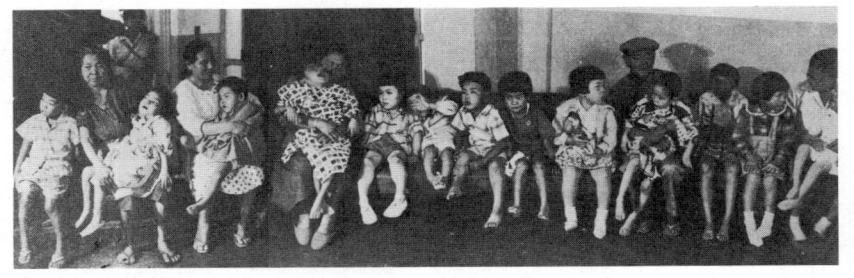

1960年，原田正純撮影．

くりである．それを果たした時に初めて，責任を果たしたということになりはしないか．

4. 地域再生を担う人々——胎児性や小児性水俣病の問題

　どのような問題の解決策の前にも，水俣においては胎児性水俣病の問題は重い．成人・小児（後天性）水俣病の発見および原因究明，そして見舞金契約[11]という一連の流れのなかで，胎児性水俣病の問題は取り残されてきた．すなわち，胎児性水俣病が正式に認められたのは，そのうちの2人が死亡して，解剖の結果が明らかになった1962年（昭和37年）11月のことであった（写真1-1）．水俣病はメチル水銀中毒ということが明らかになってからでも，3年経っていた．もちろん，毒物が胎盤を通過したということが前例のないことであった点も解明に時間がかかった理由の1つであるが，患者は幼く，重症であったために，自ら声を上げられなかったことにもよる．

　現在までに，私は66例を確認しているが，いずれも重症者で，一人も普通学校に行っていない．当時の複式学級や，養護学校に通わされていた．これらの学校を卒業すると，彼らは自宅，施設，精神病院などで生活した．たと

---

11)　見舞金契約とは，1959年（昭和34年）12月30日，患者家族互助会とチッソが結んだ契約で，実質上の補償契約であった．しかし，低額であった上に，事実を隠し締結した不平等なものであったために，第一次水俣病訴訟で裁判所から「公序良俗に反する」として破棄されたものである．

え補償金をもらっても，彼らにとってそれは無関係であった．さらに，後天性水俣病の成人では底辺（軽症，非典型例，非典型）などが大きく取り上げられ，司法や行政の場でさかんに議論されてきたが，胎児性患者については，そのような問題は議論されることもなかった．軽症の小児性・胎児性患者の問題が議論にならなかったのにはいろいろな理由があるが，一つはいずれも年齢が若く，就職，結婚をひかえていたこと，もう一つは本人たち自身が水俣病とされることを嫌ったことから声を上げ難い状況にあった．また，若い世代の人に隠れた障害があることを明らかにすることによって，新しい差別を作りかねないという私たちの躊躇もあった．しかも，議論されてきた後天性水俣病の病像論の延長上に，胎児性水俣病の病像があるのではない（程度の差ではない）[12]．後天性水俣病とは異なった診断基準が胎児性水俣病では必要であった．とくに，軽症においてはなおさらのことであった．診断基準が初期のままに放置されたために，現在，認定されている66例の胎児性水俣病患者はいずれも重症者だけである．

ところが，1988年にIPCS（国際化学物質安全計画）が水銀の微量汚染が胎児に及ぼす影響について問題を提起したことにより，世界中の研究者がそのことに注目し，各地で調査研究が行なわれた[13]．それによると，妊婦の場合一応の安全基準と決められた頭髪水銀値50 ppm以下でも胎児には一定の影響があるという結果が出ている．にもかかわらず，わが国ではそのような胎児性水俣病の底辺の研究はすべて蓋をされて，行われてこなかったのである．ヨーロッパ，アメリカ，カナダではいち早く妊婦の魚貝類の摂食制限を打ち出したが，わが国は遅れて2003年（平成15年）になってやっと勧告を出した．

最近の新申請患者の大部分（私の資料では70％）が40歳代から50歳代である．まさに，最重症を除く胎児期，小児期に汚染を受け，影響を受けてい

[12) 原田正純「裁判における水俣病病像論」原田正純著『水俣が映す世界』日本評論社，1989年．

13) 原田正純「有機水銀研究の最近の動向，IPCSの報告書をめぐって」『公害研究』第19巻第2号，1989年．および原田正純「胎児性水俣病をめぐる問題」原田正純編著『水俣学講義第2集』日本評論社，2005年．

24　　　　　　　　1章　水俣がかかえる再生の困難性

写真 I-2　U集落

1960年，原田正純撮影．

図 I-2　U地区の胎児性・小児水俣病の発生状況

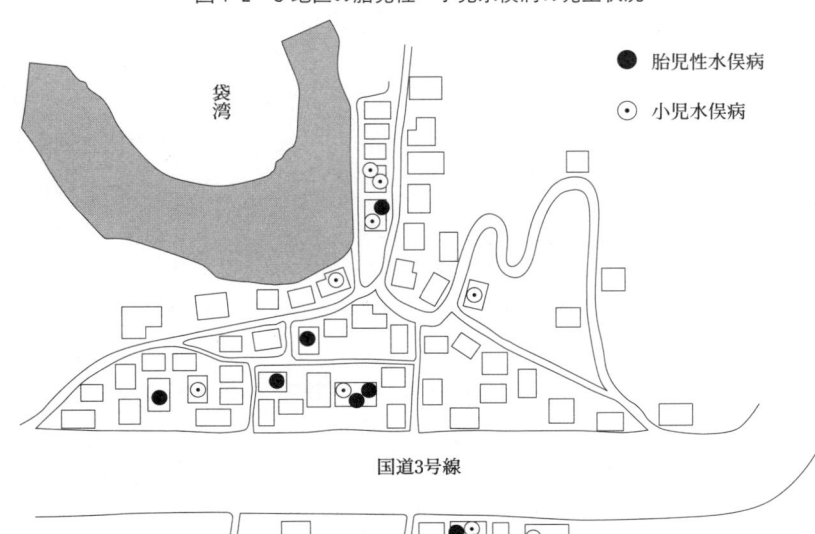

● 胎児性水俣病
⊙ 小児水俣病

袋湾

国道3号線

る患者たちである．彼らの一部には臍帯が残されていたが，その保存臍帯から1 ppmから3 ppmと異常に高いメチル水銀が検出されている[14]．通常は0.1 ppm以下のレベルであるから，疑いもなくこの世代の人々は汚染されていたことは間違いない．彼らに共通しているのは目立った運動障害はなく，知的機能や情意面の障害が目立ち，一見正常に見えながら，さまざまな心身故障の訴えがつよく，生活障害（たとえば，事故が多発したり，失業して転々として，結婚もできなかったとか）が顕著なことである．それでも，20歳代や30歳代には若さもあり，通院しながらも仕事に就いて，何とかやってきたのであるが，不景気もあり，年齢を重ねたこともあって，失業してUターンして帰ってきたものが多い．

U集落を見てみよう（写真1-2, 図1-2）．このような小さな集落に10人の小児水俣病患者と7人の胎児性水俣病患者がいる．どう考えても，他の者に影響が無かったなどとは信じられない．水俣病の歴史のなかで置き去りにされた彼らこそ，今から水俣地区の再生の中心になるべき者たちであるから，この問題を避けては通れないのである．

5. 再生へ向けた行政手法の変革――当事者参画の重要性

水俣病事件に限らず，行政は政策の立案に関してしばしば専門家を利用してきた．専門家といわれる人々が役所によって招集され，その専門家の意見ということで政策は施行される．一見，合理的で中立的にみえる．行政が施策の上で専門家の意見を聞くことは否定すべきではないだろう．しかし，人選するのは役所であり，しばしば，最初に結論ありきで，その結論に忠実な専門家（？）が集められる．そして，それが国民に向かっては「専門家の意見」，「権威ある意見」として君臨する．その典型が水俣病におけるさまざまな専門家会議で，「魚介類の水銀に関する専門家会議」，「水銀等汚染対策推進会議」，「有明海周辺住民の健康調査検討委員会」，判断条件の作成にかかわっ

---

[14] Harada M. et al., Methylmercury Lebel in Umbilical Cords from Patients with Congenital Minamata Disease, *The Science of Total Environment*, Vol. 234, p. 59, 1999年．

た「環境庁水銀汚染調査検討委員会」とその「健康調査分科会」，政策を検討した「中央公害審議会」，なかでも福岡高裁の判決による病像論を否定した後述の「水俣病の判断条件に関する医学専門家会議」，IPCS の要素を否定するために集められた「メチル水銀の環境保健クライテリアに係る調査研究班」などが最も典型的であった[15][16]．

　認定を狭くしたとして批判を浴びた，いわゆる「52年判断条件」に対して，福岡高裁は控訴審の判決のなかで「昭和52年の判断条件はいわば前記協定書[17]に定められた補償金を受給するに適する水俣病患者を選別するための判断条件となっているものと評せざるをえない」として，「審査会の認定審査が必ずしも公害病救済のための医学的判断に徹していないきらいがある」と断定した．「医学的権威が決定したのだから医学的に正しい」と主張した環境庁（現環境省）は苦しくなった．そこで，当時の環境庁は 8 人の神経内科の専門医を招集して福岡控訴審の判断について「水俣病の判断条件に関する医学専門家会議」を開いた．専門家会議は「四肢の感覚障害だけでは水俣病である蓋然性が低く，その症候が水俣病であると判断することは医学的に無理がある」，「現行の判断条件で判断するのが妥当である」と答申した．これを受けて，環境庁の部長は「裁判官は医学の素人であるが，専門家はその道の権威であるから，こちらの意見をとる」という談話を発表した．大体，8 人の専門家といわれる人のうち 5 人は，否定された審査会の当事者たちである．自ら決めた結論を自ら覆すはずがなかった．そのために，被害者は長い裁判を続けるしかなかった．その後の水俣病に関する裁判でも，その専門家が「水俣病でない」としたものが 65.5％ から 100％，平均 85％ が覆されて「水俣病」とされてきた．裁判所は言うまでもなく証拠主義である．したがって，「水俣病である」と主張する原告の方に多くの証拠（事実）があり，「水俣病でない」とする方にそれがなく，あるのは「権威である」ということだ

15）　原田正純「環境庁，内部文書に本音が」原田正純著『裁かれるのは誰か』世織書房，1995 年．
16）　津田敏秀著『医学者は公害事件で何をしてきたのか』岩波書店，2004 年．
17）　1973 年 7 月，第一次水俣病裁判で患者が全面勝訴の後，東京交渉の結果，判決で出た 1 人当たり 1,600 万円から 1,800 万円までの一時金と医療費，医療手当（年金 24 万円から 72 万円）を新認定患者にも適用させるという補償協定書．

けだったのである．

　和解を拒否して裁判を続けた水俣病関西訴訟の控訴審では2001年4月27日，裁判所は58名中51名を水俣病と認めた．さらに，国・県の責任を高裁レベルで初めて認めた[18]．これに対して，環境省の部長は，「工場街の道路わきに駐車したトラックの陰から，子どもやお年寄りが飛び出して車にはねられる事故が相次いだ．駐車トラックを取り締まらなかった警察の責任が問えるか」，「取り締まらなかったこと（不作為）で賠償責任が問われるなら，行政はすべての道路を駐停車禁止にして，見逃さないよう至る所に警察官を置くことになる．そんな国になった方がいいのか」と暴言を吐いた（『熊本日日新聞』2001年5月20日付）．医学者だけでなく，法律学者にも多額の研究費が裁判対策として渡されている．この時の暴言を吐いた役人は，最高裁判決の時はすでに他の部署に転出していて責任を取ろうとしない．

　判断条件にしろ，行政責任にしろ，水俣病関西訴訟上告審の最高裁判決で覆されたのであるから，従来のような行政が政策を決定するときに，行政が選定した多くの専門家を動員して諮問するという「押し付け権威」の行政の手法がもはや通用しなくなったと見ることができる．しかも，集められたメンバーには多くの研究費が配分され，そこで諮問されたことが行政執行の理由となり，問題が起こると「専門家の意見である」として逃げる．そのような手法はもう通用してはならない．水俣病に限らず，権威だけでは，もう事が運ばなくなったのである．これは，医学だけの問題ではなく，あらゆる分野で同じような手法が見られているから，それらも同様である．とくに，環境問題を考えるときには，市民や当事者（非専門家）の参画が重要になってきていることを行政は認識すべきである．とくに公害地域における再生を考える場合，行政の独断による主導型ではもう成功しないことを示唆している．公害地域や環境の再生に関していえば，政策の立案から実施，検証に至る行政手法そのものの変革が求められている．そして，当事者が参加することが重要である．

---

18)　原田正純，前掲10)．

6. 再生のキーワードは人——水俣学の立ち上げ

　長い水俣病の歴史からわかるように，その研究の中心は医学であり，施策の中心には医療があった．また，水俣病裁判のなかで長く争われてきた主なものが病像論であったことでも分かるように，初期にはやむをえなかったとしても，水俣病のような社会的，政治的な事件を，医学，しかも症候学という狭い領域に閉じ込めたことに一つの悲劇があった．「水俣学」は，このような歴史の反省のなかで学問の分野や学閥などの境界を超えたバリア・フリーの学問を目指すものである．そのなかでも重要なバリアは専門家と非専門家のバリアである．したがって，水俣学は，水俣病の医学的な知識を学ぶための水俣病学ではない．このような長い歴史のなかで新しい学問の枠組みを創っていくもので，従来の学問の枠組みを変革する学問を目指している．

　何故，そのような新しい学問が模索されねばならないか．半世紀にわたる水俣病事件の経過を見ると，一度，破壊した自然や地域，人の健康を再生することの困難さは，ほとんど絶望的にさえ思える．それは，人類が新しく遭遇ないしは経験した事態であったからである．最初から，そのような人類初の経験であるという自覚が企業，行政，学問の当事者にあったなら，新しい枠組みによる対策がなされたと思う．しかし，残念ながら，従来の経験や知識，権威にしがみついて問題の解決に至らなかった．そればかりか，膨大な問題を残してしまった．この教訓を未来に活かすことが，再生への1つの道のりである．そのためにも新しい思考や発想にたつ人材の育成こそがその地域の再生につながる．それは遠回りのようであるが，姑息的な一時凌ぎの対策，従来の経験や発想の応用だけでは成功しない．そのことを水俣病事件は物語っている．終わった，終わったと言いながら次々と問題点が生じてきた状況を見てきたことからも明らかである．

　しかし，出口の見えない混沌とした状況であっても，かつて絶望的な状況のなかから少数の人間が立ち上がることで状況が変わってきたという経験も水俣はもっている．すなわち，現状を切り開く糸口は現場にある．したがって，現場に依拠し，現場から学ぶ学問を目指していく必要がある．そのような足元の問題に真摯に取り組んでいくことが再生につながる．また，そのこ

とがグローバルな問題に昇華していくことも経験している．

水俣病事件は，「いのちの循環」，「いのちの共生」が危機にさらされた結果であった．そこから，いのちを大切にする，生きとし，生けるものの権利を護ることの重要性を学んだ．あらゆるいのち（魚もネコも，病める者もそうでない者も）が共生できるような環境の創造こそが終極の再生であるといえる．加えて，水俣学は，学問や技術が何のために存在し，誰のために存在するか，根源的な問いかけをするものでもある[19]．そして，地域の問題を地域の研究者・住民が研究して，その成果を地域に帰すことを目指す．これこそ，地域再生の第一歩であると考える．

「21世紀初頭は，20世紀における環境上の"負の遺産"の解消と環境の再生を図りながら持続可能な社会へ転換することを最大の課題とし，社会経済のあらゆる分野においてその解決に向けた取り組みを強化すべき重要な時期です．」と『環境基本計画』のなかには書かれている．しかし，水俣においては，それが絵空事のように，現実の困難な事実に直面しており，また負のストックの大きさに言うべき言葉を失う．また，「ストックの面においては，可能な限り環境上の"負の遺産"を解消し，将来世代により良好なものとして環境を継承していく社会でなくてはなりません．」とも述べられている．ストックとしての環境問題は目に見える健康被害や自然の破壊だけではない．精神，社会，経済，政治，文化，そして地域のコミュニティなどの破壊が"負の遺産"として，次の世代へも継承されつつある．淡路剛久氏は，その解決に向けて「現実の問題を解決しつつ，持続可能な社会を実現していく施策がなにかは，それらの地域の特性に応じて特有のものと，共通のものとがあろう．そこへのアプローチは，環境（筆者：地域）の現実に対する実証的研究を必要とし，それは必然的に学際的共同研究となる」と言っている[20]．まさに「水俣学」の実践である．遠回りのようであるが，即効的な解決はない．被害者と痛みを共有することもまた，「水俣学」である．そのような実践的な

---

19) 原田正純「水俣学まとめ，教訓をよりたしかなものに」原田正純編著『水俣学講義』日本評論社，2004年．
20) 2003年6月21日，日本環境会議主催「環境再生に関するシンポジウム」（於・東京大学農学部）における淡路剛久教授の講演より．

学問を通じて，再生に必要な人材が生まれることを期待している．

＊本章は，「水俣病の歴史と現実は何を問いかけているか」『環境と公害』第35巻1号に大幅に加筆したものである．

2章　公害からの回復とコミュニティの再生

除本理史・尾崎寛直・礒野弥生

1. はじめに

　序章で述べられているように、「サステイナブルな社会」（本章では「維持可能な社会」と表記する）に向けた環境政策の目標としては、これまでの「環境負荷の低減」および「循環」というフロー面の対策だけでなく、ストックされた環境被害（以下、「環境被害ストック」という）への対策、すなわち環境再生が不可欠である。

　環境被害は、公害病の認定患者を頂点とする「ピラミッド構造」（図2-1）をなしている。本章では、公害による健康被害とそれにともなう地域コミュニティの破壊の問題を中心に、これらの被害からの回復に向けた環境再生政策の方向性を探る。その際、とくに深刻な被害を引き起こしてきた熊本水俣病と大気汚染公害を事例として取り上げる。これは、水俣などの公害激甚地で「環境被害ストック」の問題が深刻になってきたというだけでなく、これらの地域での環境再生に向けた取組みが、「維持可能な社会」をめざす環境再生政策の先進的モデルを提示しているからでもある。

　本章の構成は次のとおりである。第2節では、環境再生の幅広い課題のうち、本章で対象とする部分の概要を示す。環境破壊は、健康被害を頂点として、コミュニティあるいは地域社会の共同性の破壊をももたらす。したがって環境再生は、公害被害者の救済だけでなく、地域社会の共同性の回復、あるいはコミュニティの再生をも課題とするものである。本章では、この点を

第2章　公害からの回復とコミュニティの再生

図 2-1　環境被害のピラミッド構造

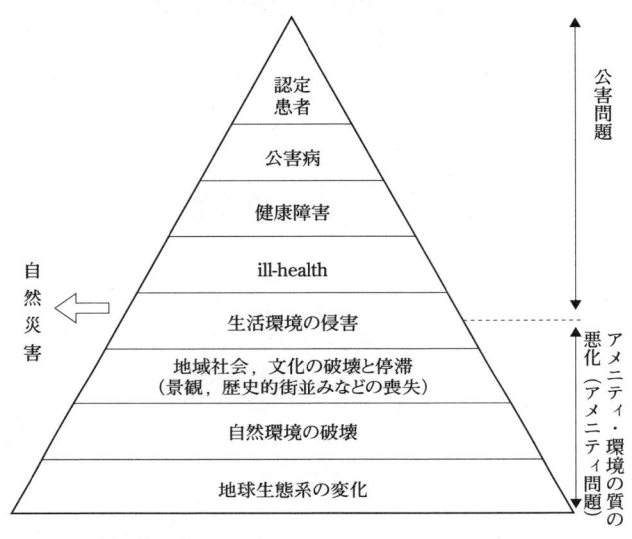

```
                    認定
                    患者
                  公害病                      公害
                                              問題
                 健康障害
               ill-health
  自
  然  ⇐     生活環境の侵害
  災
  害     地域社会，文化の破壊と停滞              ア  悪
        （景観，歴史的街並みなどの喪失）         メ  化
                                              ニ （ア 環
             自然環境の破壊                   ィ メ 境
                                              ・ ニ の
            地球生態系の変化                   ティ 質
                                              環  問 の
                                              境  題
                                              ）
```

(出所)　宮本 (1989)，p. 99 図 3-1．

図 2-2　健康被害に始まる被害の連関

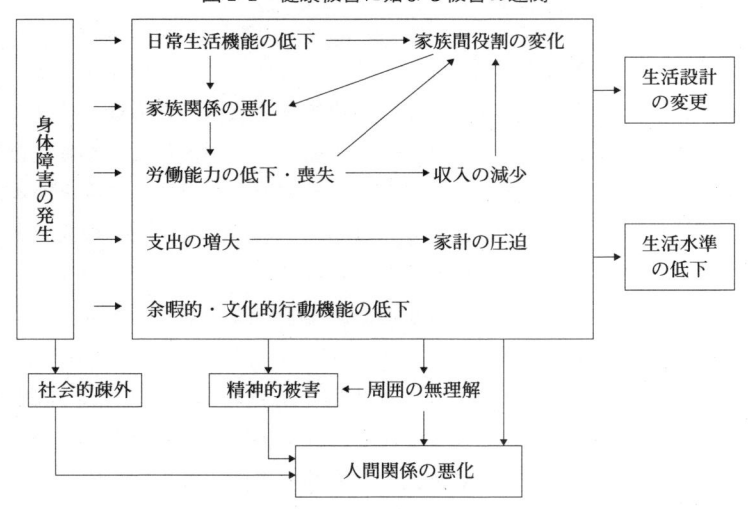

```
         → 日常生活機能の低下 ――→ 家族間役割の変化    生活設計
                  ↓                                  の変更
  身     → 家族関係の悪化 ←
  体
  障     → 労働能力の低下・喪失 ――→ 収入の減少
  害
  の     → 支出の増大 ―――――――→ 家計の圧迫       生活水準
  発                                                 の低下
  生     → 余暇的・文化的行動機能の低下

    社会的疎外    精神的被害 ← 周囲の無理解

                  人間関係の悪化
```

(出所) 飯島 (1993)，p. 83．

対象とする．第3節では，大気汚染公害を事例として，被害者救済制度や福祉制度における問題点と改善方向を検討する．さらに，公害被害のコミュニティ・ケアを可能とするような福祉コミュニティの役割に注目する．第4節では，熊本水俣病を事例として，ノーマライゼーションの観点から，公害被害者の福祉的援助を考える．また，水俣病患者の地域生活（コミュニティライフ）を可能にする福祉コミュニティ構築に向けた3つの取組みを紹介する．この福祉コミュニティの構築を軸として，コミュニティの再生が進むことが期待される．最後に，第5節では，以上の事例が指し示す環境再生政策の方向性について述べる．

2. 環境とコミュニティの再生に向けた課題

　公害による被害は，生命・健康の破壊にとどまらず，被害者・家族の生活破壊，人格の変貌，および地域社会の人間関係の破壊をももたらす（飯島 1993, pp. 78-144）．これらは，図2-1では「地域社会，文化の破壊と停滞」に入ると思われるが，上記の各レベルの被害と健康被害との相互関係は明確に図示されてはいない．そこで，生活破壊および人格上の変貌と健康被害との関連を示せば，図2-2のようになる．このように，環境破壊は，健康被害を頂点として，コミュニティあるいは地域社会の共同性の破壊をももたらすのであり，「環境被害ストック」はこのように裾野の広い概念として捉えられる必要がある．

　したがって，たとえ破壊された環境だけが再生されたとしても，被害者の救済や，地域社会の共同性の回復，あるいはコミュニティの再生が進まなければ，「維持可能な社会」が実現しないことは明らかである．言い換えれば，環境再生を通じて実現されるべき維持可能性は，環境の領域だけではなく，経済および社会の領域においても実現される必要があるのである．

　環境と社会の維持可能性を実現する上では，まず，被害者の救済を進めなければならない．「環境被害のピラミッド」の頂点に位置する被害者の救済は，環境再生の出発点である．当然ながら「公害が継続しているようでは，環境再生を図る政策を立案することはもちろん，環境再生の議論をすること

すら無意味である」（淡路 2002, pp. 30-31）から，公害が新たに発生しないような対策が前提となる．被害者の救済とは，健康被害による収入の減少や医療費支出の増加などに対する補償金支払といった金銭的なものだけではなく，図 2-2 に示したような総体的な被害を回復していくという幅広い課題が含まれる．その際，これまで被害者救済とは別に展開されてきた福祉分野の施策なども視野に入れ，被害者の「生活の質」（quality of life：QOL）の向上を目標とした制度間調整や政策統合等を行う必要がある．

被害者の QOL 向上のためには，コミュニティ・ケアを支える福祉コミュニティの創出（後述）が必要である．水俣では，この福祉コミュニティの創出を軸として，地域社会の共同性の回復あるいはコミュニティの再生へと進んでいくことが期待される．水俣では，このような課題が「もやい直し」という用語で表現されている．「もやい」という言葉は，船と船をつなぐという意味（「舫う」），あるいは人々が寄り合って共同で事を行ったり，お金を出し合うという意味（「催合う」）であり，「もやい直し」とは，①水俣病事件を契機にバラバラになった市民の心を一つにつなぎとめて，②市民が共同で助け合いながら地域社会を支え，みんなで「まちづくり」を進めよう，という標語である（山田 1999）．たしかに，「もやい直し」という言葉によって水俣病患者の救済という課題が後景に押しやられてしまう場面も実際にある．しかし，1994 年の第 3 回水俣病犠牲者慰霊式で，「もやい直し」という表現を初めて公式に用いた吉井正澄・水俣市長（当時）は，地域の福祉水準の向上による水俣病患者の救済を重要課題と考えているのであり（吉井・上甲 2004, pp. 162-163），「もやい直し」とこの意味での被害者救済とは同一線上にあるものだといえよう．

3. 被害者救済に係る施策の問題点——大気汚染公害の事例

3.1 認定患者と「未認定」患者の間の壁

すでに述べたように，被害者の救済を進めるためには，金銭的補償だけではなく，これまで被害者救済とは別に展開されてきた福祉分野の施策なども

視野に入れ，被害者の QOL の向上を目標とした制度間調整や政策統合を行う必要がある．しかし実際には，この点は不十分である．以下では，大気汚染公害を事例として，この問題について具体的に述べる（図 2-3，参照）．

1970 年代初頭に四大公害裁判の判決が出されるなかで，1973 年に公害健康被害補償法（公健法）が制定され，公害健康被害補償制度（以下，公健制度という）が成立した．公健制度は，大気汚染等による公害病の患者に対して，医療的ケア（現物給付が基本）や，必ずしも十分とはいえないが生活保障的給付（金銭的給付）等を行う制度である[1]．対象となる疾病（指定疾病）は，大気汚染に関しては，慢性気管支炎，気管支ぜん息，ぜん息性気管支炎，肺気腫，およびこれらの続発症（本節では，これらを総称して公害病という）である．公健制度により，大気汚染の著しい地域（指定地域）に，一定期間，居住または通勤・通学している患者は，本人の申請により自治体から認定されれば，公健制度の適用を受けられることになった（以下では，この公健制度の適用対象者を認定患者という）．財源は主に汚染原因者（工場・事業場）が負担し，損害賠償制度としての側面を有する制度とされる．

その後，政府は大気汚染が改善されたとして，1988 年 3 月，新たな患者の認定を打ち切った（環境庁公健法研究会 1988）．したがって，それ以降は，公健制度による救済対象は，既存認定患者のみとなった．認定患者の数は，ピーク時に 10 万 7,207 人（1989 年度末）となったが，死亡等により 2003 年度末には 5 万 3,024 人となっている（公害健康被害補償予防協会 1994, p. 188；公害健康被害補償制度研究会 2005, p. 65）．

患者の新規認定が打ち切られた当時，都市部を中心として自動車排ガスがすでに大気汚染の「主役」となっていた．しかし，汚染の改善はなかなか進まず，幹線道路沿道などで新たな患者が発生しつづけた．これらの患者は，公健制度による救済対象とならない患者（以下，「未認定」患者という）にならざるをえない[2]．「未認定」患者に対しては，旧指定地域を含む一部の自治

---

1) たとえば，生活保障的給付に当たる障害補償費は，男女別に障害の程度によりランク分けがなされており，2002 年度末で給付額ゼロ（級外）の者が認定患者の 36.2% に上る（公害地域再生センター 2004, p. 6）．

2) 患者の新規認定が打ち切られる以前でも，差別を受けるなどの社会的制約等により

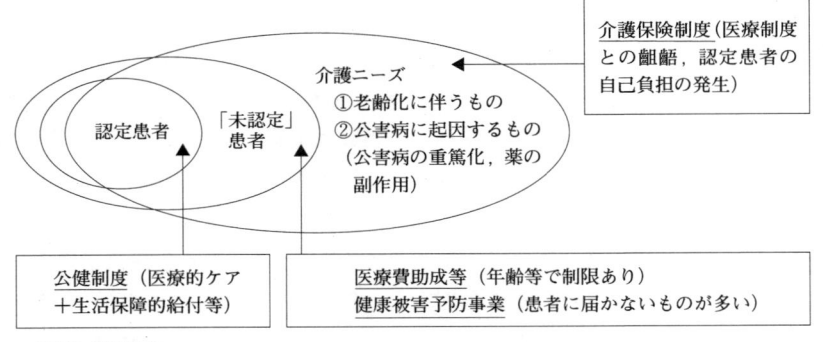

図 2-3 被害者救済に係る施策の縦割り（大気汚染公害の場合）

```
   ┌─────────────────────────────┐        ┌──────────────────────┐
   │  ┌──────┐ ┌──────┐  介護ニーズ │ ←───── │ 介護保険制度（医療制度 │
   │  │認定  │ │「未認定」│ ①老齢化に伴うもの │        │ との齟齬，認定患者の  │
   │  │患者  │ │ 患者  │ ②公害病に起因するもの│        │ 自己負担の発生）     │
   │  └──────┘ └──────┘ （公害病の重篤化，薬の│        └──────────────────────┘
   │       ↑      ↑      副作用）         │
   └───────┼──────┼─────────────────────┘
           │      │
   ┌───────┴──┐ ┌─┴────────────────────────────────┐
   │公健制度（医療的ケア│ │医療費助成等（年齢等で制限あり）        │
   │＋生活保障的給付等）│ │健康被害予防事業（患者に届かないものが多い）│
   └──────────┘ └──────────────────────────────┘
```

（出所）筆者作成．

体が，医療費助成等の制度を設けている．たとえば東京都は，条例に基づいて，18歳未満の患者に限り，医療費の自己負担分を助成している．「未認定」患者の正確な人数は把握されていないので，都の助成制度の対象者数を見ると，都内の18歳未満の患者だけでも，1990年度に約2万6,000人，2000年度に約5万1,000人となっている．

　なお，患者の新規認定打切りに合わせて，公健法が改正されたが（1987年），その際，認定患者に対象を限定しない健康被害予防事業が新たに盛り込まれた．しかし，事業内容を見ると，気管支ぜん息児童に対する機能訓練なども行われているとはいえ，イベントや啓発事業など，患者に直接届かないものが多いといってよい（公害健康被害補償予防協会，n.d.）．

　このように，認定患者と「未認定」患者との間には救済施策に関する壁があるのだが，さらに，次に述べる介護ニーズを抱えた公害病患者に対しても，以上のような救済制度とは別個に，介護・福祉施策が講じられている．

　認定申請にふみきれず潜在していたり，あるいは認定の要件（居住地等）やその運用上の問題により認定されないことなどから，認定を受けない患者もいた．本章では，こうしたケースも「未認定」患者に含める．しかし，水俣病のケースに比べて，申請した場合の認定率は非常に高かったということができる（除本 2005a）．

3.2 医療と介護の双方のニーズを抱える公害病患者

　公害病患者は，医療と介護の双方のニーズを抱えている場合がある．その介護ニーズとは，①公害病とは別に，老齢化にともなう日常生活動作（ADL）の低下によって発生しうるものと，②公害病に起因するもの，という2つの場合がある．①のケースのような，いわば医療的ニーズの高い要介護高齢者は，もちろん公害病患者に限られない．同様の事情を抱えた高齢患者を含めて，彼らは医療と介護のニーズを同時に満たすことが必要な人々である．

　②のケースは，公害病に起因する生活障害であり，1つには，公害病そのものの重篤化という場合がある．もう1つは，ぜん息治療に効果的なステロイド薬を長期投与することで，副作用として併発した他疾病の重篤化という場合がある．②のケースにおいてもまた，患者の加齢に伴い，介護ニーズが顕在化してくる（尾崎 2003b）．

　②のうち前者（公害病そのものの重篤化による介護ニーズ）に関しては，倉敷公害患者死亡調査研究班（2005）の調査がある．それによれば，岡山県倉敷市の水島協同病院で1976～2000年に死亡診断書が出された認定患者（501例）のうち，生前に「寝たきり」になった例が85例（17.0%）あり，さらにそのうち23例は「呼吸器疾患」がもとで「寝たきり」になったとされる．「寝たきり」という最重度の要介護状態だけを取ってみてもこのような数値になるから，もっと低い程度の要介護状態を含めれば，公害病の重篤化による介護ニーズが発生している割合はさらに高くなると推察される．ただし，この調査におけるデータは1976～2000年までの間に死亡した認定患者の事例であるから，近年の治療薬の改善や在宅酸素療法などによる症状管理技術の向上を考慮すれば，過去の公害病起因の「寝たきり」患者の割合を現在にそのまま当てはめることは必ずしもできない．だが，同調査において，「寝たきり」になった患者の平均年齢が80.1歳であるのに対して，公害病起因の「寝たきり」患者の平均年齢が75.3歳であることから，公害病が患者の身体の老化を加速し，高齢期の早い段階で重度の介護ニーズを発生させていることが考えられる．

　また，後者（副作用としての他疾病の重篤化）についていえば，ステロイ

ド薬の長期・多量投与によって、高血圧症状や骨粗鬆症、腰痛、関節痛、躁鬱症などの病気を招きうることが知られている。大阪市西淀川区の認定患者に対する調査（公害地域再生センター 2004）や、筆者（除本・尾崎）らの行った東京の「未認定」患者に対する調査（内容は後述）においても、公害病を主疾病としながら、実際には多くの他疾病をかかえて通院している実態が明らかになっている。筆者らの調査においては、回答者の50%が「（薬の）副作用を感じている」と答えている（除本ほか 2004, pp. 56-57）。倉敷公害患者死亡調査研究班（2005）の調査においても、167例（33.3%）が1回以上、60例（12.0%）が2回以上の骨折の経験を有しており、その原因としては、「ステロイドの長期投与による骨粗鬆症に、加齢現象が加わり発症したものが多い」とされている。

しかし、これらの介護ニーズをめぐる医療・福祉・環境の分野の相互調整は不十分である。次に、認定患者および「未認定」患者に対する救済制度を含め、こうした施策の壁や縦割りをいかに改善していくべきかについて述べたい。

3.3 「未認定」患者の生活困難と求められる施策

認定患者と「未認定」患者との区別は、公健制度の認定を受けているか否かという制度上の区分であり、同じ疾病に罹患しているという点では何ら違いがない。しかし、認定の有無は、患者の生活に大きな差をもたらす。認定患者は、大気汚染による公害病の治療に要する費用は無料であり、また障害の程度に応じて、十分とはいえないが生活保障的給付が得られる。これに対して、「未認定」患者は、自治体による医療費助成制度がなければ、往々にして多額の医療費を自己負担しなければならない。東京都のように、医療費助成制度がある場合でも、18歳未満という年齢制限がある。また、健康を害して失業したような場合に、「未認定」患者に対しては、生活保護などを除けば、何らの生活保障的給付もないのである。したがって、「未認定」患者にとっては、公害による被害がより深刻なものとなる。

筆者（除本・尾崎）らは、2002～03年に、東京都における「未認定」患者の被害実態調査を行った。東京大気汚染公害訴訟原告団が、一定数の「未認

定」患者をリストアップしているため，ここに協力を依頼し，調査を実施した．具体的には，「未認定」患者に対する個別ヒアリングを2002年に行い，これをふまえて調査票の内容を検討したのち，2003年11月に原告団を通じて調査票を郵送した．調査票を郵送したのは，「未認定」患者原告233人中，15歳以下の子供と，重症で寝たきり等により調査票の記述が困難と判断される人などを除いた174人である．回収票は98票（うち有効回収票96票），回収率は56.3%であった[3]．これまで「未認定」患者について同種の調査は行われておらず，今回が初めてである．

公害病による収入の低下

回答者の「現在の仕事」は，年金生活が33.3%ともっとも多く，次いでパート・アルバイトの15.6%，専業主婦が13.5%，自営業，生活保護の各11.5%などとなっている．正規職員・正社員が少ない（8.3%）理由としては，病気を抱えてフルタイムで働くことが困難であること，訴訟参加は日中の拘束をともなうことがあるので正規職員・正社員の場合は難しいこと，などが考えられる．

表2-1に示したように，「これまで病気が原因で仕事に大きな変化がありましたか」という問いに対し，「とくに影響はなかった」と回答した者が34.4%であったのに対し，何らかの影響があったと回答した者（「正社員から他の会社の正社員へ転職し減収した」「正社員からパート・アルバイトに転職した」「パート・アルバイトの勤務時間や日数を減らした」「失業した」の

---

[3] 調査結果の詳細は，除本ほか（2004）を参照．また，尾崎ほか（2005），除本（2005b, d）でも概要を報告した．本調査では，基本的には「未認定」患者本人に記入してもらうこととしたが，高齢者は自分で記入できない場合もあるため，家族等が本人に聞いて記入するケースも含めた．本章では，「回答者」とは調査対象者である患者本人を指す．調査票の記入者は，本人が87人（90.6%）で，本人の家族が6人（6.3%），無回答が3人（3.1%）であった．回答者の属性について簡単に述べると，性別に関しては，男性が37人（38.5%），女性が54人（56.3%），無回答が5人（5.2%）であった．年齢構成については，40代までで14%程度となっている．50代は20.8%，60代は30.2%，70代は25.0%で，合計75%を占めている．疾病はほとんどが気管支ぜん息の患者で8割強であった．なお，本章の表2-2では，除本（2005b）の表2および除本（2005d）の表5のともに第1行における誤りを訂正した．

表 2-1　公害病の仕事への影響

(単位：人，%)

正社員から他の会社の正社員へ転職し減収した	3	(3.1)
正社員からパート・アルバイトに転職した	2	(2.1)
パート・アルバイトの勤務時間や日数を減らした	8	(8.3)
失業した	24	(25.0)
とくに影響はなかった	33	(34.4)
その他	5	(5.2)
無回答	21	(21.9)
計	96	(100.0)

合計）は 38.5％ と上回った．このうち「失業した」者が最も多く，25.0％ にのぼる[4]．

このような仕事への悪影響は，家計収入にも影響を及ぼしていると考えられる．筆者らの調査によれば，主たる家計支持者の年収は，300 万円未満に 50％ が集中している（表 2-2）．主たる家計支持者は患者本人とは限らないので，東京都の平均的家計収入と比較するために，30 代～50 代の回答者に考察を限定する．これにより，高齢者のみの世帯や，高齢の「未認定」患者を子供世代が扶養するといったタイプの世帯が除外され，残るケースには，おそらく回答者本人あるいはその配偶者が主たる家計支持者となっている場合が多いであろう．その平均年収を大雑把に試算すると，300 万円台前半となる[5]．東京都総務局の「都民のくらしむき年報及び月報」[6] によれば，2003 年の東京都の勤労者世帯における男性の世帯主の年収（勤め先収入）は約 566 万円と算出される．したがって，30 代～50 代の「未認定」患者の家計の平均

---

[4] なお，調査票作成上の問題点として，回答の選択肢に，自営業者への影響に該当するものが含まれておらず，このことは何らかの影響があったと回答した者の比率を下げる要因になっていると考えられる．

[5] 100 万円未満を 1 階級，100 万円台を 2 階級，200 万円台を 3 階級，300 万円台を 4 階級，400 万円台を 5 階級，500 万円以上を 6 階級として，平均値を計算した．30 代～50 代では，1 階級 1 名，2 階級 6 名，3 階級 7 名，4 階級 3 名，5 階級 3 名，6 階級 10 名であるから，$(1\times1+2\times6+3\times7+4\times3+5\times3+6\times10)\div30=4.03$（階級）となり，300 万円台前半と考えられる．しかし，年収が 1000 万円でも，500 万円以上は全て 6 階級に含まれるので，この計算方法では平均年収が過小に算出される可能性があることに注意が必要である．

[6] http://www.toukei.metro.tokyo.jp/seikei/sb-index.htm（2006 年 1 月 6 日閲覧）．

表2-2　主たる家計支持者の年収

(単位：人，%)

	100万円未満	100万円台	200万円台	300万円台	400万円台	500万円以上	無回答	計
30代	0 (0.0)	0 (0.0)	2 (40.0)	0 (0.0)	2 (40.0)	0 (0.0)	1 (20.0)	5 (100.0)
40代	0 (0.0)	1 (14.3)	2 (28.6)	0 (0.0)	1 (14.3)	3 (42.9)	0 (0.0)	7 (100.0)
50代	1 (5.0)	5 (25.0)	3 (15.0)	3 (15.0)	0 (0.0)	7 (35.0)	1 (5.0)	20 (100.0)
その他とも計	8 (8.3)	21 (21.9)	21 (21.9)	12 (12.5)	7 (7.3)	19 (19.8)	8 (8.3)	96 (100.0)

年収は，東京都の勤労者世帯の平均より低いと考えられ，その要因として公害病による影響の存在が示唆される[7]．

「受診抑制」による症状悪化の危険性

このように公害病による収入低下が示唆されるだけでなく，医療費負担が患者の家計を圧迫していると考えられる．筆者らの調査結果では，回答者の平均的な医療費負担は，年間で約15万円に上る[8]．これは前述の回答者の年収を考えれば，決して小さい額ではない．

「未認定」患者は，医療費負担の圧迫から「受診抑制」をしている．筆者らの調査によれば，27.1%（26人）が医療費負担を心配して受診回数や入院回

---

[7] 一般的には主たる家計支持者は男性世帯主が多いであろうが，筆者らの調査では，回答者に女性が多く（56.3%），また回答者の世帯が勤労者世帯でなかったり，世帯主が女性というケースがありうるので，厳密な比較は困難である．したがって，ここではきわめて大雑把な比較を行っているということに留意していただきたい．ここで，勤労者世帯とは，世帯主が会社・官公庁・学校・工場・商店などに勤めている世帯と定義され，世帯主が商人・職人，個人経営者，法人経営者，自由業などの世帯，および無職世帯は含まれない．なお，本調査票はプレテストの結果，調査対象者が容易に回答できるという点を重視したことなどから，他の諸統計と単純には比較可能でない項目が多くある．

[8] 通院1回あたり自己負担額（病院窓口および薬局）4,640円×1か月あたり通院回数2.7回（以上，回答の平均値）×12か月＝150,336円として求めた．ただし，薬局での1回あたり自己負担額が40万円という回答が1件あり，突出しているため除いてある．

表 2-3　受診抑制の経験と通院状況

受診抑制の経験	通院回数（1か月）	病院での自己負担額（1回）	薬局での自己負担額（1回）
あり	3.2 回	1,510 円	4,035 円
なし	2.5 回	2,175 円	2,097 円

(注) $N=81$，無回答を除いて処理．数値はすべて平均値．

数・日数を減らしたことがあると回答した．1か月の通院回数は，受診抑制をしたことがある患者では 3.2 回であるのに対し，そうでない患者では 2.5 回である（表 2-3）．したがって，受診抑制をしたことがある患者は比較的症状の重い患者であると考えられ[9]，医療費負担も，平均的にみて，受診抑制をしたことがない患者より 1 か月あたり約 7,000 円多い．その負担の重さが「受診抑制」をさせ，結果として症状の悪化や不安定化などの悪循環を招いているのではないかと危惧される．「未認定」患者に対する個別ヒアリングにおいて，このような経験を有しているケースが複数見られた．

筆者らの調査では，回答者の平均的な通院回数は 1 か月あたり 2.7 回であったが，これは認定患者に比べて少ないと考えられる[10]．しかし，症状の軽重には個人差があるとしても，「未認定」患者だから症状が軽いとはいえない．東京大気公害訴訟の「未認定」患者には，訴状提出の段階で医師の診断書による公健制度の障害等級（障害が重い順に，特級，1～3 級，および級外）に相当する「みなし等級」の提示が行われている．これによれば 65% の患者が 2 級相当と判断されている．一方，大阪市西淀川区の「西淀川公害患者と家族の会」会員（認定患者）に対する調査では，1 級 1.6%，2 級 22.8%，3 級 71.5%，級外 2.1% である（公害地域再生センター 2004）．

---

9)　ただし，救急受診をせざるをえないほど病状が不安定な患者は，必ずしも受診抑制をしているわけではない．こうした患者にとっては，受診抑制は生命の危機に直結する危険性が高いからであろう．

10)　大阪市西淀川区の「西淀川公害患者と家族の会」が会員（認定患者）を対象に行った調査（財団法人公害地域再生センターに実施依頼）によれば，月 4 回以上通院する（往診を受ける）患者が 86% に上る（公害地域再生センター 2004）．ただし，認定患者の場合，公健制度により医療費が無料となるという事情だけではなく，毎月の入院・通院日数と療養手当の支給（公健制度による）が連動しているという事情も考慮に入れる必要がある．

"悪循環"を断ち切るために

　以上の調査から，公害病の影響による家計収入の低下，および医療費による家計圧迫から，症状が比較的重く医療費負担の大きい患者が「受診抑制」をすることによって，症状が悪化する恐れがあるという"悪循環"の存在が推察された．生活保護を受給する患者は，こうした経済的困窮の極まったケースであり[11]，そこに至る前に"悪循環"を断ち切ることが必要である．

　そのためには，「未認定」患者も認定患者と同様に，医療費負担を心配せずに治療を受けられる条件整備が必要である．「未認定」患者でも，身体障害者福祉法に基づき身体障害者手帳（以下，手帳という）が交付されれば，医療費助成または医療の現物給付を受けられる（ただし障害程度が3級まで）．しかし，呼吸器機能障害の認定基準が厳しいため，かなり重症でないと手帳の交付を受けることは困難だとの医師の指摘もある．筆者らの調査結果では，前掲の表2-1に示したように，公害病の影響で仕事に何らかの影響があったと回答した者は38.5％（37人）であったが，そのなかで手帳を保持していると回答した者は10.4％（10人），うち呼吸器機能障害は8.3％（8人）にとどまった．つまり，公害病による収入低下が生じているもとで，手帳により医療費負担がカバーされないケースの方が多いとみられる．

　したがって，「未認定」患者に対する医療費助成制度を拡充することが求められよう[12]．前述のように，東京都は，18歳未満の患者に限り，医療費の自

---

11) たとえば，除本ほか（2004, pp. 45-47）における54歳男性の事例を参照（尾崎執筆部分）．

12) 日本弁護士連合会（2004）は，緊急措置として「未認定」患者の救済制度を提言しているが，幹線道路沿道と東京23区のような「面的汚染」の地域を分け，前者では公健制度と同様に医療の現物給付（または療養費）等，後者では医療費の自己負担分の助成を内容としている．東京都環境局（2003）は，都が敗訴した東京大気汚染公害第1次訴訟に言及し，「裁判を継続して結論を先延ばしするのではなく，国による自動車排出ガス対策の強化と健康被害者の救済などが優先されるべきと考え，都は控訴しませんでした．」「都は判決を受け，国に対して，……排出ガス対策の強化や被害者救済制度の創設を強く要求しました」（p. 13）と述べている．また，東京大気汚染公害訴訟の原告とは意見を異にする新美（2000）も，「被害者の救済が民事責任によっては困難であるとしても，社会保障など公的な制度のもとでの救済を図ることは必要である．『自動車NOx法』の立法の経緯および趣旨からするならば，そうした救済のための公的制度が早急に整備されるべきである」（p. 7）と述べている．都や新美のいう「被害

己負担分を助成しているが，この年齢制限を撤廃することが1つの案として考えられる．川崎市では，「未認定」患者に対する医療費助成を全市・全年齢に拡大するよう求める請願が患者団体から出された（尾崎2005, p.21）．それを受けて，川崎市は2007年1月実施に向けて，条例案を提出する予定である．

3.4 公害病患者の介護ニーズと医療・福祉・環境の政策統合

改善すべき問題点

　公害病患者は，老齢化あるいは公害病に起因して，医療と介護の双方のニーズを抱えている場合がある．しかし，この点をめぐる医療・福祉・環境の分野の相互調整は不十分であり，次のような問題が生じている．

　第一に，加齢現象にともなう介護ニーズと医療的ニーズの双方を抱えた公害病患者（3.2項①のケース）にとっては，長期の入院療養が困難になっており，それに代わる介護・福祉施策を利用せざるを得ないにもかかわらず，その施策が次に述べるような問題を抱えている．2000年4月から厚生労働省所管の公的介護保険制度が開始されたが，医療と介護の双方のニーズを抱える人たちにとっては使い易い制度にはなっていない．たとえば，公害病患者には，介護サービスと同時に，在宅酸素療法等の医療的ケアを常時必要としている者もおり，医療的処置をほとんど行えない介護保険施設等（介護療養型医療施設を除く）には入所が難しい[13]．また，発作の不安がいつも付きまとう公害病患者は，訪問介護やデイサービスを受けようと思っても，医療行為の禁じられているホームヘルパーら介護スタッフだけでは緊急の対処ができず[14]，また発作を起こす要因など病気についての十分な医学的知識がない

　　者救済制度」「救済のための公的制度」の内容としては，まず医療費の助成が考えられるであろう．

13)　現実には，病院と密接に連携した施設ではない限り，日常的に医療的処置が必要な公害病患者は，入所を拒否されることもある．

14)　ただし，厚生労働省は2005年2月，医師や看護師，家族にしか認められていない在宅の難病患者や高齢者に対する痰の吸引に関して，ヘルパーにも認める方針を示した．すでに2003年には，筋萎縮性側索硬化症（ALS）の在宅療養患者に対しては，患者団体の署名運動もあり，医師の関与や患者の同意を条件にヘルパーの吸引を認めて

ため，利用に際しての不安が大きい．結局，介護保険制度で使えるのは，看護師による訪問看護だけということにもなりかねない現状がある．つまり，医療・看護と介護との制度間調整がきわめて不十分なのである．これは，公害病患者に限らず，医療的ニーズの高い要介護高齢者には同様にあてはまる大きな問題である．当初，介護保険制度において「福祉と医療が縦割りになっていた高齢者介護制度を再編成して，サービスの総合的・一体的提供」[15]をめざすとした国の方針は，実態と大きく乖離しているといわざるをえない（尾崎 2003b）．

また，認定患者についてみれば，環境政策の一環としての公健制度によって，公害病に関する医療的ケアが無料で受けられるため，長期入院などの医療のなかで介護ニーズへの対応もなされてきたと考えられる．しかし，財政支出の抑制をめざした医療保険制度の改革によって長期入院が難しくなっており[16]，また公健制度に基づく公害病の治療も医療保険に準じるため，認定患者であっても長期療養のためには，介護保険制度のもとで原則1割の費用負担をともなう介護保険施設[17]への入所か，「在宅」かの選択をしなければならなくなっている．

第二に，3.2項②の介護ニーズ（公害病に起因して発生した介護ニーズ）への対応に要する費用が，公健制度でカバーできない実態があるとすれば問題である．

政策統合に向けた課題

これら2つの問題に対しては，次のような改善策が求められる．第一の問

いる．
15) 厚生労働省「介護保険制度Q&A」〈http://www1.mhlw.go.jp/topics/kaigo99_4/kaigo5.html〉（2005年3月10日閲覧）．
16) とくに2000年度から本格的に始められた診療報酬・薬価制度の改革により，慢性期入院患者の入院日数の短縮化が目指されている．
17) 介護保険施設は，介護保険制度の規定に基づき要介護高齢者に対してサービスを提供する施設を指し，日常生活上の常時介護を重視した介護老人福祉施設（特別養護老人ホーム），看護・介護・リハビリテーションを組合せた介護老人保健施設（老人保健施設），医療的ケアに重点を置く介護療養型医療施設（療養型病床群）の3種類から構成される．

題に関しては，介護保険制度と医療保険制度との制度間調整が必要である．介護保険施設に位置づけられた老人保健施設などの中間施設は，看護・介護・リハビリテーションを組み合わせて在宅療養との橋渡し的役割を担うものであり[18]，本来，医療的ニーズの高い要介護高齢者には不可欠な施設だと考えられるが，実際は施設において急性期の医学的治療がほとんどできないため，再び病院に戻って入院治療を受けざるをえなくなることも多い[19]．この点は改善の余地があり，場合によっては，国の施設設置基準として，こうした介護保険施設に一定の急性期治療ができる診療所の併設を義務づけていくことも考えられてよい．医療保険制度の改革により，入院治療が必要な患者も入院期間を短縮され在宅に追いやられてしまう現状では，患者が在宅での療養や，あるいは介護保険施設への入所を安心して行えるのが望ましい[20]．そのためには，介護保険施設と医療機関との連携を密にすることや，介護保険施設内で医療保険適用（認定患者の場合，公健制度の適用）となる診療ができるようにすることが重要である[21]．

　また，在宅で療養を行う場合も，医療的ケア（往診，訪問看護，場合によっては「通所看護」）を基本としつつ，訪問介護・家事援助等の介護サービス

---

[18]　中間施設は，一定の入院治療が終了したものの，在宅での生活に困難を生じる患者を対象に，一定期間看護と介護，リハビリテーションを行い，在宅生活へ移行する橋渡しの役割を担う施設と位置づけられている．老人保健施設がその典型であり，看護・医学的管理の下における介護及び機能訓練，その他必要な医療ならびに日常生活上の世話を行う医療施設として制度化された．入所型施設と通院による在宅型施設の2種類がある．しかし介護保険制度実施と合わせて，老人保健法における老人保健施設療養費などが介護保険に移行し，老人保健施設は介護老人保健施設として介護保険制度内に位置づけられることになった．

[19]　2001年9月の介護サービス施設・事業所調査によれば，老人保健施設は医療機能を有しているにもかかわらず，実際は入所者の約4割（39.3％）が医療機関に入院するために退所するという実態が明らかになっている（増田 2004, p.65）．

[20]　現状では，老人保健施設以外にも，特別養護老人ホームなどの介護保険施設への入所に際して，一日に何度も数種類の薬を飲まなければならないなどの医療的ケアの必要な公害病患者の入所が断られるケースが相次いでいるという．大阪市の「福島区公害患者と家族の会」事務局へのヒアリング（2005年3月，同年12月15日）による．

[21]　ただし，介護保険制度に関しては，2005年の通常国会において改正介護保険法が成立し，要介護度のランクが低くなった高齢者は，「介護予防サービス（新予防給付）」と訪問介護の利用が中心とされ，施設入所自体が困難となる．

を組み合わせた療養生活をコーディネートすることが，医療的ニーズの高い要介護高齢者にとって必要である．以上のような意味で，医療と福祉の連携・統合が求められる．第二の問題に関しては，公健制度の適用範囲の再検討が必要である．第一の問題が解決されれば，介護保険施設での公害病の治療については，公健制度が適用されることになるはずである．

次に問題となるのは，公害病に起因する介護ニーズへの対応や，副作用としての他疾病の治療に対して，公健制度が適用されるよう改善すべきではないか，という点である．とくに公害病の治療にともなう副作用である他疾病の治療に関しては，数種類もの病気の治療を行わざるをえず，それによる多額の医療費自己負担が発生している患者もいると思われる[22]．また，副作用に限らないが，在宅療養に重要な訪問看護は，公健制度においては原則として特級・1級の患者（2002年度末時点で特級はゼロ，1級は0.4％）に限定するなど，対象がきわめて狭められている[23]．これらについても，必要な範囲で公健制度の適用を広げることが議論されてよいのではないか．

また，公害病に起因する介護ニーズついては，次のような問題がある．まず，老人保健施設や療養型病床群などの介護保険施設に入居している公害病

---

22) 大阪市西淀川区の「西淀川公害患者と家族の会」が会員（認定患者）を対象に行ったアンケートの回答（自由記述，全83件）においても，「公害病以外の病気の治療代や入院費，薬代などの経済的負担」について10件の意見が寄せられている．たとえば，「公害患者が年をとってくれば，他の合併症も出てくるので，それらの治療費は無料にすべきである」(74歳，男性)，「公害以外の病気が大変多くなるので，無料で見てもらえるようにお願いします」(49歳，女性)，「他病で病院に行くと医療費が高い」(73歳，女性) などの回答があった．これらすべてが公害病の治療にともなう副作用であるかは不明とはいえ，他疾病に関する医療費負担の重さを訴える意見が出されている（公害地域再生センター 2004）．

23) 「訪問看護ステーションによる訪問看護の対象は，原則として特級及び一級の被認定者［認定患者］のうち，認定疾病により，居宅において継続的に療養上の世話，診療の補助（いわゆる看護）を受ける必要があると主治医が認めたものとする」（環境庁環境保健部長通知「看護に係る留意事項について」1994年12月4日）．ただし昨今の運用上は，主治医が訪問看護の必要を判断し，公害診療報酬審査委員会で認められれば，2級以下の患者においても，一時的に在宅での訪問看護に公健制度の適用を受けることが可能となってきているという．とはいえ，上記通知を明文上も改定することが望ましいのではないか．

患者は，公害病の治療を継続的に受けていないと判断されて，公健制度における療養手当が支給されない，あるいは認定更新の際に認定が取り消されるなどのケースが相次いでいるといわれる．さらに，これらの施設における療養に公健制度が適用されていないことがあり，患者の自己負担が発生している現状がある．とくに，老人保健施設は，もともと老人保健法による医療的機能を持った施設として創設されたにもかかわらず，公健制度における療養手当が支給されないなど[24]，施設での療養が制度の適用対象になっていないことがある．また，1992年の医療法改正によって新設された療養型病床群は，病院等の医療施設内につくられる介護力強化病棟であり，長期療養が必要な患者のための病床であったので，公害病患者の利用にも適しているが[25]，ここでの療養にも実際には公健制度が適用されていないことがあり，自己負担が発生している場合があるという．制度上は，これらの介護保険施設における療養には，医療系サービスに限って，公健制度の適用がなされることになっているが，実態としては，医療費の包括的請求により公害病の療養に要する部分を「別枠」にした対応はなされないことが多いという[26]．以上の問題については，制度の適用が適切になされるよう，公健制度を所管する環境

---

[24] 「西淀川公害患者と家族の会」が会員を対象に行ったアンケート（前出）の回答においても，「介護保険サービス等についての意見」（複数回答可）として，無回答を除く156件のうち9件（5.8％）が，老人保健施設などへ入所すると療養手当が支給されないことを挙げている．

[25] 療養型病床群（介護療養型医療施設）は，介護保険制度施行後，医療保険が適用される医療型療養病床と介護保険が適用される介護型療養病床とによって構成されることになった．しかし，厚生労働省は2005年12月，この療養型病床群のうち，介護型療養病床を2012年度に廃し，特別養護老人ホームと老人保健施設に集約する方針を示した．

[26] 「福島区公害患者と家族の会」事務局へのヒアリング（前出）によれば，療養型病床群を設置する病院側から，認定患者だからといって一般の患者と異なった対応をするわけにはいかないと通告される患者が，最近目立ってきているという．このような場合，患者や家族としては，自ら医師に相談し，公害の療養にかかった日数について診療日数の証明書を発行してもらい，療養手当に関してのみ支給を受けるという対応に止まっている（その他の療養費の部分については自己負担になっている）．しかしこれらも病院によって対応が異なり，いずれにしても患者・家族自身が申請をしなければ対応がなされないということが利用の障壁になっている．

省などが介護保険施設事業者に対して指導することが必要であろう[27]．同時に，制度の適用範囲に関しても，公害病に起因する介護ニーズについては，医療系サービスに限定せず，公健制度による費用負担がなされるよう，制度上の，あるいは運用上の改善が求められる．

以上で述べた制度間調整の問題は，医療・福祉・環境の政策統合において，さしあたって，重要な課題であるといえよう．

3.5 公害病患者のQOLとコミュニティ・ケア

さらに，公害病患者のQOL向上を図るうえでは，これまで述べてきたような医療と介護の制度間調整などの制度的対応だけでは不十分であり，患者の生活を身近な地域で見守り支える「福祉コミュニティ」(岡村1974)の形成が必要である．福祉コミュニティとは，福祉的援助を必要とする人々の自立生活を支える条件（サービスの総合化や体系化など）や具体的な社会資源を，当事者・家族および共鳴する専門職者や地域住民らの参加により一定の地域内に確保していくコミュニティのあり方である．これを基盤にして，病院や福祉施設でのケア，中間施設でのケア，在宅ケア，さらに地域での助け合い・ボランティアによるケアなどを統合させたサービス体系，つまりコミュニティ・ケア（community care）が実現できる．

岡村（1974）は，慢性疾患や，日常生活において困難を抱えた高齢者のケースを念頭に，求められるケアのあり方として，コミュニティ・ケアの重要性を指摘し，次のように述べている．「病院や収容施設は，急性期間の集中的治療・看護の専門的機関として必要最小限の期間だけ入院させるように［する．］……急性期の治療を終わった老人は，……収容施設利用期間を短縮し，またはこれを不必要とするように，中間施設を利用したり，家庭への訪問サービスを利用することによって，老人が正常な地域社会関係を維持しながら生活でき，かつ家族の介護負担を軽くするのがコミュニティ・ケアの目的で

---

[27] なお，除本（2005c）で，これらの施設への公健制度の適用の課題に関して論じた箇所（p.23）では，制度面と実態の区別があいまいであった．より正確には，本章で述べたとおり，制度上の制約だけでなく，制度と実態との間にズレがあるということであり，この点の改善が求められる．

ある」(p. 120). このコミュニティ・ケアを実現するためには，とくに援助を必要とする人々が在宅療養を行った場合，適切な医療・保健・福祉サービスへのアクセスを確保しつつ，家に閉じこもらずに社会との関わりを維持できるように支援する福祉コミュニティづくりが重要になるのである．

こうした福祉コミュニティ創出に向けた動きは，大気汚染公害地域において，近年，公害裁判が和解解決するなかで，すでに始まっている．尼崎では，公害裁判和解後に設立された「ひと・まち・赤とんぼセンター」において，患者以外の地域住民も集い，趣味・生きがいサークルや保健活動を通じて交流が深まるなど，ここを拠点にした新たなコミュニティが創出されつつある（尾崎 2003a）. このセンターは公害問題でダメージを受けた地域社会において人々の共同性を回復し，QOL 向上の観点から福祉や生活のニーズを拾い上げ，可能な範囲でその充足をめざす場という意味で，福祉コミュニティの萌芽だと位置づけられる．同時にそれは，患者を地域社会における疎外や孤立から守り，公害問題の存在を地域に浸透させて，「未認定」患者の潜在化を防ぐ土壌をつくり出しうる．大阪市西淀川区での NPO 法人「西淀川福祉・健康ネットワーク」の設立（2005 年 5 月）も，同様の動きとして位置づけられるであろう．

4. 公害被害者のノーマライゼーションとコミュニティの再生
　　——熊本水俣病の事例

4.1　水俣病患者のノーマライゼーションとコミュニティ・ケア

水俣では，地域社会レベルでの被害がきわめて深刻であったがゆえに，被害者救済とならんで，コミュニティの再生が重要な課題となっている．水俣病患者の全面救済という視点からも，金銭的補償にとどめず，メンタルヘルスも含めた福祉的援助まで視野に入れるならば，コミュニティの再生は避けて通れない課題である．

水俣病患者は，とりわけ医療的ニーズの高い，障害をもった人々であるということができる[28]．それだけに，患者が他の市民と同じ条件で生活を送ること，つまりノーマライゼーション（normalization）[29]を実現し，それを通

じて QOL の向上を図るためには，乗り越えねばならない困難が山積している．すなわち，患者に対する日常的な介護と家族の負担，就業と経済的自立の問題，社会参加や生きがいの創出，さらには地域社会における水俣病患者に対する差別や偏見の問題等である．水俣では，長年，地域の分断と患者に対する差別や偏見が続いてきたため，地域のなかで患者らが安心して暮らしていくためには，吉井正澄・元市長が提唱したように，「崩れてしまった市民の連帯感，心の絆を取り戻す運動」，つまり「もやい直し」（吉井・上甲 2004, p.173）を前提とした地域社会の共同性の回復，あるいはコミュニティの再生が必要である．これは，前述のとおり，水俣病患者へのケアという視点から見た場合，水俣病患者のコミュニティ・ケアを支える福祉コミュニティの構築という課題を含んでいるといってよい．

4.2 水俣の福祉コミュニティ構築に向けた3つの取組み

以下では，水俣における福祉コミュニティの構築につながることが期待される3つの取り組みを概観する．

患者のコミュニティ・ケアをめざす専門職ネットワークの形成

第一は，患者のコミュニティ・ケアをめざす医療・保健・福祉分野の専門

---

28) 杉浦（2005）は，生活自由度の観点から，水俣病患者（73人），および水俣病の症状を有しない地域住民（62人）の双方に対し聞き取り調査を実施し，その意識に関する比較分析を行っている．それによれば，水俣病患者においては，頭痛・しびれなどの水俣病の日常的な症状や健康不安だけでなく，末梢の感覚障害などから仕事に集中できないなどの2次的被害が，現在でも残存していることが明らかになった．そこでは，「これら身体的・精神的な側面にかかわる機能への被害は水俣病が完全には回復しないという性質を反映しており，現在でも被害が残存している」と述べられている（pp. 67-68）．

29) ノーマライゼーション（ノーマリゼーション）の考え方は，1950年代からのデンマークにおける知的障害者の親の運動を背景に，N. E. バンク・ミケルセンが提唱し始めた．彼の「ノーマライゼーションの目標は，障害のある人をノーマルにすることではなく，彼らの生活条件をノーマルにすることである．」（花村 1994）という有名な言に象徴されるように，障害のある人もその国の，その地域のごく普通の一般市民と同じ条件の下で生活できること，および平等な社会参加が権利として保障されなければならない．

職によるネットワーク形成である[30]．これまで重度の障害を抱えた患者は，長期の施設入所や社会的入院を強いられ，家族とふれあえないまま自由の少ない生活を送らざるをえない状況にしばしば置かれてきた．一方，医学者らにとって，患者は重要な「研究対象」でもあり，「実験台にされたくない」という思いから入院を拒否する患者も少なくなかったといえる．しかし，患者のQOL向上にとって医療的ケアは不可欠であるから，住み慣れた在宅環境を基本としながら[31]，適切な医療，リハビリテーション，介護・福祉サービスを受けられる仕組みづくりが求められる．こうした仕組みづくりへの動きは，1974年に開所した水俣診療所（現・水俣協立病院）による患者の在宅医療が出発点となり，その後，「水俣地域ケア研究会」（旧・在宅ケア研究会）の取組みへとつながっている．

1969年6月の水俣病第一次訴訟の提起を契機に，全日本民主医療機関連合会（民医連）や熊本大学医学部の医師らによって「水俣病訴訟支援 公害をなくする県民会議」医師団が結成された（原田1972；藤野1996；「熊本県民医連の水俣病闘争の歴史」編集委員会編1997；板井1999）．1974年1月，同医師団の事務局長であった藤野糺医師を所長として，無床の水俣診療所が開所し，5月から患者の在宅医療（往診，訪問看護）に取り組んだ．当時，訪問看護は，保険診療上制度化されておらず無報酬であったが[32]，これを担ったのは，上野恵子氏ら看護婦（看護師）であった（上野・井本1988；上野1998）．1978年に水俣協立病院となって以降は，一般内科を中心に，水俣病患者だけでなく脳卒中後遺症，呼吸不全の患者などに対象者を広げ，訪問範囲も市内一円から芦北郡，出水市（鹿児島県）に拡大している．1998年には県内で2

---

30) 以下の内容は，引用文献のほか，筆者（尾崎）による上野恵子氏からのヒアリング（2004年3月19日，2005年2月7日）による．
31) ここでは，在宅ケアを基本とするが，「在宅」的要素を盛り込んで設計されているグループホームも含めて考える．
32) ようやく1992年の医療法改正によって「居宅」が医療提供の場として位置づけられ，同年の老人保健法改正により訪問看護ステーションが制度化された．1994年の健康保険法改正により「居宅における療養上の管理及び看護」が保険給付の対象になり一般化した．水俣診療所は病院化後も，約10年間は全く無報酬のまま訪問看護を続けてきたという．

番目のグループホーム（「ふれあいの家」）を先駆的に開設するなど，在宅福祉の分野にも参入し，2000年の介護保険制度施行後は，訪問介護，デイケア，居宅介護支援，グループホーム，ヘルパー養成講座などの介護保険事業に積極的に取り組んでいる．これにより，在宅医療に加えて在宅福祉も組み合わせた「在宅ケア」が水俣協立病院のもとで一体的に展開されてきた[33]．

水俣病患者の在宅ケアにおける大きな困難は，魚の摂食により複数の家族構成員が水俣病を発症しているケースが多く，介護者である家族もまた水俣病患者であることが少なくないことである．これは，胎児性・小児性水俣病患者の家庭で多く見られるように，症状の軽い患者が重い患者を介護するという状況であり，患者の親世代が高齢化するなかで問題が深刻化してきている．ここから「地域全体のケアレベルの向上」のために「まず地域の保健・医療・福祉関係者が交流し合うことが必要だ」（上野1998，p.23）という認識が生まれた．

1987年8月，東京から講師を招いて「在宅ケアを考える集い」が開催され，参加した保健・医療・福祉関係者が中心になって，翌年2月，「在宅ケア研究会」が始まった．会長には，市立のリハビリセンター湯之児病院でケースワーカーとして活躍してきた永野ユミ氏が就き（副会長は上野氏），定期的なケース・カンファレンスや講演会・学習会から活動を開始した．注目すべきは，水俣病患者の在宅ケアを真に質の高いものとするためにも，地域全体の医療・保健・福祉のレベルアップをめざす，という「地域ケア」と呼ぶべき目標を掲げたことである[34]．2003年にはそれを名称にも反映させ，「水俣地域ケア研究会」と改称した．

水俣における「在宅ケア研究会」の盛り上がりは，全国的な気運の高まりに呼応するように，水俣市を含む3市5町の保健・医療・福祉関係者が集い，会員数は200名を超えるほどになり，国の在宅ケアに対する制度改革（保険

---

33) 2001年4月に特定非営利活動法人「NPOみなまた」（橋口三郎・理事長）が設立され，同年から順次，グループホーム事業とデイサービスは水俣協立病院からNPOみなまたに移管された．現在NPOみなまたは，3か所のグループホーム（デイサービスセンター含む）と小規模多機能ホーム1か所を運営する．

34) ここでいう「地域ケア」は，前述のコミュニティ・ケアとほぼ同義だと考えられる．

診療化など）を後押ししたといえる．また，これにより，水俣市を中心に芦北郡，出水郡，出水市，大口市と広範囲で医療・保健・福祉に携わる専門職のネットワークが構築されたことの意義は大きい．在宅ケアにおいては，患者の生活全体や家庭，環境なども含めてトータルに医療・保健・福祉サービスをコーディネートすることが必要である．それぞれの従事者が情報を共有していくことで，必要な時に入院ができ，在宅で看護や介護サービスが受けられ，家族が休息を取れる，等のマネジメントが可能になり，在宅で生活したとしても安心して療養し続けられる地域システムが生まれるのである．

水俣市社協による「ふれあいネットワーク」づくり

　第二は，高齢社会に対応した地域福祉の基礎をつくることをめざす新たな助け合いのシステムづくりである．水俣市は現在，高齢化率26.2％（2000年国勢調査時点．全国平均は17.3％）を超え，高齢化の顕著な地域である（市内の山間地域では，高齢化率が4割を超すところもある）．このような現状をふまえ，水俣市社会福祉協議会（以下，水俣市社協）は，「ふれあいネットワーク」づくりを進めている[35]．

　水俣市社協は，1994年，「ふれあいのまちづくり事業」（5年間の国庫補助）の指定を受け，事業開始にあたって，「住民主体」の原則のもとに，各種団体から30名が参加する「ふれあいのまちづくり推進委員会」を設置した（水俣市社会福祉協議会 2001）．「推進委員会」には図2-4に示したように，これまで相互にあまり交流のなかった団体のメンバーも加わっており，「在宅ケア研究会」からは副会長に永野氏が就き，上野氏も参加している．

　同事業の最大の成果は，小地域における「ふれあいネットワーク」活動であり，「水俣方式」ともいえる独自の訪問活動を確立している．これは，小地域（平均約35世帯）を単位に，できるだけ多くの住民にふれあい活動員として登録してもらい[36]，2～4人からなるパーティを4～5チームつくって1グ

---

35)　以下の内容は，引用文献のほか，筆者（尾崎）による水俣市社協スタッフからのヒアリング（2005年2月7日）による．
36)　短期間にふれあい活動員は約2,200人（有権者11人に1人の割合），225グループまで広がった（水俣市社会福祉協議会 2001）．

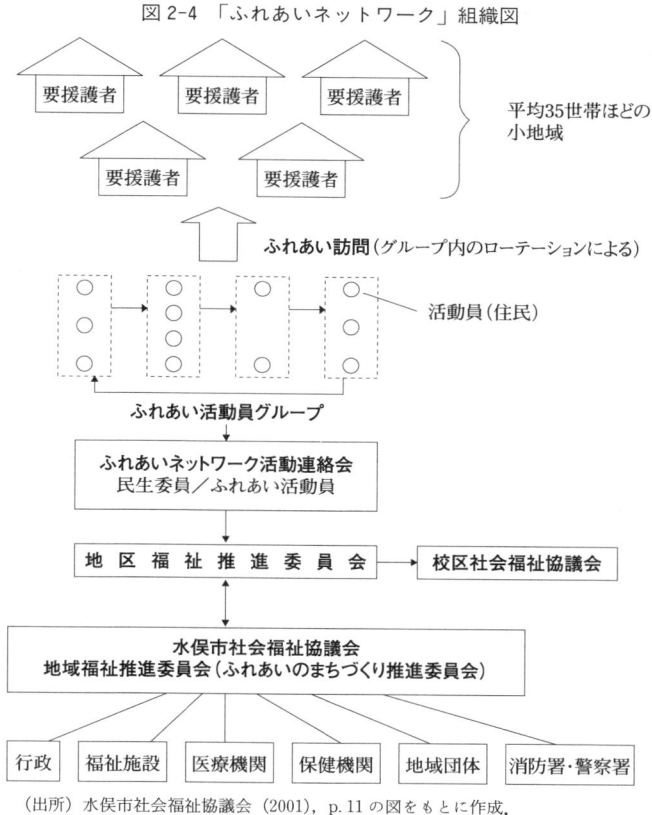

4. 公害被害者のノーマライゼーションとコミュニティの再生　　55

図 2-4　「ふれあいネットワーク」組織図

```
  要援護者   要援護者   要援護者  ┐
      要援護者   要援護者         ├ 平均35世帯ほどの
                                   ┘ 小地域

       ↑ ふれあい訪問（グループ内のローテーションによる）

  ○○○ → ○○○ → ○○○ → ○○○    活動員（住民）
  ○○○   ○○○   ○○○   ○○○

         ふれあい活動員グループ

      ふれあいネットワーク活動連絡会
        民生委員／ふれあい活動員

      地 区 福 祉 推 進 委 員 会 → 校区社会福祉協議会

          水俣市社会福祉協議会
   地域福祉推進委員会（ふれあいのまちづくり推進委員会）

  行政  福祉施設  医療機関  保健機関  地域団体  消防署・警察署
```

（出所）水俣市社会福祉協議会（2001），p. 11 の図をもとに作成．

ループを構成し，グループ内のローテーションにより訪問活動を行うものである．「皆で広く浅く」かかわることで，個々人の負担を減らす工夫がなされ，活動内容は活動員の「気づき」と自発性に委ねられている．地域によっては，水俣病患者の自宅訪問を位置づけているグループもある．

さらに，訪問活動から発展して，「茶話会」や「会食会」，調理実習や健康体操の講座開催などの「ふれあい・いきいきサロン」活動を展開しているグループも増えている．これは，住民主体による地域福祉の萌芽だといえよう．

水俣市社協はこれまで，水俣病患者に対して特別な対策を行ったことはない．その理由は，水俣病という原因により福祉サービスの配分を始めると，

担当者の裁量が大きく影響するため，全体にゆがみが生じるからだという．しかし，水俣の地域福祉を考える上で水俣病患者の問題を素通りしていくことはできない．慢性の水俣病患者らは，視野狭窄や不定愁訴のように，周りからは見えにくい健康被害を負っている場合が多く，制度上も福祉援助の対象にされにくい側面を持っている．前述の「地域ケア」ネットワークとこの「ふれあいネットワーク」は，医療的ニーズの高い障害者に対しては相互補完的な関係にあるので，両者がうまく絡み合い，医療・保健・福祉のネットワークとして機能していくことが期待される．

「ほっとはうす」による胎児性・小児性水俣病患者らの就業支援

　第三は，水俣病患者や支援者らが立ち上げた共同作業所「ほっとはうす」による胎児性・小児性水俣病患者および障害者の就業支援（生きがい創出）である[37]．昭和30年代に多発した胎児性・小児性水俣病患者（以下，胎児・小児性患者と略）は現在，多くが40歳代を迎えており，ライフステージ上も自立や社会参加の意欲は強く，それらの前提となる就労の問題はきわめて重要な課題である．たとえ彼らが在宅での療養生活を続けられるとしても，社会参加の手段が閉ざされたままではQOLの向上には限界があり，この点で「ほっとはうす」の存在はきわめて重要である．

　「ほっとはうす」は，1998年11月より活動を開始した障害をもった仲間同士のふれあいの場であり，働く場であり，「街」[38]で暮らす一般市民との交流を育む拠点である．2000年4月には熊本県の「心身障害者通所援護事業」として認可され，その後，市議会においても小規模作業所（福祉的就労及び更生訓練の場）として市の事業補助が決定された．さらに，2002年1月からは「さかえ基金」を設立し，自主的な財源確保の活動や募金を呼びかけ，翌年，

---

[37] 以下の内容は，加藤（2002），加藤・小峯編（2002）のほか，筆者（尾崎）による加藤たけ子氏からのヒアリング（2004年3月18-19日，2005年2月8-9日）による．

[38] ここでの「街」とは水俣市の中心市街地周辺のことである．従来から水俣病の問題は（南部の患者多発地帯の）袋地区の人たちの問題と片づけられがちであったことから，「街」中に拠点をつくり，水俣病患者らが衆目にふれるところで働き，人々との交流や社会参加が図れるようにとの思いから，「ほっとはうす」の作業所および喫茶店は「街」につくることを決めていたという．

社会福祉法人（通称・小規模法人）化を実現した．現在，社会福祉法人「さかえの杜」（理事長・杉本栄子）が運営する小規模通所授産施設「ほっとはうす」（施設長・加藤たけ子）として活動している．作業所に登録している「メンバー」（水俣病患者及びその他の障害者）は，2005年2月現在，11名である[39]．近年，胎児・小児性患者だけでなく，発達障害や先天異常（知的障害等）をもつ若者の通所が増えてきている．なお，スーパーバイザーとして「在宅ケア研究会」の永野氏が参画している．

「ほっとはうす」の事業は，大きくわけて3つある．第一は，小・中・高校への「出前授業」など，水俣病事件や障害者への理解を深めるための啓発活動（「伝えるプログラム」）である．第二は，喫茶コーナー（コーヒー，軽食など）の営業である．「伝えるプログラム」で店舗を訪れる客の増加により，売上げも伸びている．さらに，各所で開催される福祉フェスティバルなどに「出前喫茶」を出すことで，収益の確保とともに人々との交流も進んでいる．第三は，押し花によるしおり・名刺の製作・装飾，ラベンダーポプリなどの製造・販売である．売上高としては決して大きくはないが，日常的にメンバーが「ほっとはうす」に集い，協同して作業を行うという意味では最も重要な活動である．これら3つの事業は，相乗効果を生み出しながら，「街」の人々との交流と事業経営の維持という難題を両立させつつある．

現在の「ほっとはうす」は，メンバーらが在宅生活をしながら，通所により上で述べた3つの事業を行っているが，それは現段階で彼らの在宅ケアを担う父母あるいは兄弟姉妹などが存在することが前提となっている．しかし今後，父母らが亡くなることも予想され，またメンバー自身の加齢にともなう症状悪化も懸念されている[40]．こうした事態に備え，「ほっとはうす」では「『喫茶コーナーのある働き交流する場』から『障がいを持つ人のコミュニテ

---

[39] メンバーのうち8名が胎児性・小児性水俣病患者で，3名はそれ以外の，発達障害，脳性マヒなどの障害者である．

[40] 土井（2002）によれば，胎児性水俣病患者では加齢にともなって起立，歩行などに「急速な運動機能障害の進行」が見られる．その原因は，土井の推論では「もともと体内におけるメチル水銀曝露によって大脳皮質神経細胞の減少・低形成があるところへ加齢による神経細胞減少が重なって，通常であればもっと高齢になってから現れるはずの運動機能障害が40歳代で出現した」のではないかとされる．

ィライフを支える機能も兼ね備えた場』にバージョンアップすること」(加藤・小峯編 2002, p. 108)を真剣に考え始めている。具体的には，胎児・小児性患者，障害者らの地域での自立生活を支えるため，日中活動の場としてのデイサービスからホームヘルプサービス(居宅介護支援)，ショートステイ，グループホームまで生活全般にわたって支援ができる多機能型の施設やケア付き住宅などの建設が目指されている[41]。

このような意味からも，水俣市の掲げる「環境モデル都市」は，その前提として，水俣病問題の全面解決を前提にした「福祉モデル都市」へと進展することが必要であり，それが水俣の地域再生の基本に据えられねばならないと思われる。

5. おわりに

以上見てきたように，長期にわたり公害被害を受けてきた地域では，公害からの回復と被害者のQOL向上が課題となっている。

大気汚染公害の事例に即していえば，被害者救済に関しては，公健制度・医療制度・福祉制度の間の壁や縦割りがあり，公害病患者にとって支障を生んでいる。したがって，制度的対応としては，医療・福祉・環境の分野における政策統合が必要である。しかし，公害被害者のコミュニティライフを実現するためには，制度的対応だけでは不十分であり，患者の生活を身近な地域で見守り支える福祉コミュニティの形成が必要である。また，熊本水俣病の事例に即して検討したように，公害被害者のノーマライゼーションを実現するためにも，福祉コミュニティの役割は重要である。福祉コミュニティによる地域の拠点づくりは，公害被害者以外の障害者を含めた多くの住民との協働を生み出し，福祉のまちづくりへとつながっていくものである。それにより，地域社会の共同性の回復あるいはコミュニティの再生へと進んでいく

---

41) 環境省は2005年7月，06年度からの水俣病患者に対する新たな支援策として，グループホームの整備等を進めることを発表した。これはとくに胎児性患者らを介護している家族らの高齢化などによる家族介護の限界をふまえ，胎児性患者らが地域で生活を続けられる条件を整備することを念頭に置いている。

5. おわりに

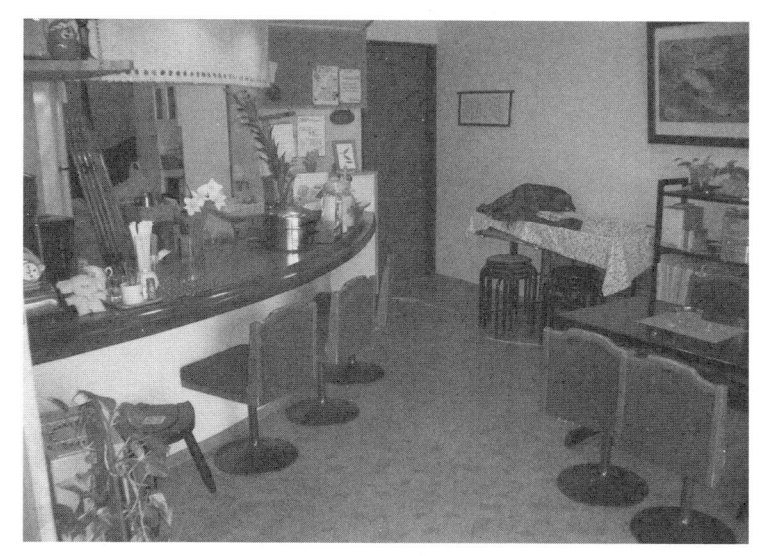

写真2-1 「ほっとはうす」喫茶コーナー(2005年2月,尾崎撮影.写真2-2も)

写真2-2 「ほっとはうす」入口

ことが期待される．

本章で取り上げた各地の取り組みは，このような方向で「環境被害ストック」の修復をめざしているのであり，「維持可能な社会」に向けた環境再生政策のモデルを指し示しているといえよう．

参考文献

淡路剛久（2002）「公害裁判から環境再生へ」永井進・寺西俊一・除本理史編著『環境再生――川崎から公害地域の再生を考える』有斐閣，pp. 23-38．
飯島伸子（1993）『環境問題と被害者運動（改訂版）』学文社（初版，1984年）．
板井八重子（1999）「公害の原点――水俣病その後」『民医連医療』319号，pp. 12-16．
上野恵子（1998）「環境破壊に立ち向かい人間の尊厳を支える看護」『nurse eye』11巻10号，pp. 21-28．
上野恵子・井本美恵（1988）「水俣協立病院における在宅ケア――13年間の訪問看護実践より」『看護学雑誌』52巻7号，pp. 686-691．
岡村重夫（1974）『地域福祉論』光生館．
尾崎寛直（2003a）「公害被害者による環境保健活動とコミュニティ福祉――尼崎『センター赤とんぼ』の活動から」『環境と公害』32巻4号，pp. 44-50．
尾崎寛直（2003b）「乖離する高齢者ニーズと介護保険制度――介護保障制度の確立に向けて」『社会政策学会誌』10号，pp. 162-181．
尾崎寛直（2005）「環境再生とまちづくり――川崎の公害地域再生の取り組みから」『月刊保団連』872号，pp. 16-21．
尾崎寛直・除本理史・堀畑まなみ・神長唯・関耕平（2005）「大気汚染公害『未認定』患者の被害実態と福祉的課題――東京における調査から」『環境と公害』34巻4号，pp. 46-53
加藤たけ子（2002）「設立の経緯と水俣病・障がいを持つ人の福祉について」（特集「『ほっとはうす』のめざす地平」）『ごんずい』74号，pp. 2-5．
加藤たけ子・小峯光男編（2002）『水俣・ほっとはうすにあつまれ！――働く場そしてコミュニティライフのサポートへ』世織書房．
環境庁公健法研究会編著（1988）『改正公健法ハンドブック』エネルギージャーナル社．
「熊本県民医連の水俣病闘争の歴史」編集委員会編（1997）『水俣病 ともに生きた人びと――たたかいを支えた医療人の記録』大月書店．
倉敷公害患者死亡調査研究班（2005）『公害死亡患者遡及調査』（3分冊）（財）水島

参考文献

地域環境再生財団.
公害健康被害補償予防協会 (n.d.)『平成14事業年度　財務諸表　(添付書類)平成14事業年度　事業報告書　平成14事業年度　決算報告書』.
公害健康被害補償予防協会編 (1994)『20年のあゆみ』公害健康被害補償予防協会.
公害健康被害補償制度研究会編 (2005)『平成17年版　公害健康被害補償・予防の手引き』新日本法規.
公害地域再生センター (2004)『公害病認定患者の生活実態に関する調査報告書――西淀川公害患者と家族の会会員の生活実態と課題』.
杉浦竜夫 (2005)「生活自由度からみた水俣地域における環境被害と環境再生」『人間と環境』31巻2号, pp. 59-74.
土井陸雄 (2002)「胎児性水俣病患者の症状悪化に関する緊急提言――早急に公害健康被害者の追跡調査を」『日本公衆衛生雑誌』49巻2号, pp. 73-75.
東京都環境局 (2003)『東京都のディーゼル車対策――国の怠慢と都の成果』.
新美育文 (2000)「自動車排ガスによる大気汚染と民事責任の主体」『判例タイムズ』1037号, pp. 4-8.
日本弁護士連合会 (2004)『自動車排ガスによる健康被害の救済に関する意見書 (改訂版)』.
花村春樹 (1994)『「ノーマリゼーションの父」N. E. バンク・ミケルセン (改訂版)』ミネルヴァ書房.
原田正純 (1972)『水俣病』岩波新書.
藤野糺 (1996)「熊本水俣病訴訟の歴史的たたかいと民医連が果たした役割」『民医連医療』290号, pp. 8-15.
増田雅暢 (2004)『介護保険見直しへの提言――5年目の課題と展望』法研.
水俣市社会福祉協議会 (2001)『ふれあいネットワークのすべて』.
宮本憲一 (1989)『環境経済学』岩波書店.
除本理史 (2005a)「大気汚染公害における『未認定』問題」『東京経大学会誌』241号, pp. 117-133.
除本理史 (2005b)「大気汚染による公害被害――東京の『未認定』患者に関する被害実態調査から」『技術と人間』34巻4号, pp. 62-67.
除本理史 (2005c)「環境とコミュニティの再生」『環境と公害』35巻1号, pp. 21-24.
除本理史 (2005d)「大気汚染公害による『未認定』患者の被害実態と救済制度――東京における調査から」『病体生理』39巻2号, pp. 48-54.
除本理史・堀畑まなみ・尾崎寛直・神長唯・関耕平 (2004)『東京における大気汚染公害の「未認定」患者に関する被害実態調査報告書』東京経済大学学術研究センター　ワーキング・ペーパー・シリーズ2004-E-01.

山田忠昭 (1999)「『もやい直し』の現状と問題点」『水俣病研究』1号, pp. 31-44.
吉井正澄・上甲晃 (2004)『気がついたらトップランナー 小さな地球 水俣』燦葉出版社.

3章　自然および農村環境の再生
日本の原風景の保全に向けて

磯崎博司

1. はじめに

　日本のふるさとの原風景というと，水田，畑，里山，小川，ため池，農家などを連想する人が多い．しかしながら，そのような風景が残っている場所は限られてきている．同様に，日本を代表する原生自然環境も，各地で破壊され，衰退が目立つ．

　本章のテーマになっている「農村環境」を構成する自然要素としては，水，土壌および野生動植物などを挙げることができる．そのような農村環境の大半は二次自然であり，長い年月をかけて人間によって管理されてきた自然環境である．

　日本の原風景としての農村環境は，昔話や童謡のなかに見つけ出すことができる．東京の渋谷付近の小川のイメージとされる「春の小川」が代表例であり，また，「ふるさと」や「どんぐりころころ」にも表されている．それらには，日本の各地に見られた次のような農村環境が唱われている．

　緑豊かな山を背景にして，どんぐりの実る里山や池があり，うさぎが走り，藁葺き屋根の農家が点在し，田んぼと畑の間を縫って小川がゆるやかに流れ，えび，メダカ，コブナが泳ぎ，岸辺にはすみれやれんげが咲き，子供たちが遊んでいる．

　このような農村環境は，原生自然の破壊ではあるが，長い年月をかけてそこに安定的な二次自然を作り上げていた．特に，水田生態系は，比較的急峻

な日本の河川に横方向の広がりを与え，湛水機能と涵養機能も備えた．農作業によって毎年同じ環境が整えられるため，営農カレンダーに従い多様な水生生物に対して生息の場が提供されてきた．したがって，第二次大戦前までの農村環境は自然調和的，自然共生的であった．

しかしながら，第二次大戦後は，化学肥料や農薬の利用，また，農業水路の近代化などによって，日本の農林業は自然破壊的になった．また，ため池や小川そして雑木林の利用と管理がされなくなり，れんげも植えられなくなった．そのため，日本のありふれた原風景が失われるとともにそこに生息していた多くのありふれた動植物が絶滅のおそれに陥っている．

後述するように，このような農村環境は，「里地・里山」として，最近になって生物と文化の多様性の観点から再評価されるようになっている．

以上のような自然および農村環境の再生に向けて，本章では，絶滅危惧種の野生復帰，生態系の回復，農村の再生という3つの側面を手がかりに検討する．なお，そのうち，絶滅危惧種の野生復帰および生態系の回復については，主に次章（第4章）において具体的事例を含めて紹介と検討が行われている．

2. 従来型の自然保護施策

これまでにとられてきている自然保護施策には，開発活動による悪影響に対処するため，緊急対応的で受動的なものが多い．具体的には，保護種や保護区の指定，特定行為や土地利用の規制などが行われてきているが，保護指定が行えずに，自然環境が破壊されてしまうことも多かった．それに加えて，そのように開発活動から守るために保護指定することが目的化しており，保護区などを実効的に管理するための手法は不十分であった．

一方，人工的な生活環境に囲まれている都市住民の間に，自然願望が高まった．それに応えて，自然との触れ合いおよび共生が唱えられ，環境基本法においても定められた．しかし，その自然願望は，本来の自然ではなく，自然に触れ合うことのできる観光地や都市公園的な自然に向かうことが多い．そのため，自然から切り離された小さな自然の切り売りが行われてきた．リ

ゾート開発であったり，流行としてのエコツーリズムであったりである．また，本来の自然を訪れる場合であっても，名の知られている自然公園または特定地区への集中および特定期間への集中により，オーバーユース問題が生じている[1]．

生物多様性の保全も環境基本法の基礎とされているが，依然として，絶滅危惧種対策にとどまっている．ありふれた自然や利用されている自然についても，保全管理施策を定める必要がある．

他方で，多くの公共事業による自然破壊が指摘されてきた．そのような公共事業に対して，経済的観点から無駄遣い批判が行われるようになり，公共事業に対する再評価制度が導入された．その再評価制度には環境影響評価も含まれるようになり，政府とともにほとんどの地方自治体において導入されているが，環境の観点は事業中止のための主要因とされるには至っていない．また，循環型社会に向けた施策もとられるようになり，生物資源の循環利用を含む法制度の整備も始められた．しかし，その循環も，多くは自然から切り離されたものにとどまっている．

農村地域に目を転じると，農業の工業化が進み，高集約型農業が展開され，農薬および化学肥料の大量散布に依存する農業となり，省力化や天敵目的のために外来種の導入も行われた[2]．その背景には，偏った農業政策，減反政策，人口の都市集中，土地価格の高騰などがあり，都市近郊農地の宅地転換も進められた．その時期と併せて，食品スーパーや外食チェーンが普及し，一定規格の農産物を低価格で大量かつ安定的に供給することが求められた．その供給源はアジア地域の開発途上国に向かった．そのため，それら諸国においては，自給的な農業から輸出用作物に特化する植民地的農業への転換が生じるとともに[3]，日本においては，それら諸国からの輸入農産物が急増し，

---

1) このようなオーバーユース対策として，2002年の自然公園法の改正により，国立・国定公園の風致または景観の維持とその適正な利用を図るため，特別地域内に立ち入り人数を制限する利用調整地区が新設された．2005年末までの時点では，利用調整地区を定めた国立公園等はない．
2) トマト，イチゴ，ナスなどのビニールハウス栽培において受粉用に導入されているセイヨウマルハナバチが代表例である．外来生物法の下で特定外来生物の第二次指定にあたり指定対象とするかどうか検討されている．

国内農業の破壊をもたらした．

このような農村社会と農産物流通システムの変容は，農村の衰退，後継者難，耕作地の管理放棄などを生じさせた．

3. ストックされた環境負荷の影響

以上で示したような生態系の浄化能力を超えた汚染，生態系の連鎖機能の分断，自然資源の過剰・過密利用，また，農耕地の不十分な管理などは改善されることなく継続しているため，それから生じる環境負荷はストックされてしまっている．

環境負荷ストックがもたらす例として，たとえば生物種については，絶滅またはそのおそれのある動植物の種または地域個体群の急増，外来種の侵入とその蔓延という現象として現れている．また，自然・農村環境については，森林の枯死，植生の衰退，中山間地域の荒廃，斜面崩壊，耕作放棄地の増大，里山や里地のような二次自然の衰退，そこに生息している身近な種の減少，伝統的社会・文化の衰退などとして現れている．そして，それらは，大きくは，生態系の活力と機能の低下，すなわち，生物多様性の衰退ひいては，地球の生命支持力の低下につながっている．

やっかいなことに，生態系は複雑系であり，不確実性，遅発性，変化性，反復性，帰還性という性質を有するため，これらの負荷による悪影響や因果関係には不明なことも多い．しかしながら，環境負荷がストックされてしまうことには，社会的要因が強い．たとえば，保護されるべき区域が事業対象地にされていたり，ひとまとまりの自然および社会に対して行政・法制度が分断されたりしており，その相互調整・連携が行われていない．その結果，問題状況の把握，その原因の究明，必要な施策の選定と実施，費用負担方法の決定なども一貫していないかまたはバラバラに行われている．

さらに，定められている汚染防止基準が人間中心であること，また，自然環境に対する責任主体が不明確であり，実際に被害が生じていても責任追及

---

3) 詳しくは，日本環境会議『アジア環境白書2003/04』（東洋経済新報社，2003年）105-116頁参照．

3. ストックされた環境負荷の影響

図3-1 生物多様性の現状と問題点：3つの危機

第1の危機	第2の危機	第3の危機
開発や乱獲など人間活動に伴う負のインパクトによる生物や生態系への影響．その結果，多くの種が絶滅の危機．湿地生態系の消失が進行．島嶼や山岳部など脆弱な生態系における影響．依然最も大きな影響要因．	里山の荒廃等の人間活動の縮小や生活スタイルの変化に伴う影響．経済的価値減少の結果，二次林や二次草原が放置．耕作放棄地も拡大．一方人工的整備の拡大も重なり里地里山生態系の質の劣化が進行．特有の動植物が消失．特に中山間地域で顕著．今後この傾向がさらに強まる．	移入種等の人間活動によって新たに問題となっているインパクト．国外又は国内の他地域から様々な生物種が移入．その結果，在来種の捕食，交雑，環境攪乱等の影響が発生．化学物質の生態系影響のおそれ．

（出典）新生物多様性国家戦略の概要（第1部）より作成．

が為されないことも要因の1つである．

3.1 外来種による被害

意図的または非意図的に移入された動植物が問題を生じさせている[4]．北海道のミンクや都市部でのインコなどのように，養殖用またはペット用に飼育されていたものが逃げ出して野外で繁殖拡大している．釣りの目的で放されているブラックバスなども各地で繁殖している．これらに伴い，在来種が生存競争に負けて地域的に絶滅の危険にさらされることもあるし，食物連鎖や植生も変わる．特に，島嶼や孤立した生態系または生息域の限られている固有種には，大きな影響がある．

そのような移入され野生化している動植物が在来種を絶滅の危機に陥れている場合には，外来種を駆除し，または，その拡大を防止するための行動が必要になる．特に，水生生物の場合は事後の対応が難しい．

外来種問題は生物学的問題であるとともに社会的問題であり，総合的な対策が求められている．具体的には，生物多様性の確保，種の絶滅防止，悪影響の防止，事前評価，臨界負荷対応，事前承認，予防対応，適応的管理，緊

---

[4] 外来種による問題状況に関しては，日本生態学会『外来種ハンドブック』地人書館（2002年）参照．

急対応，危害除去，原因者負担，情報公開および公衆参加のための措置が必要とされる．これらの措置の実施にあたっては，特定行為の規制および財産権の制約を伴うため，また，執行・取締の確保，平等・公正の確保のため，法律に基づくことが必要である[5]．

3.2 農村環境依存種に迫る絶滅の危機

人間による長い間の様々な働きかけを受けて形成されてきた自然環境が，生活形態や農業形態の変化につれて大きく変わってきている．それに伴い，トキ，コウノトリ，ツル，ギフチョウ，チョウセンアカシジミ，ベッコウトンボ，タガメ，ヤシャゲンゴロウ，イタセンパラ，ミヤコタナゴ，ムサシトミヨ，メダカ，フジバカマなどのように水田や小川，里山や雑木林などに依存する種の絶滅の危険性が高まっている．

水田では，除草剤，殺虫剤，化学肥料が多用された．ため池や沼地は干拓され，河川や水路は洪水の防止や管理の容易化のためにコンクリート化された．そのため，水生昆虫，魚類，水生植物などが減少し，それらを餌としていたトキ，コウノトリ，ツルなども激減した．また，使われた農薬類によって，それらの鳥類が中毒になってしまったり，繁殖力が低下したり，卵が孵化しなかったりということも生じた．近年は，中山間地の棚田を中心に耕作放棄地が急増しており，土砂崩壊，動植物相の変化などが生じている．そのため，山口県の八代ではそのような山田をねぐらとしていたナベヅルの飛来数が年々減少を続けている．

---

5) このような外来種規制については，すでに，国際的には，生物多様性条約の下の指針原則，IUCNによるガイドラインが定められており，それらに沿った国内制度の整備が必要である．
　国内では，それに応えて，外来生物法（特定外来生物による生態系等に係る被害の防止に関する法律）が制定された．この法律は，特定外来生物による生態系，人の生命・身体，農林水産業への被害を防止し，生物の多様性の確保，人の生命・身体の保護，農林水産業の健全な発展に寄与することを通じて，国民生活の安定向上に資することを目的としている．そのために，問題を引き起こす海外起源の外来生物を特定外来生物として指定し，その飼養，栽培，保管，運搬，輸入などを規制し，特定外来生物の防除等を行うことを定めている．したがって，規制対象種は，外国起源の生物にとどまり，国内外来種による被害には既存法令の拡充によらなければ対応できない．

水田と同様に，茅場，草地，雑木林，里山，里の川なども，刈り取りや採集などの人為的な作業によって自然の遷移が止められ，同じ状態が維持されていた．これらの地域も，生活様式が変わり，利用されなくなった．そのため，維持作業や管理が行われなくなり，汚染も進み，そこに生息していた動植物が減少してきている．

こうした農林業形態や生活形態の変化は全国的に進んだため，そのような農村環境に生息していた多数の生物が各地で絶滅の危機に陥っている．

3.3　中山間地域の荒廃と「山の里下り」

農村環境の荒廃は，いわゆる中山間地域に顕著である．中山間地域とは，農林統計に用いられている農業地域類型において，山間農業地域および中間農業地域を指す．中山間地域は，国土面積の60％，耕地面積の42％に及び，人口の14％を擁し，生産量においても，米の36％，果実の44％，畜産物の46％を担っている．しかし，近年，こうした中山間地域の水田が，過疎，高齢化，後継者不足のなかで最初に耕作放棄されてきており，集落そのものも崩壊しつつある．なお，後述する里山も中山間地域に含まれており，中山間地域問題の大半は里山問題である．

中山間地域の多くの棚田は全くの放置状態にされており，雑草に覆われている．一部には杉などが植えられることもあるが，十分な育林管理がされていない林や台風被害により倒壊している樹木もある．植林されたところも含めてこれらの放棄水田においては，水路の管理はされていない．そのため，元の水路が崩れて沢水は自由に流れるようになっており，谷全体が湿地のようになっているところもある．

このような，これまで人手の入っていた山間部に人手が入らなくなって生じる現象は「山の里下り」と言われている．耕地の荒廃による草地化・疎林化はその代表例であるが，イノシシなどの野生動物や植物の勢力範囲の拡大もそうである[6]．実際，各地の過去の写真などと見比べると，水田が失われ

---

6) イノシシ対策としては，アジア全域で見られた「ししがき」が再評価されている．里と山との間に境界を設けることで野生生物との共生を図る仕組みである．たとえば，後述する長野県飯島町周辺でも，南北80 kmにわたり「ししがき」が作られていた．

写真3-1　ししがき（伊那市西春近諏訪形区）

て山に変わっている様子が把握できる．着実に，山が勢力範囲を拡大して里に下ってきている．それに伴い，新たに外縁となった田畑にイノシシなどの被害が及び，そのことがさらに耕作放棄を生じさせるという悪循環も生じている．

4. 積極的な自然保全施策の必要性

　以上のような自然環境に悪影響を及ぼす時代を経て，今後の環境の世紀において，自然および農村の再生に向けて最も必要とされることは，地球の生態系・自然の循環へ人間の経済社会活動を統合することである．それは，実は，生物多様性という概念が本来意味していることであり，そのためには，後追い的でない，以下に挙げるような積極的な自然保全施策が必要である．

①生態系重視の視点を持ち，生態系アプローチ[7]をとること．特に，開発計画の策定，環境影響評価，公共事業評価において徹底する必要がある．
②予防原則[8]に基づいた行動をとること．上述のように，生態系の作用に

　　イノシシ被害対策のため，ボランティアによりその復元活動が行われている地域も多い．
[7]　生態系アプローチとは，土地，水および生物資源の統合管理のための戦略であり，生物多様性の構成要素の保護とそれらの持続可能な利用を公正な手法によって促進することを目的としている．また，それは，人間が多くの生態系の不可分の一部であることを認識するとともに，文化および社会の多様性も重視している．そのような生態系アプローチの原則と運用手引きを定める決議およびガイドラインが，2000年に生物多様性条約の第5回締約国会議において採択された（Ecosystem Approach: Decision V/6）．そこでは，以下の12の基本原則が示されている．

　　1.自然資源の管理目的の社会による選択，2.管理権限の地元への委譲，3.人間活動による周辺生態系への影響の考慮，4.市場の改善・インセンティブの統合・費用便益の内部化，5.生態系の構造と機能の保全の優先，6.生態系の機能の範囲内における管理，7.適切な空間と時間の設定，8.長期的な管理目的の策定，9.変化を前提に，10.保全と利用の均衡と統合，11.科学的知見および先住民や地元住民の知識と慣行を含むあらゆる関連情報の考慮，12.すべてのセクションの関与の確保．
[8]　予防原則は，環境に悪影響を与えることが科学的根拠または科学的知見が不十分なために明らかではなくても，取り返しのつかない事態を防止するために予防的な対応行動をとることを求めている．国内法では，ヨーロッパ諸国に予防原則を定めている法令や計画が見出される．国際法においても，予防原則に言及する条約などは1990年代以降増えてきている．

　　予防原則に関するそれらの規定は同一内容ではないが，予防原則の基本要素としては，未然防止，科学的不確実性への対応，高水準の保全目標，環境の観点の重視，将来への配慮，危険可能性への配慮，計画的対応，最善技術の適用などが挙げられる．それらの要素を含む制度として，基準と指標の設定と検証，モニタリング，適応型管理

は不確実性が伴うため，危害の蓋然性がある場合には，予防のための措置をとる必要がある．

③ 自然の広がりに根ざした循環を回復するため，分断された生態系機能を修復すること．このことに関しては，すでに一部で自然復元事業が行われており，自然再生推進法も採択された[9]．

などの導入が必要とされている．

ところで，予防原則に基づく対応措置には科学的不確実性が伴うため，その必要性および正当性が明らかにされなければならない．換言すれば，科学的に不確実なデータや情報をどのようにして法的措置とつなげるのかが課題である．そのための対応策としては，基礎となるデータならびにその収集および評価過程に透明性を確保することが必要である．その場合，生物学的要素に関しては情報公開を徹底することが必要であり，他方，社会的要素については参加を保証することが不可欠である．情報公開は，情報取得の保証と決定過程の公開という異なる側面を含むとともに，公開することに併せて根拠を示して説明する責任を含む．

なお，予防原則については，以下を参照．人間環境問題研究会「環境リスク管理と予防原則」『環境法研究』（2005年）第30号；藤岡典夫「予防原則の意義」『農林水産政策研究』（2005年）第8号；岩間徹「国際環境法上の予防原則について」『ジュリスト』（2004年）第1264号；環境省「環境政策における予防的方策・予防原則のあり方に関する研究会報告書」（2004年）；佐藤恵子「予防原則とWTO」『法学研究論集』（2003年）第21号；堀口健夫「予防原則の規範的意義」『国際関係論研究』（2002年）第18号．

9) 自然再生事業には，生態系に重点を置いた十分な環境影響評価が必要であり，その前提としてベースライン調査が不可欠である．また，事後モニタリングとフィードバックを制度化する必要があり，それに対応して事業は，計画性，柔軟性，適応性を備えなければならない．それに照らすと，自然再生推進法については，行われる事業に関する必要性と正当性の評価手続きが不十分であること，戻そうとする自然の選定が不明確であること，事前および事後のチェック体制が不十分であること，そして，民間団体に対する財政支援制度が欠如しているため，ほとんどの事業が財政基盤のしっかりしている行政主導の公共事業中心になってしまうことが問題点として挙げられる．

なお，2005年9月時点で，自然再生推進法の下の協議会が設置されたのは，15ヵ所，そのうち自然再生事業実施計画の策定にまで至ったのは，樫原湿原地区自然再生事業実施計画（佐賀県くらし環境本部環境課，樫原湿原地区自然再生協議会，平成17年3月31日）および神於山地区生活環境保全林自然再生事業実施計画（大阪府泉州農と緑の総合事務所・神於山保全くらぶ，神於山保全活用推進協議会，平成17年6月1日）の2件である．

自然再生事業に関しては，以下を参照．自然再生を推進する市民団体連絡会『森，里，川，海をつなぐ自然再生』（中央法規出版，2005年），鷲谷いづみ・草刈秀紀編『自

④生物多様性の維持と回復．その関連では，自然界では絶滅してしまった種の野生復帰，外来種の駆除および制御，それらの種に関わる生態系全体の修復をする必要がある[10]．

⑤文化および社会の多様性の維持と回復．それは，農村環境にとっては基本要素である[11]．そのためには，地元社会と自然との間の絆を現代的観点から再構築する必要がある．また，二次自然の新たな利用形態と経済的価値も探る必要がある．その際，貨幣換算の難しい，「農村のにぎわい」に代表されるような，ソフト面の価値に対する配慮と整備が必要である．

⑥汚染防止基準を生態系に配慮したものに変えること．その際，最も脆弱な生態系を基礎にした臨界負荷アプローチをとる必要がある．

⑦自然に対する認識と理解を向上させること．自然が過剰利用され，破壊されてきた背景には，自然に対する認識と理解が十分でなかったことがある．その認識や理解が不十分な理由の主なものは，自然に親しみ，体験する機会が少ないからである．厳正な保護が必要な区域とその周囲の緩衝区域，そして開発利用区域という体系的な区分を前提として，自然

　然再生事業――生物多様性の回復をめざして』（築地書館，2003年）．
10) 絶滅危惧種の野生復帰のためには，人工繁殖および野生復帰のための事業，食害などの被害対策とともに，現在では不要となってしまっている活動を継続させる必要がある．また，当該種は生態学的に受容されるだけではなく，地元社会によって受容されなければならない．そのためには，新たな社会的絆を構築することとそれを支援する制度が必要である．当該絶滅危惧種を地元レベル，全国レベル，地球レベルのいずれで評価するのが適切であるかに応じた資金負担方法も考慮する必要がある．
　　外来種および遺伝的改変生物の開放利用においては，野生復帰と同様の課題がある．それらの利用は，自然再生事業においては原則として禁止されるべきである．外来種規制に関する国内法，および，遺伝的に改変された生物の管理に関するカルタヘナ議定書とそれに対応する国内法が存在するものの，制度的にはさまざまな点で未成熟であり，リスク評価を含めて改善する必要がある．
11) 農村環境の再生は，農村あってこそであり，農村社会の活性化が基本である．農村再生については，さまざまな指摘が行われている．そのなかでも「食の自給」だけでなく「職の自給」も達成できるようにすべきことは欠かせない．農村に限らないが，親だけでなく「子供の失業化」が見られるため，外遊びを復活することも社会の再生につながる．また，高齢化対策として，農事組合法人による作業肩代わりも提唱されている．以上について，制度化を図るとともに財政支援が必要である．

を理解し，認識するために自然を活用すべきである．そのためには，自然のメカニズムや動植物について解説する指導者を増やす必要がある．

5. 積極的な自然保全に向けた活動事例

以上の基本項目に沿う方向で，すでに，いくつかの先進事例が関心を集めている．以下ではそれらの概略を紹介する．

5.1 琵琶湖の内湖再生

琵琶湖の周辺には，かつて多くの内湖（入り江）やヨシ原が見られた．それらはさまざまな植物，昆虫，水生生物，鳥類などに生息地を提供するとともに，水質浄化などの重要な機能を果たしていた．しかし，近代化の流れのなかで，多くの内湖は農地や住宅地のために干拓または埋め立てられてしまった．現在残っている内湖は23ヵ所，約400ヘクタールに過ぎず，昭和初期の7分の1以下に減ってしまった．それらは，湖岸道路によって琵琶湖と切り離されたり，その他の人為的改変または外来種の増加により，本来の役割を果たしていない．

一方で，琵琶湖の水質が悪化するとともに，内湖の重要性も再認識されるようになり，1992年には，日本で初めてヨシ群落の保全を定めた「琵琶湖のヨシ群落の保全に関する条例」が公布された．また，同年に開かれたアジア湿地シンポジウムにおいて琵琶湖をラムサール条約へ登録することが要請され，翌年，ラムサール条約のリストに掲載された．その後，ヨシ条例は2002年に改正され，琵琶湖の生態系と生物多様性保全が条例の目的として明記された．また，同年には，外来魚のキャッチアンドリリースの禁止を含む「滋賀県琵琶湖のレジャー利用の適正化に関する条例」も採択された．

その間に，歩みは遅いものの，内湖の復元も始められるようになった．2000年3月に定められた琵琶湖総合保全整備計画（マザーレイク21計画）においては，自然的環境・景観保全に関し，第1期の対策としてビオトープのネットワークの拠点の確保が挙げられている．2004年3月に策定された「水辺エコトーンマスタープラン」は，それらの実施のための手法を定めてい

5. 積極的な自然保全に向けた活動事例　　　　　　　　　　　75

写真 3-2　早崎内湖

写真 3-3　早崎内湖比較

　　　昭和 30 年代の早崎内湖　　　　　　　　　　　早崎内湖干拓地

（出典）　滋賀県『生物多様性の保全に向けた滋賀県の主な取組』平成 17 年 10 月 28 日，中央環境審議会自然環
　　　　境・野生生物合同部会提出資料，7 頁（写真 3-3），8 頁（写真 3-2）．

る．そこでは，ビオトープのネットワークの拠点の確保に向けて，在来生物の生息空間の確保，沿岸漁場整備開発事業・水産資源保護増殖対策事業・内湖再生，また，漁場環境保全総合美化推進事業・家棟川ビオトープ整備事業が始められた．そのうち，内湖については，旧早崎内湖（湖北町，びわ町）などにおいて再生事業が，また，西の湖（近江八幡市，安土町），殿田川内湖（大津市），平湖柳平湖（草津市），木浜内湖（守山市）などにおいて浚渫事業が行われている．

再生事業が行われている旧早崎内湖は，びわ町と湖北町にわたる総面積89.1 ha の入り江であり，琵琶湖の固有種ゲンゴロウブナの最大の産卵場として知られていた[12]．1963年から1970年にかけて，県の干拓事業として，全長1,800 m の堤防で締め切られ，主に水田として利用されてきていた．しかし干拓後40年を経て，排水施設の老朽化，減反政策の強化，農家の経営悪化と後継者難などの問題が生じ，近年は放置田が増えていた．

その早崎干拓地において，2001年11月から，県は，内湖機能の再生の可能性を検証するため，水田の一部17 ha を借り受け，通年湛水状態にして動植物の移り変わりや水質の変化等の調査を始めた．その結果，近年生育範囲が減少している種や分布上重要な種など特筆すべき19種を含み，350種以上の植物が確認されている．魚類も，フナ，ドジョウ，メダカなど，約20種が確認され，水生植物の繁茂に伴いその生息範囲も広がっている．鳥類は，コハクチョウをはじめ70種以上が確認され，カイツブリ，カルガモ，バン，オオバンは早崎内湖を繁殖地としている．また，希少種のカヤネズミを含む9種類のほ乳類，希少種のサンショウウオや要注目種のトノサマガエルを含む9種の両生類が確認できた．植物プランクトンの種類が多く，1 ml あたり最高90種類が観察され，動物プランクトンの発生も多い．

このように，早崎干拓地において在来の動植物の回復が望めることが確認されてきているが，内湖としての再生には課題も多い．第一に，湖岸道・堤

---

[12] 早崎内湖再生については，日本環境会議・第22回滋賀大会（2003年9月）の際の現地調査および第2分科会「自然との共生そして再生」の内容，ラムサールセンター・琵琶湖ワークショップ（2004年7月）の際の現地調査，早崎内湖再生協議会ホームページの情報にもとづいている．

防によって琵琶湖から隔絶されているため,外来魚の影響はないものの,魚類相が貧弱である.本来の内湖機能の回復には琵琶湖との連結が不可欠であり,連絡水路の規模,形態,位置などを検討しなければならない.第二に,現在の調査地は旧早崎内湖の面積の5分の1に満たないため,また,水深も最深部でも数十cmで極めて浅いため,内湖としての機能も限られている.本格的な内湖の再生のためには,対象区域の拡大と水深の確保が必要である.第三に,広さが十分でない場合は,水質浄化機能を重視すると,その場の水質悪化が避けられず,動植物の生息環境としては適切でなくなる可能性がある.そのため,再生対象区域の面積によっては,本来の内湖機能のうちどの機能の回復を目的とするかを決めなければならない.第四に,上流域での各種産業活動,土地利用,下水対策,水辺林の整備などが直接影響するため,上流域を含めた広域管理システムが必要となる.第五に,いわゆる親水公園としてではなく,本来の内湖機能の回復に向けた行政施策が必要である.第六に,現状は借り上げのため法的権利関係に手を付けていないが,本格的な再生のためには,土地の買い取りが必要となり,農地法の下の手続きをはじめとして農業分野の法令や政策との調整をしなければならない.

5.2 地方自治体による里山の再生と保全

近年,里山の荒廃が進んで来ているが,その一方で,最近になってその価値が再評価されている.というのは,里山は国土の約40%を占めており,日本の代表的生態系であること,里山は生物多様性に富み在来種の宝庫であること,里山の利用停滞によりありふれた種であったカエル,メダカ,ゲンゴロウ,オミナエシ,フジバカマ,キキョウなどが絶滅危惧種になっていること,里山は日本人にとって原生自然よりも安らぎを感じる空間であることなどのためである[13].このように,里地里山は,日本の原風景である農村環境の根幹に位置しており,その荒廃は日本の自然,文化,社会の喪失を意味する.なお,里山問題は,前述の中山間地域問題の中心に位置する.

---

13) 里地里山保全に関しては,関東弁護士会連合会『里山保全の法制度・政策』(創森社,2005年),武内和彦・鷲谷いづみ・恒川篤史編『里山の環境学』(東京大学出版会,2001年)を参照.

生物多様性条約に基づいて策定された「新・生物多様性国家戦略」においては，里山の荒廃が生物多様性に対する危機として認識されており，その再生が求められている[14]（図3-1参照）．また，近年採択されてきている多くの法令においても，里山や里地の保全管理に対する規定が定められてきているが，具体的なものは少ない．これに対して，地方自治体の条例においては，里山の保全自体を扱うものが2000年以降増加傾向にある．2000年には高知市が，2003年には千葉県が里山保全条例を定めた．また，2003年には三重県が自然環境保全条例を改正して，2004年には石川県がふるさと条例の中で，里山保全を定めた．それらは，以下のように，ほぼ同様の枠組みと制度になっている．

　高知市里山保全条例の下では，里山保全地区が指定される．そこは，防災機能の確保，潤いと安らぎのある都市環境の形成，健全な生態系の保持，人と自然の豊かな触れ合いの保持，歴史および文化の伝承のいずれかを目的として指定される．これらの目的に該当する地区については，土地所有者およびその他の権利保有者に通知するとともに，指定案の縦覧および意見受付けの後，里山保全審議会に諮って指定される．里山保全地区内において宅地の造成や建築などを行う者は，あらかじめ届出をしなければならない．

　里山保全地区における保全活動のために，土地所有者等との間に里山保全協定が結ばれる．この協定に基づき，関連活動に対して協力金が支払われる．里山保全地区のなかで，市民が積極的に自然と触れ合うにふさわしい地区は，土地所有者等との契約により，市民の里山として開放され，その維持管理などは市民参加によって行われる．里山保全のための財源として，里山保全基

---

14) それは，生物多様性に対する第2の危機として述べられている．具体的には，自然に対する人為の働きかけが縮小撤退することによる影響であり，特に人口減少や生活・生産様式の変化が著しい中山間地域において顕著に生じており，今後この傾向はさらに強まるものと予測されている．この第2の危機による現象としては，里地里山における人工的整備の拡大と二次的自然環境の管理不足や放置に伴い生息・生育状況が悪化した生物が，絶滅危惧種として数多く選定されていること，人口が減少している中山間地を中心に，シカ，サル，イノシシなど一部の大型・中型哺乳類の個体数あるいは分布域が著しく増加，拡大していること，その結果，深刻な農林業被害が発生し，厳しい条件下で営まれてきた農林業に大きな打撃を与えていることが指摘されている．

金を設置するために里山基金条例も併せて制定された．

次に，千葉県の条例の正式名称は「千葉県里山の保全，整備及び活用の促進に関する条例」である．そこにおいては，里山とは，「人里近くの樹林地またはこれと草地，湿地，水辺地が一体となった土地」であるとされている．里山の保全，整備および活用は次のような基本理念に基づいて行われなければならない．それらは，里山の有する多面的機能の積極的評価，将来の県民へ継承されるべき里山の有する伝統的文化の重要性の認識，すべての県民の積極的かつ主体的な活動，そして，県，市町村，県民，里山活動団体，土地所有者等の適正な役割分担および協働である．

そのための具体的制度として，土地所有者等と里山活動団体が「協定」を締結し，それを知事が「認定」するという里山活動協定認定制度が定められている．協定の締結を促進するため，県は，土地所有者や里山活動団体等に必要な情報の提供や支援を行う．協定の認定を受けた里山活動に対しては，特に県から各種の支援が行われる．

また，三重県は，2003年3月に自然環境保全条例を改正して，里地里山保全活動計画の認定と支援に関する新しい条文（30，31条）を追加した．

この条例の下で，里地里山とは，多様な動植物が生息または生育する良好な自然環境を形成することができると認められる市街地もしくは集落地またはこれらの周辺の地域にある樹林地，農地，湿地などの存する区域であると定められている．ただし，自然環境保全法，自然公園法等の指定区域は除かれる．

定められた基準に沿った定款または規約を有している団体で，里地里山においてその保全活動を行おうとするものは，里地里山保全団体とされる．里地里山保全団体は，規則に定められた事項を記載した里地里山における自然環境の保全活動に関する計画（里地里山保全活動計画）を策定し，知事に提出して，当該里地里山保全活動計画が適当である旨の認定を受けることができる．

県は，里地里山保全団体が行う里地里山の保全に資する自主的な活動を促進するため，里地里山の保全に関する情報の提供，指導または助言，その他必要な支援に関する措置をとる．

同様に，2004年3月に公布された石川県の「ふるさと石川の環境を守り育てる条例」およびその下に2005年3月に定められた石川県環境総合計画においても，以下のように，里山の保全が謳われている．特に，条例の第132条から139条までは，里山の保全等の推進について定めている．

里山保全等に資する活動を行う法人その他の団体は，里山活動団体と位置づけられ，その活動を行おうとする土地の所有者およびその他の権利者との間で里山保全再生協定を締結し，それについて知事の認定を求めることができる．一方，県は，認定された里山保全再生協定に係る里山活動団体および土地所有者等に対し，里山保全に資する情報の提供，技術的な指導または助言その他の里山保全再生協定に係る活動を支援するために必要な措置を講じる．

環境総合計画の第2編第3章においては「自然と人との共生」のための施策として，地域の特性に応じた自然環境の保全，生物多様性の確保，野生鳥獣の保護管理，自然とのふれあいという4点が定められている．そのうち，地域の特性に応じた自然環境の保全にあたって，具体的には，自然公園等の適切な保護管理と里山等の保全・再生を行うとされている．ここで，里山等とは，人との関わりの中で形成または維持されてきた森林，農地または湿地を指している．

環境総合計画においては，里山保全再生協定の認定を10件，森林・里山保全活動を年間100回程度，森林・里山保全活動の指導者数を300人などという行動目標が定められている．また，里山保全活動に携わる団体への支援も定められており，活動支援交付金（100 m² あたり 3,000 円），協定候補地の調査，協定予定地の簡易実測，専門家や指導者の派遣，講習会の開催などが計画されている．

なお，以上の他にも，里山という名称は用いていないものの，緑地や緑の保全という名称を用いていて里山に関わる条例もある．それらには，1999年に定められた篠山市の緑豊かな里づくり条例，神戸市の人と自然との共生ゾーンの指定に関する条例，札幌市の緑の保全と創出に関する条例などが含まれる．また，後述するように，県土全域の統合的な保全管理を目的とする条例も定められてきており，そこには里山も含まれている．

5.3 自然共生農業

　農村環境の再生にあたっては，自然共生的な農業形態の実現が求められ，農村地域における自然環境を保全する必要がある．そのような自然共生農業は，EUにおいて提唱されている[15]．それは，当初，1980年代から1990年代にかけてオランダで推進され，その後EU全体に広まった．そこでは，自然の保全および管理と農業は密接に関わっているため，農業者は自然の保全と管理も視野に入れて農業を行うべきであるとされた．

　その自然共生農業とは，多面的機能を生産する農業であると定義することができる．多面的機能には，大きく分けて7種類がある．それらは，第一に，安全で安心な農作物を安定的に供給する機能，第二に，国土保全と水源涵養機能，第三に，さまざまな動植物と共生する生物多様性保全機能，第四に，自然資源や生態系に関する情報を研究者や消費者に提供する機能，第五に，文化を伝承し景観を形成する機能，第六に，農村共同体を活性化する機能，第七に，野外レクリエーション機能である．このような多面的機能については農林水産省も重視しており[16]，WTOの農業交渉においても多面的機能に対する補助金支給が認められる方向に動いている．

　自然共生農業の先進事例として，長野県飯島町の取り組みを挙げることができる[17]．そこでは，個々の農地に関わる所有権や利用権などの法的権利関

---

15) EUにおいてはNature Management Farmと称されているが，その意味するところは，自然と人間の両方による働きかけを前提として，自然の資源と機能を保全管理する点で，日本で用いられている自然共生農業と同じである．

16) 多面的機能を有する自然共生農業は，農林水産省により環境保全型農業として提唱されている．それは，1992年の「新しい食料・農業・農政の方向」において，「適切な農業生産活動を通じて国土，環境保全に資すという観点から，農業の有する物質循環機能などを生かし，生産性の向上を図りつつ環境への負荷の軽減に配慮した持続的な農業」と定義された．それに基づいて，1998年には「農政改革大綱」が定められ，1999年には，「食料・農業・農村基本法」，「持続性の高い農業生産方式の導入の促進に関する法律」，また，「環境保全型農業推進運動実施要領」と「持続性の高い農業生産方式の導入に関する指針」が策定された．

17) 飯島町の自然共生農業に関する記述は，環境再生政策研究現地ワークショップ（2004年4月18日）の際の聞き取り記録，環境再生政策研究会最終報告書（2005年3月）32-35頁および213-214頁，ならびに，「アグリネイチャーいいじま」ホームペー

係を前提に農地の集合管理が行われ，収益も集合管理の上で個々の権利者に配分されている．この手法をとることにより，最も経済効率の高い農地の集約利用が可能となり，収益を高められるとともに，自然生態系および野生動植物のために留保する場所と経済生産に用いる場所とを効果的に分けることもできる．また，都市住民との間に提携協力関係が築かれており，都市住民からは農作業や自然管理作業への労力提供がされる一方で，都市住民へは農産物や環境教育およびレクリエーションの場と機会が提供されている．

飯島町は，南アルプスと天竜川の間に位置しており，約8,700 haの全面積のうち半分以上を森林が占める．農業を主要産業とし，耕地面積は約1,000 haであり，生産額の多い順に，米，花き，果実，野菜，養蚕，畜産，その他となっている．1975年と2000年とを比較すると，畜産が後退し，花きが増加し，また，農家戸数は1,480から1,130に減少している．2000年の専業農家の割合は約10%であるが，60歳以上が全体の70%を超えている．

このように後継者不足が大きな問題であるが，それに加え，農業機械への過剰投資，農村機能の低下，共同の取り組みの欠如，さらに，農業自由化の影響もあって，飯島町は，農業付加価値の増大を目指す必要に迫られた．そこで，「自然と共生できる農業」への転換が選択され，1986年には，当時の1,270戸の全農家によって「営農センター」が設立された．また，農地の有効利用と機械利用の協同化とそれに伴う生産コストの抑制を図るため，全集落に「集落営農組合」が設立された．その後，集落営農組合は規模が小さくコストダウンが困難であったとともに，入り地が多く土地利用調整が難しかったため，旧村単位の組織を統合して地区営農組合が設立された．

この営農センターによる農業の特徴は，地域複合営農にある．ここで複合とは，個と組織の複合，専業と兼業との複合，作物の複合，土地の複合，世代間の複合，地域社会の複合など，さまざまな側面の複合を意味している．その基礎として，農用地利用調整システムが導入され，毎年農業活動の前に利用調整が行われている．また，2001年からは，水稲の品種にかかわらず，プール清算が始められた．それにより，水稲生産コストは県平均よりも20%

ジの情報にもとづいている．

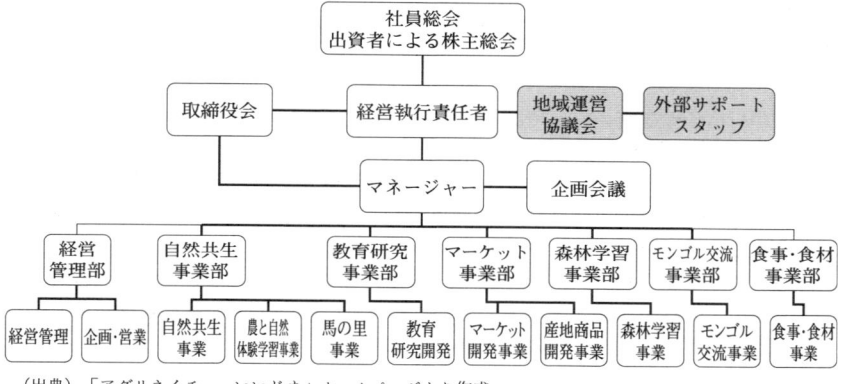

5. 積極的な自然保全に向けた活動事例

図 3-3　㈲アグリネイチャーいいじま組織運営表

```
                    社員総会
                出資者による株主総会
                        │
        ┌───────────────┼──────────────┐
    取締役会──────経営執行責任者──地域運営──外部サポート
                        │          協議会    スタッフ
                        │
                    マネージャー──企画会議
                        │
    ┌──────┬──────┬──────┬──────┬──────┬──────┬──────┐
   経営    自然共生  教育研究  マーケット 森林学習  モンゴル交流 食事・食材
   管理部   事業部   事業部    事業部    事業部    事業部      事業部
    │       │        │        │        │        │          │
  ┌─┴─┐  ┌─┴─┬─┐   ┌─┴─┐     │        │        │          │
 経営 企画・ 自然共生 農と自然 馬の里 教育    マーケット 産地商品 森林学習 モンゴル 食事・食材
 管理 営業   事業   体験学習 事業  研究開発  開発事業  開発事業 事業   交流事業  事業
                    事業
```

（出典）「アグリネイチャーいいじま」ホームページより作成.
　　　　http://www.cek.ne.jp/~aguri/About3.html

ダウンした.

　地域複合営農を支えるために，2002年から，農地利用調整のためのコンピューターソフト，「A・GIS」が開発され利用に供された．今後，既存の土地管理システム（GIS），野生動物管理システム（GPS），農作業管理システム（GIS）および食品安全システムも含めて統合される予定となっている．それにより，情報アクセスが容易になるとともに，課題の明確化と共有が可能となる．

　自然と共生できる以上のような地域複合営農は「1000ヘクタール自然共生農場」構想として示されている．それは，農業者自身が多様な生物の生息環境を保全すること，「高い自然価値をもつ農産食品の産直チェーン」を消費者とともに開発すること，および，多面的機能の経営事業化，すなわち，「農環境サービス財」の供給チェーンの開発により，ゆとりとやすらぎの場の提供等を進めること，という3点を基礎としている[18]．第1点は，安全な暮らしへの貢献，全国に誇れるアルプスの保全とその活用，化学肥料や農薬を減らした環境に優しい農業，ビオトープの設営や生き物による安全指標の作成を

---

18)「アグリネイチャーいいじま」ホームページより．http://www.cek.ne.jp/~aguri/1000haP.html

群馬県新治村にみるグリーンツーリズムの有効性について

　農村の活性化策のなかで，グリーンツーリズムへの期待は高いが，本当にグリーンツーリズムは農村の活性化につながるのか，もしつながるとすれば，どのように「活性化」するのかを群馬県新治村で調査した．
　1960 年には 1 万人あった群馬県新治村の人口は，約 8,000 人まで減少している．この村の特徴は，景観や体験を売り物にして人を集めようとしていることにある．「たくみの里」では，19 人の職人が三国街道沿いに軒を並べて，各種の伝統工芸などを観光客に体験させる工夫がなされている．ここは，「職匠の家」と呼ばれている．
　この住居兼アトリエは，もともと過疎化で利用されなくなった家々で，役場がそれを改修して利用させている．役場が私的財産を借り受けることは前例がなく，村長と企画課長は議会からの反対を押し切って進めた．職人は関東近辺で募集しただけでなく，10 万円の支給金も初期の段階では与えられた．「たくみの里」への来訪者数は，1999 年度で 45 万人，現在でも 40 万人を数える．
　なぜ，40 万人も「たくみの里」を訪れるのだろうか，どこに最もお金は落ちているのだろうか．調査結果をみると，お金が落ちる場所と来訪者が満足する場所は一致しないことが分かった．つまり，この相違こそがグリーンツーリズムの特徴だと言える．農村の人々がこの違いを理解しないと，誤った場所に投資をしたり有効にお金を利用できなかったりすることになる．今思えば，議会の反対論もこの相違に気づかなかったことによるのではないか．
　来訪者が満足する対象・環境資源は何であったのだろうか．体験施設（職人の家）への満足度が最も高く，野仏のある自然散策道，温泉施設，農村景観と続く．その一方，お金が落ちる場所は自転車公園や観光農園となっている．自然散策道や農村景観に料金はついていないので，当然，そこからの収益はゼロとなる．
　このようにグリーンツーリズムでは，来訪者が満足する環境資源（「集落資源」）と，お金を生む「収益資源」の相違をどのように捉えるかが，農村計画論において，きわめて重要な課題ということになる．さらに環境資源は収益を直接生みださないけれども，グリーンツーリズムを成功させる必要条件となる．そうであるとすれば，収益資源の所有者から環境資源の所有者への所得移転が考慮される必要があるし，この相違は所得移転の根拠

ともなり得るだろう．

　さて，グリーンツーリズムがこれからも進めば，農村と都市との関係が変わるかもしれない．従来の農村と都市との関係は，農村から都市へのモノの移動と，都市から農村へのお金の移動というものであった．仮に，100円の小売価格（都市）であれば，農村に戻ってくる金額はその3分の1，約30円と言われている．

　グリーンツーリズムの場合，都市住民がお金を農村に持ってくる．そして都市住民は満足（価値交換の対象）とモノを買って帰る．ということは，都市での小売価格100円と同じ金額で売っても，新鮮さや安全性から，それは売れるかもしれない．もう少し値段を下げて80円としてもよい．これまでのように，農村部に30円しか戻ってこなかったものが，80円あるいは100円となれば，農村部に落ちる金額は大きくなる．

　その意味で，農村の活性化策として，グリーンツーリズムの潜在性や役割は大きい．いびつな農村―都市の関係性が，グリーンツーリズムの進展によって少しでも解消されるのではないだろうか．

（出典）環境再生政策研究会『環境再生政策研究会最終報告書』(2005年3月) 204-205頁（千賀裕太郎「環境再生と農村再生の両立について」）．

通じた自然との共生の復活，自然との共生に基づく農産物の付加価値の増加を目的としている．実際，1,000 ha の農地のうち1％がビオトープ化されている．第2点は，地元学校等への農産物供給，農産加工品の開発・事業化による特産品づくり，消費者が求める産地情報の発信などを目的としている．第3点は，グリーン・ツーリズムの推進，障害者教育の場の提供などを目的としており，農業者はガイドとして都市住民を案内し，自分の水田の生物や自然環境を説明することが想定されている．

　この構想に基づいて運営体制をさらに強化するため，営農組合の法人化，認定農業者の育成，農業インターン制度の導入，リース農場制度の導入，組合内部に女性部の育成，組合内部に担い手「会社法人」の設立などが行われてきている．そのうち担い手会社としては，飯島の農業者，食品加工会社，女性農作物加工会社，観光業者，乗馬クラブ，木工業者とともに，東京の食品流通企業，家具デザイナーなどにより，2003年4月に「有限会社アグリネイチャーいいじま」が設立された（図6-3参照）．それは，8つの事業部（農と自然体験事業部，食事食材事業部，自然共生学習事業部，産直事業部，馬

の里・障害者乗馬事業部，研究教育開発事業部，森林学習事業部，モンゴル事業部）に分かれ，各事業は独立採算制になっている．また人材の育成が重視されており，2005年からアグリネイチャー・スチュワード養成講座が開設された．修了者はアグリネイチャー・スチュワードとして認定される．

6. 必要とされる制度整備

第4節に記されている諸項目を組み入れて，地球の生態系・自然の循環へ人間の経済社会活動を統合するためには，以下のような制度を整備する必要がある．

6.1 明確な自然保全目標

自然環境の保全に関する行政施策の達成度を評価するためには，将来目標を明確にしておかなければならない．なお，二次自然を本来の自然に戻すことも求められており，耕作放棄地などをそのまま放置することも主張されている．絶滅のおそれのある動植物がいない場合で，土砂崩れなどの心配がなく，本来の自然への復帰が可能な場所では，放置することも必要である．

したがって，保護すべき自然，再生すべき自然，放置すべき自然，利用すべき自然，保護の仕方，再生の仕方，利用の仕方，制約すべき人間活動，促進すべき人間活動などを明確にする必要がある．「日本の重要な湿地500」のような保全すべき自然要素の候補リストは作成されているものの，基本的な構想や目標については明確にされていない．

これらを明確に定めることは，再生の枠組みと方向を示すため，および，再生事業を評価するために不可欠である．これらを定める過程，また，個々の区域または事業に当てはめる過程においては，公開と参加にもとづく合意形成を行うべきである．

6.2 事前評価およびモニタリング

事前評価およびモニタリングを徹底しなければならない．環境影響評価は日本においても法制度化されたが，自然生態系および生物多様性に関する評

価は依然として希少生物を中心にしている．希少種以外について評価し対応を図るようにしなければならず，また，最も脆弱な動植物を基準にするという臨界負荷アプローチをとらなければならない．さらに，社会的，文化的な観点からの評価も不十分であり，社会影響評価を制度化する必要がある．他方，モニタリング手法を整えるとともに，その結果を反映させて当該個別事業および事前評価制度自体に必要な修正を加える必要がある．

6.3 積極的な公衆参加の確保

主体的で，自由で意味のある参加 (active, free and meaningful participation) を実現することが求められている．どのような政治的，経済的または法的措置も，公衆の広範な支持がなければ効力を持たないからである．特に，環境問題においては，公衆のうちでも地元の人々を中心として，すべての利害当事者による理解と行動を欠かすことができない．

自然環境および農村環境の保全および再生についても同様であり，関連する管理政策および事業計画に関わる，情報収集，立案，策定，事前評価，審査・決定，運営管理，モニタリング，不服申立，司法救済などの各手続きにおいて，すべての利害当事者の参加を保証する必要がある．参加レベルとしては，情報提供，意見聴取，形式的応答，実質的応答，協働という5段階が考えられ，後の段階になるほど参加としては望ましい．

上述の生態系アプローチにおいても，地元の人々を中心にした高いレベルの透明性と参加が求められている．また，ラムサール条約の下の，湿地管理における地元共同体および先住民の参加の確保および強化に関するガイドライン[19]は，より直接的に，地元住民が湿地の保全利用管理に参加し協力する

---

19) 第7回締約国会議決議 VII.8（地元社会および先住民の参加）付属書．そこには，次のような項目が定められている．

　すべての人々に対する利益保証．地元住民の関与のための奨励策（税制上の優遇措置，助成金，保全のための地役権，特別ライセンス，市場アクセスの向上，財政的補償制度，社会基盤の整備など）．利害当事者間の信頼醸成（共通意欲，相互努力，相互尊重，意思疎通，合意の遂行，すべての部門の参加．明確な実施内容および目標．強力な支援．主にNGOが担い得る独立の仲介役．上記奨励策に触れられている措置に加えて，組織を作る権利，NGOの法的認知などを含む，適切な法的または政策的枠組

滋賀県甲良町にみる住民参加の可能性について

　琵琶湖の湖東にある甲良町は兼業農家が主体であり，非常に安定している．
　甲良町には美しい用水路が張り巡らされており，町おこしとしてこの用水路を利用できないかという運動が15年前から始まった．たまたま私は他の専門家とともに，この運動の初期のころから，住民参加の可能性という視点を持ちながら関わってきた．
　その際，用水路を活用したまちづくりを成功させるうえでの4つの「懸念」があるという認識を持っていた．第一に，住民は本当に参加してくれるのだろうか．われわれは用水路という身近な公共空間を住民自らが変えていくべきというコンセプトを持っていたが，忙しい住民たちはそれに賛同してくれるのかという懸念があった．
　第二に，住民が参加したとして合意形成は可能だろうか．甲良町は農村地帯であるが，個人の価値観は多様である．そういったなかで，ある1つの方向に住民の意見が集約されるのか，そして住民すべてがその合意に納得してくれるのだろうか．
　第三に，住民主導のまちづくりはよい成果をあげることができるだろうかという懸念もあった．もしかしたら専門家による主導の方が良い成果をもたらすかもしれない．
　第四に，用水路を整備した後もそれは住民によって維持管理され続けるだろうかという疑問もあった．親水公園はたくさんあるけれども草に覆われた公園も少なくない．
　甲良町の場合，第一の懸念である住民参加の可能性については，ほとんど苦労することがなかった．行政の業務姿勢——官主導から民間主導へ——が変わったことが住民に伝わると，住民は喜んで参加する．そのため，行政の姿勢が変わったことを伝えることが，住民参加の契機となる．
　第二の合意形成の問題が，実は，最も大変であった．合意形成の一般的な方法は多数決であるが，農村部では，多数決でものを決めることは少ない．よくよく観察してみると，農村部の合意形成の対象は，常に自分たちの生活に関わるものである．もし簡単に多数決をとってしまうと，少数者が日常的な不利益を被り，しこりが未来永劫続くかもしれない．そのため，ここでは，皆がとことん話し合う．
　こういった合意形成の方法を基礎としたうえで，住民は専門家に助言を

求める．たとえば，2つの異なる意見があるとき，その対立を解消するような公共空間デザインができるのかというように聞かれる．行政が住民のアンケートをとると，最も住民の要望が多いのは道路の拡幅となる．甲良町でも，道路拡幅の問題が生じた．道路を拡幅すると，美しい用水路は埋め立てて，そこにパイプラインを通すことになる．

　当初，このような案に決まっていたが，一部の住民から異論がだされた．道路の拡幅によって県道への通行時間が約30秒短縮されるが，その一方，子供たちの遊び場にもなっている用水路・水辺は永遠に失われる．どちらを選択するのかということが，住民の間で話し合われた．その結果，甲良町の住民は用水路を残すという選択をしたのである．

　甲良町の事例から言えることは，初期の段階で多数決によってものごとを決めてしまうと道路の拡幅が選択されるが，徹底した議論を行うことで，住民自身が本当に望むものは何かということに気づくことができる．十分に議論を尽くせば，住民間での合意は決して不可能ではない．

　第三点について，ここでは詳しく述べないが，蛍が飛ぶような用水路になっており，専門家の目から見ても，良いものができたと思われる．

　最後に，住民は継続して用水路を利用しているのかといえば，住民は計画段階から関係しており，そのことが用水路への愛着や関心を引き起こす．その結果，維持管理の継続性は甲良町で実証されている．

　さらに言えば，一般的な公共事業では，モノが作られた段階が最高であるのに対し，この用水路は日々進歩し続けている．自分たちが作った用水路をさらに活かそうと，たとえば，家の庭の木をそこへ移植することで，用水路・身近な水辺の価値をどんどん上げていこうとするのである．

　甲良町から言えることは，住民参加を通じたまちづくりは十分に可能だということである．また住民自身も，このような経験によって，コミュニティの再生につながったという実感をもっている．

（出典）環境再生政策研究会『環境再生政策研究会最終報告書』(2005年3月) 201-202頁（千賀裕太郎「環境再生と農村再生の両立について」).

ための基本項目や手続きを定めている．このガイドラインは，生態系の管理システムへの参加について最も詳しく定めている国際文書であり，自然環境や農村環境の管理についても適用できる．

他方，自然環境に関する責任主体を確立する必要がある．その一手法として，自然環境に関わる団体に対して団体訴権を与え，自然の弁護人として行動できるようにすべきである．

6.4 資金確保

以上の制度や手続きを実効的に運用するためには，継続的な資金確保が不可欠である．その際，利用者支払い，受益者支払い，および，公共負担を組み合わせるとともに，世代を超えた公平性の確保も必要となる．

たとえば，自然と生物資源の過剰利用を防ぎ持続可能な利用を確保するためには，汚染者や破壊者に対する賠償責任制度および利用者による負担金制度が必要である．自然はただであるという誤解が，自然に対する軽視につながることも多いため，自然を利用する行為に課金することは，認識の向上につなげることもできる．また，河川の上下流地域の間での水源税も提唱されている．同様の観点に立てば，より包括的な生物多様性保全税も視野に入れることができよう．

そのような費用負担制度を実際に運用するには，自然環境や野生生物の存在価値を正当に評価する必要がある．それには，ベースライン調査を継続することと，自然・環境勘定の導入を図らなければならない．

他方で，自然生態系の保全に寄与する作業への公的支払いも積極的に行う必要がある．農村環境には，農業生産以外の公益的価値と機能，たとえば，国土保全，環境保全，洪水防止，水源かん養，野生生物保全，景観・アメニティ保全，伝統文化と地域社会の維持などが認められる．経済学の分野においても，自然の経済的な価値が認識されるようになってきている．具体的に

み．公開の各種会合）．柔軟性の確保．情報交換および能力向上．資源および努力の継続（時間，努力および配慮．多様な資金調達，寄付または政府機関による財政支援．国および地元レベルにおいて適切な法的および政策的枠組．政治的に高いレベルの支援）．

収益確保に向けて

　環境保全型農業の場合，その収量は慣行農法よりも低くなるが，所得や販売価格は高くなる．ここが環境保全型農業のメリットといえる．そのため環境保全型農業でつくられた農作物の販売網——消費者との連携——の構築が重要となり，生協などの協力が不可欠となる．
　しかしこのような動きは評価できるけれども，EUやオランダの自然共生農業のあり様と比較すると，日本の動きは農薬や化学肥料の利用を少なくするといった従来の農法の延長線上といわざるを得ない．そこで，日本の先進的な自然共生農業の例を紹介しよう．
　1つ目は，茨城県の小野川水系に越冬にくるオオヒシクイを保護するために1991年に設立された「ヒシクイ保護基金」の活動である．農家は稲作の切り株をわざと残すことでオオヒシクイの生息環境を保全する代わりに，消費者は一般的な価格より高い価格で「オオヒシクイ米」を購入し農家の行動を支えるというものである（1999年時点，19,000円/俵）．ヒシクイ保護基金の加入者数は当初少なかったが，2003年には約1000人の市民がヒシクイ米を買っており，また，そこに加わる農家数も増加している．
　2つ目は，野川が流れる東京都三鷹市の「ほたるの里・三鷹村」の活動である．これは都市農地の多面的機能の保全例であり，生産緑地としての農作物供給だけでなく，市民が自然環境と触れ合う教育の場所としての意義がある．この三鷹村は市から若干の助成金を受け，市民が自ら管理し，ホタル鑑賞会などを実践している．
　3つ目は，東京都町田市におけるNPO法人「たがやす」の活動例をあげよう．これは，市民によるエコロジカル都市開発と農地の保全を両立させようという試みである．町田市の農家は高齢化のため，直売所で売る農作物を作れなくなってしまった．「たがやす」はこの問題を解決するために，農家に代わってリタイアした人々に作ってもらうというアイデアを実践したのである．東京は，元気があり余っているリタイア組の宝庫である．彼らは時間給500円程度をもらうが，それでも人気を博している．今年には，国分寺に「たがやす」の支店を出す計画がなされるまでになった．さらに産直相手の消費者が，都市農地の生き物調査を実施する予定となっている．このように都市農地を保全する場合，都市農家と都市住民をいかに結びつけるかが重要となる．
　最後に，純粋な農業ではないけれども，自然共生農業で重要となる「環

境教育サービス事業」（エコツアーの実践）について触れたい．たとえば，軽井沢にある「Picchio：ピッキオ」という会社は観光客に森を案内し，そこに暮らす野鳥を解説してくれる．私が初めて訪ねた頃は無料だったが，今は大人 1,500 円，子供 1,000 円となっている．その他にも，泊りがけのツアーも行っている．

（出典）環境再生政策研究会『環境再生政策研究会最終報告書』（2005 年 3 月）212 頁（松木洋一「『自然共生農業』の現状と課題」）．

は，自然には，直接的利用価値，間接的利用価値，オプション価値および存在価値があるとされる．特に，存在価値についての認識を高める必要がある．

このような価値や機能を維持するためには，以前行われていた農作業を行わなければならないことがある．しかし，高齢化と兼業化が進んだ日本の農家にとって，そのような作業を復活させることは困難である．そもそも，経済的，社会的，文化的に必要とされない作業や管理を地元の人々に強制するわけにはいかない．野生生物や農村景観のような，自然的，文化的，地域社会的な価値の存在を維持するために必要とされる水田耕作または特定の農作業にともなう労役や費用は，直接関係する個人や地元社会のみが負担するものではないはずである．また，ボランティア活動に大きく依存すべきものでもない．

このような場合には，公的支払いが必要となる．まず，野生生物と共存できるような旧来の形態の農業，粗放型の農業または低農薬・低投入型の農業を奨励し，そのための減収分を経済的に補償する制度が必要である．次に，所得補償としてではなく，野生生物の生息を助けるような作業や農地の自然保全機能に対して直接支払を行う制度が必要である．後者は，特に，中山間地における耕作放棄地について必要とされる．

6.5 統合的管理

農村環境においては，すでに指摘したように，利用活動，法令，行政計画，所管省庁，各種権利などが重なり輻輳している．しかし，そこにおける対応は，依然として分野別の縦割りになっていることが多く，重複と調整不足を招いている．このような状況の改善のためには，統合的管理が必要とされる．

6. 必要とされる制度整備

　統合的管理とは，物理的，社会的，経済的，環境的な条件と，法律，財政，行政の制度枠組みの下における，持続可能な自然資源の利用のための，広域的，継続的，先行対策型，適応型の資源管理プロセスである．ここで統合とは，垂直的統合，水平的統合，全体的統合，機能的統合，空間的統合，政策的統合，科学と管理の統合，計画策定の統合，そして時間的統合などを含む．それは，自然環境および農村環境との関係では，以下のことを目的とすべきである．

①生態的に持続可能な範囲内で利用すべき資源と，再生または機能回復を図るべき資源とを特定し，資源基盤の許容量を超えないように利用活動および関連行為の基準を定めること
②自然の動態プロセスを前提にして，促進すべきプロセスと制限すべき行為を特定すること
③脆弱な資源に対するリスクを軽減すること
④農村環境における生物多様性を維持すること
⑤競合的活動よりも補完的活動を促進すること
⑥社会が容認できるコストで，確実に，環境的，社会的，経済的な目標が達成されるようにすること
⑦伝統的な利用と権利，また，自然の資源と機能の公平な利用を保証すること
⑧各分野に起因する問題や分野間の紛争を回避しまたは解決すること

　以上のような統合的管理は，第4節で指摘した生態系アプローチ，予防原則，自然の広がりに根ざした循環の回復などにおいても重視されている．
　こうした統合的管理の実現に対する重大な障害要因としては，官僚機構に特有の事なかれ主義，変化に対する抵抗，民間の経済的利害関係からの抵抗，プロセス開始への政治的意思の欠如，最小限の財源の不足，管理対象区域を確定する際の法的問題の複雑さ，関係する科学者と土地利用計画策定者との間の理解の欠如などが考えられるため，これらを取り除き，前進させるための方策も考慮しなければならない．

なお,すでに地方自治体レベルでは,県土全体を統合管理するための条例を制定しているところもある.たとえば,青森県ふるさとの森と川と海の保全及び創造に関する条例,秋田県ふるさとの森と川と海の保全及び創造に関する条例,岩手県ふるさとの森と川と海の保全及び創造に関する条例,ふるさと石川の環境を守り育てる条例,ふるさと宮城の水循環保全条例,ふるさと広島の景観の保全と創造に関する条例などがそうである.

これらの多くは,森林,河川,海岸等が農林水産業の生産活動および人の生活と結び付いて地域文化に密接に関与していることを前提として,森林では地域の特性に応じた多様な植生を確保し,河川では豊富で清らかな水流を保ち,海岸では美しい砂浜や魚介類が生息する磯を維持し,これらと人との豊かな触れ合いを促進するなど,森林,河川,海岸等における多様な自然環境を人の活動と調和を図りながら体系的に保全するとともに,健全な生態系および良好な景観を維持し,および回復し,県民と自然とが共生できる環境を作りだすことを目的としている.ただし,水系および水循環からの観点に立つとともに枠組規定のレベルにとどまっているものが多いため,大気,人や動物または物の移動などによる影響とつながりにも視野を広げることと,事業と予算面での統合が必要とされる.

7. おわりに

自然環境と農村社会の再生に向けて,すでに新たな取り組みも始められている.他方で,それらの取り組みが成果を上げるためには,大量生産・大量消費に適応してしまった経済,社会,技術システムを,循環型のシステムに転換することも必要とされる.総合的視野に立って,これらを支援する制度的枠組みを整備することによって,さらに革新的な取り組みが進められるよう図るべきである.

　＊本章は,第19回ニッセイ財団助成研究ワークショップ:「『持続可能な社会』実現への提言——環境再生,地域再生の視点から——」における報告5:「自然・農村環境の再生」の内容,および,磯崎博司「自然および農村環境の再生——日本

の原風景の保全に向けて——」『環境と公害』第 35 巻 1 号（2005 年）35-38 頁にもとづいて加筆修正した．

4章　自然再生事業と再導入事業

羽山伸一

1. はじめに

　自然破壊の観点からみると，20世紀は人類史上で未曾有の世紀と言える．多くの野生生物が絶滅し，また景観を含む自然生態系は大きく損なわれた．このような状況が今後も続くことになれば，さらに多くの野生生物が絶滅するばかりでなく，自然生態系が維持できなくなることで，わたしたち人間の生存基盤が失われるおそれさえある．

　こうした危機を回避するには，21世紀を自然破壊から自然再生の世紀にしてゆくほかはないと考えられ，自然再生は大きな社会的課題になった．2002年に改訂された生物多様性国家戦略でも，今後の施策の方向として，保全の一層の強化に加えて自然再生に取り組むべきであるとしている．

　このような背景から，自然再生を政策的にすすめるため，議員立法による自然再生推進法が2003年に施行された．本法によって，「自然再生事業」が公共事業として明確に位置づけられ，しかもこうした公共事業に計画段階からNPO（非営利民間組織）などの市民が参画できる道を開くこととなった．しかし一方で，本法案の形成過程には，肝心の自然保護NPOや弁護士会など自然再生に理解があると考えられていたセクターから，市民参加の保証が不十分，不適切な事業を止められない，などの多くの批判を浴びた．もっとも，このように評価が分かれた本法だが，施行後約3年が経過し，すでに多くの自然再生事業が実施あるいは予定されている．しかしながら，そのあり

方について十分な検討がなされているとは言いがたいのが現状である．

　また，2005年9月に兵庫県豊岡市から絶滅したニホンコウノトリが再び空に放たれた．このような再導入事業は，海外ではオオカミやカワウソなど多くの事例が知られるが，わが国の大型野生動物では，これが初めてとなる．再導入事業は，自然再生の1つの手法として評価されるが，わが国ではあまりその認識は定着していない．しかし，わが国ではトキやツシマヤマネコなどでも再導入が計画されており，再導入事業のあり方も海外事例などに学びながら検討する必要がある．

　本章では，自然再生事業の先進的な取り組み事例から，自然再生や再導入の意義や課題を明らかにし，今後のあり方を論じたい．

2. 自然再生とは何か

　そもそも，生物学における「再生」とは，生命体あるいは生物群集が何らかの理由で失われた部分と同様のものを自発的に補うことを意味する．また，自然生態系における再生現象では，基本的に失われた部分を構成していた生物種によって再構成される．

　一方，本章のテーマである「自然再生」とは，多くの場合，失われた自然を人為的に取り戻そうという試みである．しかも，「自然再生」では，生態系を構成する生物種すべてを人為的に再構成することは現実的に不可能である．したがって，「自然再生」という概念は，生物学的意味として定義することは難しい．

　また，わが国では原生的自然地域がごく限られているため，「自然再生」の取り組みは地域社会の歴史性や生産活動を切り離して考えることはできない．むしろ，「自然再生」とは従来型の土木工事などで完結するものではなく，地域社会の再生と相乗して実現されるものだろう．ただし，この場合も，無制限に人間側の好む自然環境を求めてよいことにはならない．心地よい景観だけを取り戻すのであれば，それは「自然再生」ではなく「公園造成」とでも呼ぶべきだろう．

　「自然再生」で取り戻すべき自然とは，生命系の持つ本来のシステムが機能

している必要があり，それは生物多様性が保全されることによってのみ実現されるものである．つまり，自然再生とは，生物多様性保全をゴールにして，地域の生物および人間社会を保全あるいは人為的に再生（復元，修復等）させるという総合的な概念であるといえる．

「自然再生」において，施策の主な方向は，保全，人為的再生，人工的環境の質の改善（農地や人工林などを，生産は持続しつつ野生生物の生息に適した環境へ転換すること），の3つであり，しかもこれらは不可分のものである．

その理由は，以下のような実際的な問題解決のための思考過程から明らかである．

①生物多様性を確保するには野生生物の生息地として土地を確保しなければならない．
②それにはまず，現在，野生生物たちに残されている土地で保全すべき場を明確にし，生息地のコアとして認識する必要がある．
③現実的には，こうしたコアだけでは面積的に不十分であり，しかもその多くは分断されているため，コア同士をネットワーク化させる必要がある．
④この過程を経ることで，作業仮設として自然環境を人為的に再生させるべき場，あるいは人工的環境の質を改善させるべき場が明らかとなる．
⑤つまり，保全，人為的再生，人工的環境の質の改善とは，問題解決のためのプログラムにおいて互いに手法は異なるが，不可分の実行ツールである．

実際，米国カリフォルニア州の新たな水政策に伴う自然環境管理は，これらが一体的にプログラムされている先進的事例だ．2,200万人に飲料水を供給する水道事業であるベイ・デルタ・システムは，一方で水資源開発や水循環の攪乱などによって自然生態系に大きな影響を与えている．そこで絶滅危惧種の回復や湿地帯などの生息地復元を盛り込んだベイ・デルタ・プログラムが連邦政府と州政府によって策定され，保全，人為的再生，人工的環境の

質の改善がそれぞれ実行されている．わが国でも自然再生の成功例として紹介されることが多いサクラメント川やサンフランシスコ湾における事業は，こうした水道事業を改善するためのプロジェクトの一環として行われていて，自然再生のための土木工事自体が目的化しているわけではない．

3. 自然再生事業の課題

3.1 自然再生事業とは何か

冒頭で述べたように，わが国において「自然再生」を進めてゆくために自然再生推進法が制定され，具体的な自然再生の手順が制度化された．本法では，自然再生を目的として実施される事業を「自然再生事業」と呼び，過去に行われた事業や人間活動等によって損なわれた生態系その他の自然環境を取り戻すことを目的として行われるものと定義した．

この自然再生事業を行おうとするもの（実施者）は，まず，地域住民，NPO，専門家，関係行政機関等とともに自然再生協議会を組織して，全体構想を策定しなければならない．また，この全体構想は，政府が定めた自然再生に関する施策を総合的に推進するための基本方針に即して策定する必要がある．さらに実施者は，自然再生事業を実施する場合には，自然再生基本方針及び協議会での協議結果に基づき，自然再生事業実施計画を作成することとなっている．

自然再生事業が従来の自然征服型あるいは自然破壊型の公共事業と大きく異なる点は，自然自身の力で回復できるように人間が振舞う必要があることだ．しかし人間社会は森林，河川，野生生物というように，人間の都合で自然を分割して管理してきたため，自然を統合的に管理するしくみをつくらないと前述のような自然の回復は期待できない．つまり，従来型の公共事業は自然を人間社会に適合させようとしてきたわけだが，自然再生事業では人間社会のしくみを自然のそれに適合させる必要があるということだ．

もっとも，自然再生推進法の形成過程で出された総合規制改革会議（内閣総理大臣の諮問機関）の第一次答申（2001年12月11日付）でも，同様の内

容が提言されている．この答申のなかで同会議は，生物多様性条約にもとづく生物多様性国家戦略（1994年策定）が各省庁の施策の統合や連携の点で不十分であるため，これを「人と自然との共生」を図るためのトータルプランとして改訂すべきとした．その具体的内容として，「自然再生事業」を掲げ，多様な主体の参画のもとに科学的な計画と手法で実施すること，省庁の枠を超えて自然再生を効果的かつ効率的に推進するための条件整備，関係省庁からなる自然再生事業推進会議の設置，などを求めた．

このように，自然再生事業では，関係する主体，とくに省庁における施策の統合や連携の必要性が認識され，自然再生推進法にもそのしくみが規定された．しかし，合意形成の手法や統合型管理のしくみづくりなど，わが国では未開拓の分野が多く，施行錯誤を繰り返しながらシステムの確立を目指さねばならない．

ここでは，こうしたしくみづくりの視点で先進的な事例を2つ紹介しておきたい．

3.2　釧路湿原（北海道）

釧路湿原を対象にして実施されている自然再生事業は，自然再生推進法のモデルになっていることもあり，多くの先進的な取り組みが行われている．

釧路湿原は，第二次大戦後になって周辺人口が増加し，1960年代以降には酪農振興が進むなか，湿原とその周辺部では宅地や農地の造成，河川の直線化や排水路の整備，人工林の拡大などが顕著に起こった．その結果，この50年間で湿原の面積が約2割減少し，また土砂や栄養塩の流入により，湿原にハンノキ林が加速度的に拡大し，湿原植生の著しい変化が見られるようになった．一方で，釧路湿原はわが国最大の湿原として，1980年にはわが国で最初のラムサール条約登録湿地に，また1987年には国立公園として指定された．

その後，1997年に河川法が改正され，「河川環境の保全」が法の目的に掲げられたことから，釧路湿原の急速な環境の変化に対応するため，国土交通省によって「釧路湿原の河川環境保全に関する検討委員会」（1999年）が設置され，2001年には提言がまとめられた．この提言では，釧路湿原の長期的な目

標として，ラムサール条約に登録された1980年当時の環境へ回復することが打ち出された．

これを受けて環境省は，関係行政機関の実務担当者らによって構成される「釧路湿原自然再生事業に関する実務会合」を開催し，本格的に釧路湿原保全のための議論を始めた．対象となるのは，5市町村（釧路市，釧路町，標茶町，弟子屈町，鶴居村）にまたがる25万haの流域全体である．

実務者会合は，自然再生推進法の施行をうけて，「釧路湿原自然再生協議会」（以下，協議会）に移行された．この協議会には，関係行政機関，学識経験者等の専門家，地域住民，NPO，農林業関係者など，自然再生を実施したいと名乗りをあげた団体・個人が参加可能とした．このため構成員は107の個人と団体からなり，わが国の合意形成を目的とした組織としては異例の規模となった．事務局は，国交省釧路開発建設部，環境省，林野庁，北海道釧路支庁，土木現業所の5機関の共同事務局形式となっている．

協議会の下には，専門的な検討を行うために「湿原再生」「旧川復元」「土砂流入」「森林再生」「水循環」「再生普及」の6つの分野について小委員会が設置されている．小委員会には，協議会の委員やオブザーバーも所属することができる．

協議会では，自然再生推進法にもとづく「全体構想」の策定がもっとも重要な使命である．当初，事務局が中心になって全体構想案を作成したが，河川環境の再生が主で，周辺の森林など流域全体の保全再生という視点が抜けており，協議会では受け入れられなかった．そこで，協議会のもとに全体構想起草作業グループを設置して検討を重ねて最終的な全体構想が策定された．

今後は，この全体構想に沿って事業の実施者が「実施計画」を作成し，協議会に諮りながら事業を進めていくことになる．このような一連の事業を進めるしくみは，わが国ではあまり例のない統合型管理システムのモデルとして評価できる．

しかし一方で，釧路湿原における自然再生事業は，全体構想の策定前に5つのエリアでパイロット事業が実施されている．自然再生事業が実験的側面を有していることを考えれば，このこと自体はよいとしても，湿原を再生するための事業に優先順位づけができていないという現状も指摘できる．また，

再生目標として植生や生物群集の復元を中心に掲げているが，絶滅危惧種への対応は，事業による影響回避にとどまり，現段階では絶滅危惧種の回復自体が再生目標になっていない．

3.3 丹沢山地（神奈川県）

神奈川県丹沢山地は，首都圏に最も近い山岳地帯であることから，歴史的にさまざまな利用が行われてきた．その結果，すべての流域にダムを設置したことによる堆砂問題，100万人ともいわれる登山者の過剰利用問題，拡大造林期における森林の大規模開発とその後の管理不足によって引き起こされたシカ問題，大気汚染などによる森林の枯死問題，など多くの自然環境問題が起こっている．

しかも，1990年代に入ってこれらの自然環境問題は急激に顕在化かつ深刻化したために，神奈川県は市民参加による丹沢大山自然環境総合調査を1993～1996年度に実施した．そして，この調査団からの提言を受けて，保全・再生のマスタープランである「丹沢大山保全計画」（計画年度1999～2006年）を策定し，またその実行機関として自然環境保全センターを設置するなど，これらの問題解決に向けたさまざまな取り組みを行ってきた．

しかし，こうした努力にもかかわらず，丹沢山地の荒廃はさらに進行していった．この大きな原因としてあげられるのが，丹沢大山保全計画の抱える構造的な問題である．まずこの計画では，計画対象地域が丹沢大山国定公園など自然公園地域に限定され，しかも自然環境管理に関わる事業を網羅しているわけではなかった．また，関係部局の連携をうたっているが，実際には事業実施が県の担当部局に任され，しかも情報を相互に共有したり，個別事業を調整したりするしくみが想定されていなかった．

一方で，森林管理，河川管理，海岸管理，水資源管理，水産資源管理，野生動物管理，農地管理など，丹沢山地を含む流域における多様な自然資源管理は，個別法による計画制度などで実施されている．

つまり，計画期間が終わろうとしている現在に至っても丹沢山地の生態系が回復できない理由は，関連事業の進捗が思わしくないということではなく，それぞれの関連事業の目標が共有化されていないために，自然環境問題の解

決に到達できないからと考えられる．

そこで，複雑に絡み合う問題構造を明らかにし，さらに新たな解決策を見出すために丹沢大山総合調査が企画され，2004年から約400名の専門家などによる調査団によって多面的な調査がはじまった．この調査は，企画段階から公開のワークショップなどを通じて調査計画が立案され，問題解決かつ政策提言を目標として実施されている点で画期的である．2006年7月に「丹沢大山自然再生基本構想」を知事に手渡し，自然再生事業をはじめるための協議会として，まず自然再生委員会（仮称）を設置するように提言する予定だ．

丹沢山地の自然再生にはこれまでの想定を超えて，流域全体に関わるさまざまな事業や実施主体が共通の目標像を持ちながら取り組む統合型管理システムが必要である．さいわい，上述の事業の多くは神奈川県が主体となっているため，自然再生事業として統合的に管理することは比較的容易にできると予想される．

また，神奈川県が独自に検討を進めてきた「水源環境保全税」が2007年度から導入されることが決まり，こうした自然再生事業の財源として位置づけられれば，さらに政策の統合が加速され，効果的に水源地域の保全と再生を図ることが期待される．

4. 自然再生事業に求められるしくみ

このように，自然再生事業はいまだ試行錯誤の段階であり，先進事例でも多くの課題が挙げられる．ここでは今後，自然再生を進めてゆくために必要なしくみを3点に整理して論じる．

4.1 統合型管理

従来の自然環境管理では，それぞれの土地所有者や行政部局ごとに個別の目標を持ち，問題が生じれば個々に対処療法的な対応を行ってきた．これは，森林管理を例にあげると，森林計画にもとづいて適正に管理されていれば，当然そこでの生態系は保全されるという予定調和論が，暗黙の了解となっていたからだ．例えば丹沢山地の事例では，丹沢大山保全計画が策定されるま

ではシカの生息地である森林の管理とシカ個体群の管理は，ほとんど関係づけられてこなかった．しかし実際には，多様な生物の動態をモニタリングして，計画や管理手法を軌道修正して行かなければ破滅的結果になることを丹沢山地での経験は教えている．

このひとつの原因は，人間にとって必要な自然資源の開発と最大持続生産の確保が自然環境管理の目標とされてきたために，自然生態系が持つシステムを攪乱させる結果となってしまったところにある．したがって，健全な自然生態系を維持してゆくためには，水や生命の循環を確保し，生物多様性を保全することを前提として，自然生態系から人間が永続的に利用可能な自然資源を得ていくしくみに変えていかなければならない．このような自然生態系にフォーカスをあてた思考や対策を生態系アプローチという．今後，自然環境管理を行うには，こうした生態系アプローチが必要不可欠であり，釧路湿原の事例はわが国でも前例の無い規模の生態系アプローチによる取り組みと評価される．

ただ，一方で生態系アプローチは思考としては重要なのであるが，実際に施策を具体化することが難しいという側面もある．そこで，むしろ特定の種に注目した手法が実際的であり，これを種アプローチという．

丹沢山地の場合では，シカによる林業被害や生態系への影響への対策が急務であったために，シカに注目した種アプローチ的な対応を中心に行ってきた．これ自体は必要不可欠なものであると評価されるが，一方で予算的あるいは人的に限られていたとはいえ，シカ以外の野生生物への対応がほとんど行われていないのが実情である．とくに，絶滅危惧種の保全・再生が丹沢大山保全計画で重点施策に位置づけられているにもかかわらず，目立った対策は行われてこなかった．

もっとも，高標高域におけるシカ対策で設置された植生保護柵によって，丹沢山地では絶滅したと考えられていた植物が8種も発見された．これまで，こうした植生保護柵の位置づけは，シカからの植生保護対策という消極的なものであった．今後は，むしろ絶滅危惧種の回復を目的とした対策へと視点を変えるべきだろう．そうすることによって，柵の設置場所や規模，そして投資すべき予算も大きく変わるはずだからだ．

結局, 実際の制度設計では, 生態系アプローチを導入しつつ, 具体的な事業としては多様なスケールによる絶滅危惧種の回復を実施することが, もっとも実効的に生物多様性を確保することにつながるのである (羽山 2002).

自然再生事業における統合型管理システムとは, 従来の「関係部局の連携」にとどまらず, 再生させるべき自然の目標像を共有化する必要がある. ところが, 実際には「自然の目標像」を具体化することが容易ではなく, 景観や植生のタイプが目標像となることが多い.

しかし, 自然再生事業の目的は生物多様性の確保であり, また事業の成果を評価するのは野生生物自身であることを考えると, 特定の種, とくに対象地域に生息する絶滅危惧種の回復を目標像に捉えることは合理的であり, またその成果を客観的に評価することは可能である.

前述の総合規制改革会議による第一次答申でも, 新たな生物多様性国家戦略において, 自然再生事業に絶滅危惧種の保全を位置づけるように求めていた. しかし, 結果的に生物多様性国家戦略に明記されることはなかった. これは, 全体の記述から推察すると, 自然が保全あるいは再生されれば, おのずと絶滅危惧種は回復するという予定調和論が背景にあるのだろう.

同様のことが外来種対策についてもいえる. 外来種対策は, ようやく特定外来生物法が2005年6月に施行され, 各地で防除事業が開始される予定だ. しかし, その事業は特定外来生物を生態系から排除することが目的化している. そもそも外来種対策は生物多様性条約にもとづいて法制度化され, 生物多様性の確保が目的のはずである. まさに外来種対策は, 自然再生事業であり, とくに絶滅危惧種へ影響を及ぼしている特定外来生物の対策を最優先に実施すべきだ. また, 自然再生事業の実施にあたっては, 事業の目標に絶滅危惧種の回復やそれを目的とした外来種対策を明確に位置づけるべきである.

4.2 順応的管理

自然生態系の持続性を実現するためには科学的データが不可欠であるが, 前述したように, これまでこうした分野の科学的調査やその体制が不十分であったため, 現状ではデータが決定的に不足している. しかも, 不可知性と非定常性という自然の持つ特性によって, 実際には自然生態系を十分科学的

に解明することは不可能である．そのために自然環境管理の政策では，不確実性を排除することはできない．

従来の行政手法では，こうした不確実性が前提となっていないために政策が硬直化し，行き詰まるケースが出ているのも事実である．また一方で，自然生態系に対する社会のニーズは多様化し，従来のように一方的に行政側が自然環境管理の政策を決定することはできなくなってきた．

そこで，自然環境管理の政策では，不確実性を前提として，政策の硬直化を回避するしくみづくりが必要となってきた．米国の自然環境管理政策では，90年代に入ってエコシステムマネジメントというしくみの導入が試みられている．柿澤（2000）によると，エコシステムマネジメントとは，「自然資源管理思想のパラダイム転換をめざしているものであり，生物多様性の保全など今日的な自然資源管理への要求に応えつつ，それを可能とさせる新たな社会と自然との関係を模索しようというもの」である．

エコシステムマネジメントでは，科学的情報の開示と説明責任を行政に義務づけ，さらに政策決定に市民参加を保証することで，常に政策評価と見直しを行うしくみが提案されている．これを順応的管理と呼ぶ．したがって，順応的管理には科学的データによる計画策定が不可欠だが，最も早くエコシステムマネジメントを導入した米国国有林では，資源管理部門経費の1割以上が計画策定やモニタリング調査などに充てられていて，その重要性を垣間見ることができる．一方，わが国ではこうした費用が従来の自然環境管理ではほとんど計上されてこなかったため，先進事例でも予算不足が問題となっている．

4.3 参加型管理と財源の確保

自然再生推進法は，自然再生事業に計画段階から市民参加の道を開いたことは評価される．しかし，問題は「参加」の中身である．市民参加を保証していくためには，情報の共有（公開と透明性の確保），政策形成への参加，活動資金の確保など，多くの課題が解決されなければならない．

しかし，実際に自然再生事業に市民やNPOが参画する場合，最も大きな障害は資金の確保である．また，この課題は自治体の場合でも例外ではない．

この背景には、自然再生推進法に資金メカニズムが規定されていないため、公共事業の予算を持つ官庁以外が自然再生事業の実施者になりづらいことがある。事実，2005年（平成17年）度予算ベースで主務官庁の直轄する自然再生事業数は，国土交通省が57事業であるのに対して環境省は2事業に過ぎない（農林水産省は国有林事業を対象とするため，事業数は不明）。

釧路湿原では，開拓された跡地に森林を復元する事業がNPOによって実施されているが，財源の多くは環境省からの委託事業となっている。しかし，民間団体が独自財源を持ちながら自立的な自然再生事業を実施することは大変困難である。関係省庁をはじめとする行政機関や民間団体の参加と連携による自然再生事業をすすめていくためには，予算の少ない行政機関や民間団体の実施する事業にたいする資金メカニズムが必要である。例えば，カナダの生息地管理者制度（後述）や千葉県の自然環境保全基金などの取り組みが参考になるだろう。

一方で，自然環境あるいは自然資源は無料のものであると永らく考えられてきた。当然，その保全や管理に対しても市民は費用負担を考える必然性はなかった。その結果として，自然環境が損なわれ，自然環境問題が発生したのである。

しかし実際には，こうしたコストは膨大なものになると予想され，さらに将来にわたって必要とされることは明らかである。したがって，自然環境問題の解決のためには，これらに関わる財源確保は新たな税負担を含めて必要となっている。

ところが，消費者や納税者の立場に立てば，これまで無用であったコストに対して新たな負担は容認し難い。そのため，消費者や納税者が自ら出資した資金（あるいは税金）の使途やその効果について監視をし，政策決定に関与してゆくことが最も理解を得やすいと考えられる。したがって，自然環境管理における財源の確保は民主的政策決定プロセスの導入と不可分のものと言える。例えば，前述した神奈川県の水源環境保全税では，こうしたしくみによる「参加型税制」をめざしている。

丹沢山地の現状や水資源の確保など，神奈川県における自然環境問題の解決にはこれまで想定されていなかった施策を実施するための資金が必要であ

る．これらは県民生活に深く関わる問題であり，県民全体で広く負担することが考えられている．しかし，その使途や政策決定に直接県民が関わるしくみがない現状では，容易に新税の導入に納得が得られるとは考えにくい．

　また，水資源の確保には水循環や生態系を回復させることが必要であるが，これまでこのような視点での水政策はなく，横断的なプロジェクトも存在しなかった．こうした状況を考えると，新たな税制措置の導入にあたっては，水政策に関して戦略的な計画にもとづくあらたなしくみを構築する必要がある．そこで神奈川県では，県民参加による水源環境の保全・再生を実現するための手法として，モニタリング調査によって施策を軌道修正するなど，エコシステムマネジメントの考え方やしくみを導入するとしており，画期的である．

5. 再導入という自然再生事業

　絶滅に瀕した野生動物を飼育下などで繁殖させ，絶滅した地域へ野生復帰させることを再導入（reintroduction）という．欧州では30年以上前から再導入に取り組んでいる歴史があり，現在では自然再生事業としても重要になっている．

　ここでは，わが国で今後始まる絶滅危惧種の再導入（トキ，ヤマネコなど）の技術的，社会制度的検討に資するために，欧米の再導入事業の制度を概観し，また具体的な取り組み事例について紹介する．

5.1　米国での取り組み

再導入の法制度

　米国における再導入は，絶滅危惧種法（ESA：Endangered Species Act）における種の回復手法として位置づけられている．

　本法は種アプローチの典型的な法律である．Rohlf（1991）は，ESAが野生生物保護史上最強の法律であることを認めつつも，生物多様性全般よりも絶滅の恐れのある種の保護を優先し，また回復した個体群を維持するのに十分な生息地を守らないなど，6つの生物学的な理由を挙げて，この法律が生

物多様性の保全には機能しないと主張した．これに対しO'Connell（1992）は，ESAが動物相，植物相，それらの生息地ならびに遺伝的多様性を保護する事実上唯一の連邦法であり，もしこの強力な法律が無ければ，多くの野生生物種が実際絶滅し，生物多様性を保全することはできなかったと応酬している．

結局のところ，米国は広大な国土と公有地を有しながらも，生物多様性を保全するのに十分な法制度を整備することが未だ実現できず，一方で多くの絶滅危惧種を前にしている現実では，強力な種アプローチを行使するほうが実効性はあると理解される．

ESAにおける法対象種の指定手続きは，まず，海棲哺乳類の場合は内務省長官，それ以外の種では商務省長官が指定種の候補種リストを作成することになっている（ロルフ 1997）．この候補種リストこそ，レッドリストである．しかし，これだけでは政治的中立性が損なわれる危険がある．そこで，この候補種リストに異議申立てをする権利が私人に保証されている．これらの候補種リストは公表され，要求があればヒアリングも開催される．そして重要なのは，現在利用可能な最高の科学的または商業的データのみにもとづいて，1年以内に対象種に指定するかどうかを決定しなければならないということだ．

法対象種に指定されるとすべての指定種に対して，絶滅のおそれのない状態にまで回復させるための行動計画である「回復計画」の策定が連邦政府に義務づけられる．この回復計画は，すでに1,000種を超える指定種に対して策定されており，再導入事業はこの回復計画で具体的な進め方が記載されている．

再導入事業の事例：グアムクイナ

米国ではカリフォルニアコンドルやオオカミをはじめ，多くの野生動物の再導入事業が実施されている．ここでは，沖縄のヤンバルクイナに近縁のグアムクイナの事例を紹介する．本種の事例研究は，再導入が必要となる可能性があるヤンバルクイナの保護対策に重要と考えられる．

グアムクイナは，グアム島にしか生息していない固有種で，捕食者のいな

5. 再導入という自然再生事業   111

写真 4-1　繁殖センターのグアムクイナ（人馴れのため野生に帰せない個体）

い島嶼で進化したため飛翔能力を持たない．生息地の破壊に加えて，1940年代に持ち込まれた外来種のミナミオオガシラによって捕食され，激減した．

1982年に最後の21羽となった段階で連邦政府によって捕獲され，米国本土の動物園で飼育下繁殖が試みられることとなった．1984年にESAの指定種となり，回復計画が策定された．その後，奇跡的な復活と呼ばれるほど順調に飼育下で個体数が回復し，約200羽がグアム島に里帰りした．

グアム島では，グアム政府と連邦政府による共同事業で飼育下繁殖が進められ，1998年からもとの生息域に再導入が試みられた．しかし，これまでに62羽が放鳥されたがすべてヘビやネコなどに捕食されたり，あるいは飢餓死したと考えられている．グアム島では，年間16億ドル（2004年）が外来種のヘビ対策に投じられているが，あまり効果はないようだ．

じつは1989年から，本来の生息域ではないが緊急避難的にヘビのいない隣のロタ島（北マリアナ連邦）にも導入している．しかし，ここでも野生化

したネコや外来種のネズミなどに捕食され，また馴化方法などの技術的な問題も十分検討されていないことなどが原因で，これまでに約600羽を放鳥したが定着にいたっていない．

　今後は，ニュージーランドなどで試みられているような外来種侵入防止フェンスで生息地を囲み，その中の外来種を排除することで再導入を成功させたいが予算不足が問題という．さらに，ESAでは5年ごとに回復計画の見直しが義務づけられているにもかかわらず，グアムクイナ（グアム島の固有種3種を含む計画）の計画では，策定以降に1度も見直されていない．これらは財政的に逼迫していることが理由とされており，ESAも実際の現場では多くの課題を抱えているのが実態である．

　いずれにしても本種に関しては，飼育下繁殖の成功とは裏腹に，再導入の技術的，制度的課題が山積している．とくに，外来種対策の難しさはヤンバルクイナの問題（マングース）にも通じて深刻である．

5.2　カナダでの取り組み

再導入の法制度

　カナダは基本的に米国のESAと同様の法制度を有している．ESAに対応する法律である絶滅危惧種法（Species at Risk Act）の種指定は，カナダの場合は独立した科学委員会が審議をしている．この委員会の構成メンバーは，各州政府の代表と3つのNGO（WWFカナダ，カナダ自然連盟，カナダ野生生物連合）からなる．専門の生物学者からの現状報告書をもとに審議が進められ，委員の投票によって種のリストが作られる．しかし，種指定の最終的な権限は議会が握っているため，政治的に法対象種の指定が行われるという批判もある．

　市民参加を保証するという視点からカナダの回復計画で注目されるのは，生息地管理者制度である．2000年から始まったこの制度は，絶滅危惧種が生息する地域の住民団体，自然保護NGOあるいは土地所有者などが行う生息地の改善や絶滅リスクの軽減などを目的としたプロジェクトを，政府が資金的にサポートするものである．

　これらのプロジェクトは，例えば，絶滅危惧種の漁網への混獲防止技術の

実証試験，環境教育プログラムの開発，モニタリング調査の人材育成と調査の実施，など多岐にわたる．今後，この制度へは5年間で総額4,500万カナダドルを投資する計画である．これは，絶滅危惧種保護国家戦略の予算1,800万カナダドルの2割強にあたる．

　この制度の発想は，土地所有者や地域住民が絶滅危惧種の回復事業に積極的に貢献するようにインセンティブを与えるもので，非規制的手法としても評価される．

再導入事業の事例：クロアシイタチ
　クロアシイタチは，プレーリーの生態系を代表するイタチ科の肉食動物で，かつてはカナダからメキシコにいたる広大な範囲に生息していた．しかし，餌動物であるプレーリードッグが西部開拓以降の乱獲や生息地の破壊によって，かつての98％の生息域が失われ，その捕食者であるクロアシイタチは1987年に絶滅した．

　飼育下に残された18頭のうち7頭のみが繁殖に利用可能で，これらを創設個体群として米国で飼育下繁殖が始まった．繁殖は順調に進み，現在では年間240頭が再導入されている．

　これまでに米国8箇所，メキシコ1箇所で，再導入が成功している．カナダでも，2007年を目標に再導入を行う予定で現在3ヵ国共同事業として行動計画作りが進められている．この再導入は，すでにカナダではクロアシイタチが絶滅しているため，米国連邦政府のクロアシイタチ保護センターから再導入用の個体の供給を受け，実施する予定だ．また，これは再導入を通じて3ヵ国にまたがるプレーリー生態系の復元にむけた活動としても意義深い．

　しかし，いくつか大きな問題がある．まず，政府（カナダ・サチュカチュワン地方政府）では，国立公園での再導入を計画していたところだが，現在わずかに生き残っているプレーリードッグの多くが私有地（牧場）に生息しているため，これらの土地所有者の同意が不可欠であるということだ．この問題は，前述の生息地管理者制度を適用できないか模索されている．米国でも，多くの生息地は現在も私有地となっており，将来的に再導入した個体群どうしの生息地をネットワークさせることを考えると大きな困難を伴う．い

写真 4-2　野生復帰訓練中のクロアシイタチ（米国国立クロアシイタチ保護センター）

ずれにしても地域住民の意識改革が必要ということで，今後は教育活動に力を入れることになっている．

　もう一つは，感染症対策である．最近になって，他の動物から感染したと考えられるペスト菌がプレーリードックに流行し，80％もの致死率で地域的には絶滅のおそれがでてきたことだ．また，クロアシイタチはイヌのジステンパーウイルスに感受性が高いため，このウイルスがイヌから移されると個体群は大きなダメージを受けることとなる．クロアシイタチ保護センターでは，これらの対策としてワクチン接種で対応しているが，今後の動向を見ないと効果は判定できない．

5.3　欧州での取り組み

再導入の法制度

　欧州における野生動物種の再導入事業は，30年以上にわたる歴史がある

が，当初は動物園や篤志家などによる飼育施設での個別的な取り組みが中心であった．しかし，当時は学問的あるいは技術的な蓄積が少なく，また絶滅の回避のみに目が奪われていたため，地域固有の遺伝子集団を無視して野生復帰が行われた結果，遺伝的かく乱が生じたり，本来の生態を取り戻すことなく野良化してしまう事例もあった．

その後，ベルン条約によって絶滅危惧種の再導入が奨励され，制度的な裏づけができるとともに，一方で非在来種の導入は厳しく制限された（第11条）．1980年代後半には，ベルン条約常設委員会に条約第14条にもとづき，以下のような専門家グループが設置され，生物種（分類群）ごとの保全行動計画の策定や技術支援などが行われるようになった．

- 両生類爬虫類保全専門家グループ（1989年設置）
- 無脊椎動物専門家グループ（1989年設置）
- 植物専門家グループ（1990年設置）
- 野生種の導入および再導入に関する法律専門家グループ（1992年設置）
- 鳥類専門家グループ（1996年設置）
- 大型食肉類専門家グループ（2000年設置）

1990年代に入ると，大型野生動物の再導入事業が，自然再生事業として重要視されるようになった．1997年に動物種の再導入における行動計画策定ガイドラインが示され，現在までにオオカミ，クマ，オオヤマネコ（リンクス）など10種の絶滅危惧種について再導入を含めた保全行動計画が策定されている．

再導入事業に関わる財政的裏づけ

行動計画に関係する各国政府は，原則として，この行動計画にもとづいて独自に保護管理を実行する．基本的に欧州評議会からの資金的援助はなく，先進国はほとんど自国予算で賄っているのが実情である．

一方，EU（欧州連合）では加盟国とその周辺の第三国（地中海沿岸諸国，バルト海諸国，中央および東欧州諸国）における先進的な環境保護の取り組みに共同出資する資金メカニズムを発展させてきた．

1992年にLIFE（環境財務機構：The Financial Instrument for the Environment) と呼ばれる財政機関が設置され, 環境政策推進機関として位置づけられた. LIFE は, 関係国から環境保護に関わるプロジェクトを公募し, EU 委員会の審査によって採択されたものに出資する. EU 委員会は, 採択されたプロジェクトの収支決算や事業の履行を監視する.

LIFE は, 時限による資金調達を行うが, 現在は第3期が執行中である. それぞれの期間と財政規模は以下のとおりである.

第1期 (1992-1995) 約4億ユーロ
第2期 (1996-1999) 約4億5,000万ユーロ
第3期 (2000-2004) 約6億4,000万ユーロ

なお, 第3期は2ヵ年間 (3億1,700万ユーロ) の延長が決まっている.

LIFE は次の3つの分野から構成され, 1992-2002年に2050のプロジェクトに出資した.

LIFE-Nature (自然保護に関わる700プロジェクト)
LIFE-Environment (大気汚染対策など環境保全対策に関わる1,199プロジェクト)
LIFE-Third country (域外国における環境保護に関わる161プロジェクト)

ここでは自然再生に関わる LIFE-Nature について詳述する. LIFE-Nature の目的は, EU の自然保護法の履行に寄与することへ特化している. それは, EU における野鳥指令 (1972) と生息地指令 (1992) およびその内部規定である Natura 2000 のネットワーク構築に関わるものである.

絶滅危惧種の再導入事業を含む自然生態系や野生生物個体群の維持あるいは回復のための自然保護プロジェクトには, LIFE-Nature が適用されるが, これらのプロジェクトは, 上記の指令に定められている生物種や特別な保護地域に関連するものでなければならない.

EU は, LIFE-Nature に対して第3期 (2000-2004年) には約3億ユーロを出資した. 各プロジェクトへの共同出資の割合は, 全体の経費の50%以上だが, 生息地指令で優先されるべき生息地や野生生物種に関わるプロジェクトでは, その割合を EU 委員会の判断で75%以上とすることができる.

再導入事業の事例：イベリアリンクス（スペイン）

　欧州では，以上のような社会制度的背景によって多くの絶滅危惧種再導入事業が進められている．ここでは，2004年に新たな取り組みとして始まったスペインにおけるイベリアリンクス（*Linx pardinus*）について紹介する．本種の回復事業には，絶滅地域への再導入事業だけではなく，生息地の回復事業も含まれており，わが国で再導入が検討されているツシマヤマネコの保護対策におおいに参考となる事例である．

　本種は，イベリア半島に生息する固有種で，中央ヨーロッパに生息するリンクス（ヨーロッパオオヤマネコ *Linx linx*）とは別種である．1990年代に約800〜1,000頭が生息していたが，乱獲，狩猟のわな被害（錯誤捕獲），生息環境の悪化，主要な餌であるウサギの激減（80年代からの個体数減少率は95％）などによって，現在，約200頭まで激減した．

　このため，生息国であるスペインおよびポルトガルにおいて保護対象種であり，また国際的には，ワシントン条約付属書Ⅰ（国際商取引原則禁止），ベルン条約付属書Ⅱ（厳格な保護が必要な種），EU生息地指令付属書Ⅱ（優先的に生息地の保護が必要な種）および付属書Ⅳ（厳格な保護が必要な種）などに指定されている．

　スペインでは地方自治政府が野生動物管理権限を持つが，財政難によってほとんど本種に対する保護施策は手付かずだった．そのため，本種の主要な生息地を抱えるアンダルシア自治州政府は，予算をあまり要しない保護対策として，生息地の土地所有者と保護管理協定を締結する施策を1999年から開始した．

　この保護管理協定は，個々の土地所有者を自治政府の担当官が訪問し，本種の保護に貢献する管理メニュー（ウサギ猟およびキツネ狩りの自粛，調査員の立ち入り許可，草刈等ウサギを増加させるための生息地改善作業の容認，ウサギの人工営巣地の設置許可など）を提示して，合意が得られたメニューを契約するものである．本種の主要な生息地は自治政府が協定を締結するが，その周辺地域や生息地間のコリドー（回廊）はWWFスペインなどの民間団体が協定を締結している．現在，約900名の土地所有者と保護管理協定が締結されており，協定対象面積は本種の現在の生息地をほぼカバーする約15

118   4章 自然再生事業と再導入事業

写真4-3 繁殖センターのイベリアリンクス

万haに及ぶ．
　本種の再導入を含めた回復事業は2000年に公表された保全行動計画にもとづいて実施されている．この保全行動計画の策定は，1998年に開始された．まず，欧州の関係する専門家によって素案が作成され，それをもとに欧州評議会主催の専門家会合で議論された．この結果をベルン条約締約国会議に報告するとともに，1999年にはEU委員会とEU加盟国政府専門家による生息地指令科学委員会にも諮った．これらすべての意見をもとに作成された最終案が1999年のベルン条約締約国会議で承認された．
　この行動計画策定に当たっては，LCI (Large Carnivore Initiative for Europe：大型食肉類専門家のNGO) などの専門家が協力し，またWWFインターナショナルが資金的援助を行った．
　この行動計画にもとづく保護対策事業の資金は，主に前述のLIFEが提供しており，その額は年間約1,100万ユーロにのぼる．また，スペイン政府も

写真 4-4　スペイン・ドニャーナ国立公園イベリアリンクス繁殖センター

2002年から5ヵ年間で約800万ユーロを拠出すると表明している．
　飼育下繁殖施設はアンダルシア自治州のドニャーナ国立公園内に設置され，現在6個体が飼育されている．今後，離乳前の野生個体を毎年4頭程度捕獲し，創設個体群として24頭を確保する計画である．本種は3～4頭を出産するが，2頭程度しか離乳するまで保育されないため，余剰の個体を捕獲して創設個体群に加えれば，野生個体群への捕獲の影響はないと考えられている．これらが実現し，順調に繁殖ができれば，2010年頃から年間10～15個体を再導入できるとしている．
　本種の再導入事業に関して，わが国の実情と異なる点がいくつか見られた．以下に，その一部を紹介する．まず，本種の再導入事業には基本的に動物園の関与がない．この理由として，再導入事業自体が動物園の業務ではないこと，本種の生息地がほとんど私有地であるため政府機関が再導入の実施主体になる必要があることなどがあげられていた．この背景には，専門技術者の

層の厚さやLIFEの資金提供によって政府機関に余裕があることなどがあると考えられる．

また，再導入事業は，個体数の回復は当然であるが，むしろ生息地の回復に重点を置いていた．アンダルシア自治州では，本種以外にもカタジロワシなどの再導入事業を実施しているが，政府担当者は個体の野生復帰によってのみ生息地の回復手法やその成否が評価可能であると考えていた．わが国では，専門家の間でさえ積極的に再導入を推進する意見は少なく，むしろ生息地の保全・回復が重要という考えが支配的である．再導入が生息地の保全・回復のために必要という発想は，今後のわが国における再導入事業のあり方を見直す上で，きわめて重要な示唆であったと思われる．

5.4 日本での取り組み

再導入の法制度

わが国の法制度で，再導入を明確に定義したものはない．これは，これまで紹介した欧米諸国が以前から再導入を実践してきたのに対し，わが国ではこれまでまったく経験が無く，再導入が野生動物の保護の手法として未だ定着していないことの表れである．

一方，動物愛護管理法では，人間の占有下にある動物を遺棄した場合には罰せられる．再導入では，飼育下繁殖された個体を野に放つことが一般的であるため，行為としては動物の遺棄と区別がつかない．

わが国では，再導入の必要性がますます高まることが予想されるため，再導入を法制度的に明確に位置づけるべきだろう．以下に紹介する兵庫県のニホンコウノトリにおける再導入事業は，法的な位置づけが未整備ななか，自然再生推進法に準じた協議会や野生復帰行動計画を策定し，社会合意を得ることで再導入を敢行した．今後，再導入の法整備をする場合には，ニホンコウノトリでの経験を活かす必要があると考える．

再導入事業の事例：ニホンコウノトリ（兵庫県）

ニホンコウノトリは，翼開長が約2mにもなる大型鳥類であり，江戸期には江戸をはじめ日本中に生息していた．しかし，明治期の乱獲やその後の生

5. 再導入という自然再生事業

写真 4-5　豊岡市でコウノトリが再導入された瞬間

息地の破壊などによって激減し，1971年に兵庫県豊岡市で最後の野生個体が死亡したため，野生下では絶滅してしまった．

豊岡市では，1955年のコウノトリ保護協賛会発足以降，飼育下で生き残ったコウノトリの保護増殖に取り組み続けてきた．また，国内の動物園も協力し，ようやくその後飼育下のコウノトリの増加に伴い，1990年代に入って飼育個体の野生復帰に向けた取り組みが本格化し，1999年にはその中核施設として兵庫県立コウノトリの郷公園が設置された．

わが国におけるコウノトリの生息域は水田や里山地域であるため，野生復帰にはこれらの環境整備が欠かせない．ここでは地域の農業者の参加を得て，環境保全型農業を推進している点で，先進的である．また，豊岡市の人口は合併によって現在約9万3,000人となったが，このような都市を含む地域に大型の野生動物を再導入する試みは，世界的にも数少ない事例である．

兵庫県は，2002年にコウノトリ野生復帰推進協議会を設置し，野生復帰事

業のマスタープランとして2003年にコウノトリ野生復帰推進計画を策定した．協議会の構成員は，野生復帰に関連する団体を網羅している．

なかでも注目すべき点は，この地域の主要河川である円山川の自然再生事業を所管する国土交通省豊岡河川国道事務所が参加していることだ．この自然再生事業は，コウノトリの生息空間の復元を再生目標に掲げている．いわば，ひとつの自然再生事業が野生復帰計画というさらに大きな全体構想の一翼を担うものとして位置づけられているともいえる．この事例は，行動圏の大きな野生動物を再生目標に据えることで，広域で個別に展開される自然再生事業を統合的に管理できることを示唆している．

2005年9月に，第一陣9羽の実験的野生復帰が始まった．これまで人間が準備してきたさまざまな生息環境整備の取り組みが，放たれたコウノトリたちによって評価されることになる．これを見守るのがコウノトリの郷公園で養成されたパークボランティアの市民たちである．毎日，交代でコウノトリたちを追跡して，彼らの行動から事業評価を行おうというものだ．自然再生事業の評価に必要なのは，回復しようとする野生生物に学びながら試行錯誤を繰り返す態度なのだろう．

＊本稿は，日本生命財団研究助成金および文部科学省科学研究費（課題番号16658104）による研究成果の一部である．なお，調査にあたっては，環境省対馬野生生物保護センター村山晶獣医師およびNPO法人どうぶつたちの病院中西せつ子獣医師の協力を受けた．ここに感謝の意を表する．

参考文献

飯島 博（2000），「自然保護のための市民型公共事業」『環境と公害』29（4）．
池田 啓（2000），「コウノトリの野生復帰を目指して」『科学』70（7）．
磯崎博司・羽山伸一（2005），「欧州における生態系の保全と再生」『環境と公害』34（4）: 15-20.
環境省（2001），『日本の里地里山の調査・分析について（中間報告）』．
環境省・(社)自然環境共生技術協会編（2004），『自然再生――釧路から始まる』ぎょうせい，p. 279.
坂元雅行・羽山伸一（2000），「野生生物種保全の法制度」『環境と公害』29（4）．

羽山伸一 (2001), 『野生動物問題』地人書館.
羽山伸一 (2002), 「絶滅危惧種の回復事業から自然再生へ」『環境と公害』31 (4): 17-23.
羽山伸一 (2003), 「自然再生推進法案の形成過程と法案の問題点」『環境と公害』32 (3): 52-57.
羽山伸一 (2003), 「神奈川県丹沢山地における自然環境問題と保全・再生」鷲谷・草刈編『自然再生事業』築地書館.
ロルフ, D.J. (1997), 関根孝道 (訳)『米国種の保存法概説』信山社.
鷲谷いづみ (1999), 『生物保全の生態学』共立出版.
Breitenmoser-Wurster, C. et al. eds. (1995), "The re-introduction of the lynx into the Alps," *Environmental Encounters*, No.38. Council of Europe.
Breitenmoser, U. et al. (2000), "Action plan for the conservation of the Eurasian Lynx in Europe," *Nature and Environment*, No. 112. Council of Europe.
Delibes, M. et al. (2000), "Action plan for the conservation of the Iberian Lynx in Europe," *Nature and Environment*, No. 111. Council of Europe.
IUCN (1994), IUCN red list categories.
O'Connell, M. (1992), "Response to: 'Six biological reasons why the endangered species act doesn't work—and what to do about it,' *Conservation Biology*, 6 (1).
Rohlf, D.J. (1991), "Six biological reasons why the endangered species act doesn't work—and what to do about it," *Conservation Biology*, 5(3).

5 章 | 都市環境の再生
都心の再興と都市計画の転換へ向けて

西村幸夫

1. はじめに

　日本における都市環境の再生を考える視点として,以下の4つの点から論じることにしたい.すなわち,①すべての都市問題の背景としての人口減少という課題がもたらすパラダイムシフトの問題,②パラダイムの転換が特に都市の計画システムに与える影響,とりわけ都市計画制度全般にわたる再構築の問題.一方,③地域的に考えると問題が集中し対応が特に必要となるのが都心地域であり,その再生戦略である.そして④こうした問題をより広い視野で相対化しつつ考えていくための重要なヒントが欧米の都市再生の事例にあるという考えから,欧米の特徴的な都市環境再生戦略をレビューし,日本がそこから学ぶべき点をまとめる.

　これらを通して,日本における都市環境の再生の問題はけっして都市を舞台とした経済活動再生策ではないこと,むしろ討議を経て合意に至る再生のための仕組みの改善プロセスであることを示したい[1].

---

1) 本章の多くは「環境再生政策研究会」(代表:宮本憲一前滋賀大学学長)のなかに設けられた都市環境再生部会(主査:塩崎賢明神戸大学教授)の議論に依っている.部会メンバーの真摯な議論に謝意を表したい.また,本章の梗概的な骨格部分は,西村幸夫「都市環境の再生」『環境と公害』第35巻第1号(2005年1月), pp.31-34 としてすでに発表している.

2. 人口減少時代の都市の新しいパラダイム

2.1 人口増大に対処するための 20 世紀の都市計画

20 世紀の日本は総人口が約 2 倍に増大するといった爆発的な人口膨張期であった．これに第二次大戦後の急激な都市化の時期が重なったため，結果的に増加した人口のほとんどを都市で受け止めることになっただけでなく，従来の農村人口まで都市に吸収してしまった．過密と過疎が同時に進行するという奇妙な時代を迎えたのである．

急激な流入人口に対処するため，都市は郊外部へ向けて無計画に膨張せざるを得なかった．市街地の虫食い的拡大を意味するスプロールという用語が普通名詞化していくのは 1960 年代のことであった．同時に既成市街地の過密化も進行し，劣悪な居住環境の改善が求められるようになるのもこの時代からであった．OECD 環境委員会が「日本は数多くの公害防除の闘い（battle）を勝ち取ったが，環境の質を高める戦い（war）ではまだ勝利を収めていない」という有名なコメントを残したのは 1977 年である．公害との闘争が集結してしまったわけではなかったが，当時，都市環境がアメニティの獲得に成功したとはいえない状況であったのは明らかな事実であった．EC 委員会の報告書（1979 年）が，日本の住宅を「ウサギ小屋」と評したのもこの時代である．

都市自体も工業誘致に奔走することになる．「近代化のバスに乗り遅れるな」という表現がこの頃頻繁に用いられるようになるが，これは都市にとって見ると，とりもなおさず工業誘致を成功させることに他ならなかった．さらに，生活様式の上でも，核家族化が進行し，家庭における自家用車の普及，テレビの茶の間への進出，ダイニングキッチンの定着など，急速な「近代化」が進行し，都市の様態は外延的にも内実においてもおおきく変貌していった．

土地利用計画や交通計画，公共施設の計画的配置などすべての都市システムは，こうした変化の影響を分散させながらどのようにして受容していくかという点に対処するために構築されていったといっても過言でない．

2.2 縦割り行政の浸透

　これを行政側から見ると，増大する都市人口という緊急の問題に対処するということは，道路行政や鉄道行政，都市計画行政や建築行政など各方面の専門部局が，各自知恵を絞りながらそれぞれの論理で予算の獲得競争をおこないつつ，個別に問題に対処するという局所的最適解の総和として施策が構築されることを意味する．文字通りの縦割り行政である．

　つまり，縦割り行政が有効に機能するということは，こうした右肩上がりの経済のなかでそれぞれがパイを大きくすることが可能であるという前提があって初めていえることなのである．そして，そのことは単に効率的な分業体制の確立という結果を招来しただけでなく，分業間の垣根を高め，それぞれの持ち場の独りよがりの論理の増大を抑止できにくくし，縦割り間のなわばり争いを激化させるという副作用をもたらすことになる．

　この時代の都市政策とは，目の前の問題にそれぞれの持ち場で対処することの寄せ集めという域を出ていないのである．それは時代の限界でもあった．大きなビジョンを掲げて将来像を描き出そうにも，日々の問題はあまりに切迫しており，そこで夢を語ることはあまりにも現実離れしていた．

　こうした事情は，たとえば，1958年に定められた第一次の首都圏整備計画が英国流のグリーンベルト（近郊地帯）によって都市にたがをはめるという理想主義的計画であったものが，近郊地帯指定予定地での反対や人口の首都圏への予想を超えた集中などによって改訂を余儀なくされ，1965年の第二次首都圏整備計画以降は，各省庁の計画を持ち寄った調整計画的色彩を強めていったことに典型的に見ることができる．この時，1958年計画では開発を抑制すべき地域であった近郊地帯は，第二次計画以降，近郊整備地帯と名を変え，緑地を保全しつつも計画的に市街地を整備する地域へと変質していったのである．

2.3 事業推進型の都市計画

　また，人口増加の圧力が非常に高い社会的状況においては，大半の都市施策は具体的な事業を推進することを中心に組み立てざるを得ない．都市を計

画的にコントロールするというもう一方の行政手段を用いるには，事態の変化があまりにも広範で急激でありすぎるからである．都市内の土地に対する投機的取引を抑止するための有効な仕組みをついに案出できなかった点にその大きな禍根を見ることができる．

開発とは価値の増進を意味しており，物理的に人口を収容する地域を拡大していくこととが善であった．そして，都市施設を付加し，それによって地価に代表される都市の経済的な価値を高めていくことが求められたのである．投機的な土地価格を生み出すなど弊害も多かったが，開発による地価の上昇が見込まれるからこそ，プロジェクトが成立するという構図がたしかに存在した．

たとえば，しばしば「都市計画の母」と呼ばれる土地区画整理事業を見ると，宅地の整形化とインフラ整備によって地価が上昇することが見込まれるので，一定程度の土地を無償で供出させることも説得できるということが事業の前提となっている．このように無償で土地を供出させることを減歩と呼んでいるが，減歩された土地をもとにして道路や公園などの公共施設を生み出していくところに土地区画整理の知恵がある．公共のために土地を供出するからこそ地価の上昇も獲得できる，したがってみんなが一様に貢献しなければならないのだという論理は，減歩の和製英語訳が contribution（寄与，貢献）であることにもよくあらわれている．

都市計画の具体的な手法も，1888年の市区改正条例以来，1919年の最初の都市計画法においても区画整理や計画道路の建設など事業推進型の手法が中心となって組み立てられていた．そのことはまた，公共事業主導による利益誘導型の地方政治を蔓延させることになり，効果的な事業推進のための，上意下達型の計画遂行の仕組みを要請することになった．市民参加とはほど遠い，都市計画の現実があった．

大規模な人口増加，そしてその大半が都市に流入してくるという20世紀の日本の現実が以上のような都市環境の状況を作り出し，それに対処するための都市計画の性格を決定づけていったのである．

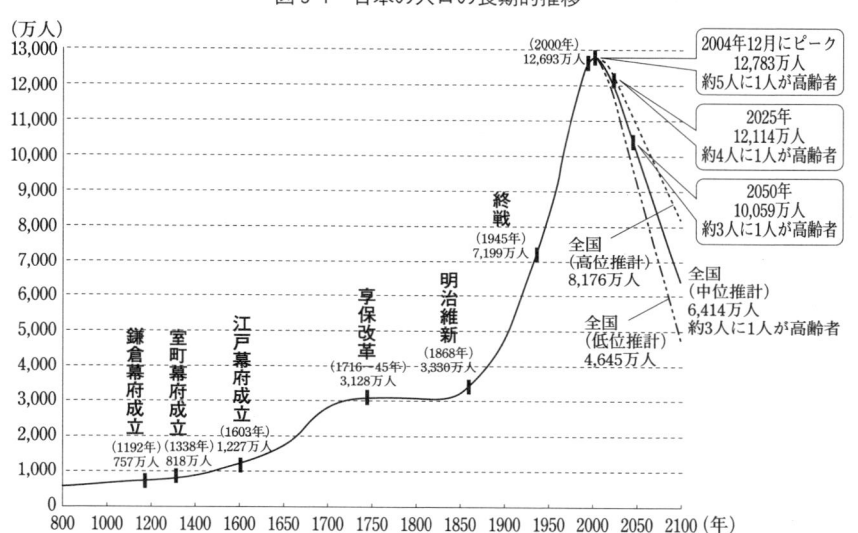

2. 人口減少時代の都市の新しいパラダイム　　129

図 5-1　日本の人口の長期的推移

（万人）
- 鎌倉幕府成立（1192年）757万人
- 室町幕府成立（1338年）818万人
- 江戸幕府成立（1603年）1,227万人
- 享保改革（1716-45年）3,128万人
- 明治維新（1868年）3,330万人
- 終戦（1945年）7,199万人
- （2000年）12,693万人
- 2004年12月にピーク 12,783万人　約5人に1人が高齢者
- 2025年 12,114万人　約4人に1人が高齢者
- 2050年 10,059万人　約3人に1人が高齢者
- 全国（高位推計）8,176万人
- 全国（中位推計）6,414万人　約3人に1人が高齢者
- 全国（低位推計）4,645万人

（出典）　総務省「国勢調査報告」，同「人口推計年報」，同「平成12年及び17年国勢調査結果による補間推計人口（暫定値）」，国立社会保障・人口問題研究所「日本の将来推計人口（平成14年1月推計）」，国土庁「日本列島における人口分布変動の長期時系列分析」（1974年）をもとに国土交通省国土計画局作成．

2.4　迫られる都市計画のパラダイム転換

　こうした都市計画の基本的な仕組みがここ十数年で再びおおきな方向転換を迫られている．

　すでに大々的に報道されているように日本の総人口は 2005 年には減少に転じ，その後は急速な勢いで減少していくことが予想されている．推計方法にもよるが，21世紀末には日本の人口は現在の半分にまで減るとされている（図5-1）．いかに海外からの移民を受け入れたとしても，こうした構造的な変化をくい止めることは不可能であろう．人口増の時代にはその受け皿となった諸都市が，今度は人口激減の影響をもろに被ることになるのである．

　これからの急速な人口減少社会において，どのような都市システムが必要とされるのか，そうしたパラダイムシフトを大きな齟齬なく達成するためにはどのような視点に立たなければならないのか——都市環境の再生のありか

たを問うということは，まずはこの問いかけに答えることである．

　これからの人口減少社会では従来型のパラダイムを維持することは不可能であるということは明白である．土地区画整理で地価が上昇するという夢は過去のものになりつつある．市街地再開発事業も事業期間が長期化することから，大都市でしか成立しにくくなってきた．道路事業にしても，そもそも今後とも交通需要が伸び続けるとする予測はすでに説得力を失っている．それ以前に事業費の確保が困難な状況に陥っている．

　都市計画をめぐるパラダイムは，価値増進型の環境開発から，価値維持型の環境保全・再生へと大きく舵を切らなければならないのである．

　再生とは，縦割り行政のもと，相互に脈絡のないあわただしい開発によって乱雑になってしまった都市の環境を，自然と調和した秩序ある美しいものへと向けて甦生させることを意味している．都市再生とはまずもってそうした指向を持つものでなければならない．都市環境再生とはけっして都市の経済環境を好転させるためだけのものであってはならないのである．都市空間を経済活動の草刈り場として放置してはならない．

2.5　コミュニティの復活と地方分権

　また，都市社会のあり方を見ても，増大する都市への流入人口を抱える社会では，匿名でアトム化した都市生活者が個々ばらばらに生活するという都市社会のあり方を前提にすべての社会システムが構築されてきたが，こうしたあり方は大きな転換を余儀なくされることになる．

　ある程度の人口の流動化は今後も引き続き持続するとしても，都市社会はかつてよりもはるかに地元志向を強め，一定程度の定住を前提としたまちづくりが主流となってきた．安定した地域社会のつながりを見直す声は格段と高くなりつつある．コミュニティの復活である．地域コミュニティは，子育てや介護，災害時など特定のニーズに対応して要請されているだけでなく，広範なまちづくりのフィールドとして各方面で育ちつつある．これは都市計画の場面では，計画立案や地域運営への市民参画や計画実施における市民事業化の推進としてあらわれてくる．業務および管理の委託などの点でも官民の共働は急速に進みつつある．

こうした現象は，たんに旧来型の，しばしば拘束的な封建的コミュニティの復活を意味しているわけではない．討議デモクラシーと表現されるような新しい形の議論と合意形成の場を併せ持った新しい形の都市型コミュニティが生成しつつあるのだ[2]．

このことは続けて，計画の地方分権，さらには計画の都市内分権の議論へと進むことになる．

足もとの地域コミュニティが新たに地域の担い手として再生しつつあるということは，都市計画の立案のあり方を大きく変えることにつながる．透明で民主的な手続きが強く要請されるようになり，都市計画とは都市環境のある一定のサービスレベルを目指すという諒解を達成することを意味するようになってくる．都市計画は，国が責任を持つ行政計画から，次第に基礎自治体が地域住民に対して責任を持つ計画目標という性格を強くしていく．さらには，地域社会と自治体とが相互に諒解する，自分たちの住む都市環境の将来像を意味するようになっていくだろう．

2.6 都市の縮退現象への対処

これから都市は縮小していかざるを得ない．縮退とでもいえる環境の中で都市の再生を考えるということは，まずは，もう一度都心を見つめ直し，都心への投資を集中させ，良好な郊外の環境を達成すると同時に都心居住を復活させることであり，都市環境の量ではなく質を高めることに傾斜させることである．そのためには現有の環境資産を詳細に把握し，保全を図るべき資産と改善すべき環境とを特定し，戦略的に保全整備を進めることである．

こうした施策を通して都市の総合的なイメージを確立することも重要になってくる．定住人口だけでなく，交流人口をも対象とした都市施策が立てられることによって，人口減少社会においても十分な都市の経済活動ベースが保たれることになるだろう．

一方で，都市の縮退現象は，都市フリンジをどのようなかたちで秩序正し

---

2) 討議デモクラシーに関しては，篠原一『市民の政治学――討議デモクラシーとは何か』(岩波新書，2004年)，石塚雅明『参加の「場」をデザインする――まちづくりの合意形成・壁への挑戦』(学芸出版社，2004年) などを参照．

く自然的土地利用に戻していくかという課題をわれわれに突きつけることになる．たとえば，都市内農地の問題は，都市側にとってはこれまでは副次的な自然環境・オープンスペースを提供するものとして評価されるにとどまっていた観があるが，これからは，都市環境を誘導していく手がかりとして，魅力的な郊外とコンパクトな都市を同時に成り立たせるための補完的な意味を持つ貴重な資源として，積極的に活用されていかなければならないだろう．

2.7 詳細かつ厳格な計画規制へ

このような諸課題に答えるためにはなんといっても詳細かつ厳格な計画規制が必要である．いくら構想を練っても，いくら将来の美しい夢を描いても，実際にそこへ向かう実効性のある筋道が整えられていなければ実現は不可能である．そしてその道とは，日々の建設活動を確実にコントロールし，大きな構想を実現するために個々のパーツであるひとつひとつの建物やその利用，空地や道路空間などの都市のインフラを整えていくことなのである．

幸いなことに，人口減少社会では，都市内における建設活動はこれまでほどには活発ではないだろうから，その詳細なコントロールは計画実施主体のキャパシティを超えることなく，十分に可能な範囲に収まると考えられる．逆に言えば，これらの建設活動をさまざまな観点から監視し，検討できるような容量とそこへ向かうロードマップを，都市計画のシステムが持たなければならないのである．そしてそのことが計画サイドの目標として措定される必要がある．

都市計画システムの再構築こそ，21世紀の都市環境再生がまず手をつけなければならない課題なのである．

3. 都市計画システムの再構築

都市計画のシステムを新しく構想する際に留意しなければならないのは，計画システムが目指す最終的な都市の姿を論じることと，アウトプットのあり方を合意するための計画プロセスの姿を論じることを明確に区別することである．両者とも重要であることに変わりはないが，それぞれを考える思考

の回路は大きく異なっている．

3.1 市民参加と「諒解達成型」プロセスの重要性

　私たちはまず，計画プロセスを再構築する必要があると考えている．なぜなら，最終的な都市像は「何を」描くかと同時に「誰が」描くのかというところに鍵があるが，計画に関する意思決定が民主化されることによってこの問題はクリアできるといえるからである．つまり，描かれた「何か」を正当化するのはそれを描くのが「誰か」にかかっているという時代に立ち至ったからである．

　かつては王権や為政者の政治的な力が描かれるべき都市像を正当化していた．封建時代とはそういう時代のことである．時代が下ると，都市計画の分野にもテクノクラートが登場するようになり，将来の都市像を描くのはそうした技術官僚の役割となっていく．

　ある特定の分野において技術と情報が専門家と呼ばれる特定の階層に独占されている社会では，専門家の判断が正しい判断ということにならざるを得ない．他の選択肢がないからである．そこで重要なのは専門家を正しく教育し，認定していく仕組みを持つことと，計画を迅速に立案し，実行に移すための仕組みを整えることだということになる．テクノクラートによる都市計画の独占は議会制民主主義の成立とともに始まり，戦後復興期の盛り上がりを経て，つい最近まで続いてきた．いやむしろ，今でもそうしたテクノクラート主導型の都市計画が多くの場面で行われているのが実状である．

　それがここに至ってこれまで自明であるはずだった「誰か」が揺らぎ始めている．「何を」描くかと「誰が」描くかは，これまでは為政者や都市計画テクノクラートの存在のもとでは不可分に結びついていたのであるが，広範な都市大衆が計画ステージに台頭してくるとともに，都市の将来像を描く主人公としての市民の姿がおぼろげに浮かび上がるようになってきた．ここにおいて，都市の将来像を「誰が」描くかという問題は，そこで描かれたものの正当性をも左右する，すなわち「何を」描くかにも関わる重大な問題となる．

　つまり，計画のプロセスを再構築するということは，たんに手続き上の問題であるのではなく，このように都市計画のパラダイムを転換することにま

で至る深刻な課題なのである．

　したがって今，望ましい都市空間を実現するという「空間達成型」の都市計画から，望ましい都市空間とは何かという合意に至ることを重視する「諒解達成型」の都市計画へのパラダイムシフトが望まれる．そこでは達成された合意が目指す空間こそが望ましい空間であるという新しい価値観が生まれてきつつある．討議デモクラシーの成熟によって，討議を通しての合意というこれまでの日本の合意形成の歴史のなかでもまれな新しい民主主義の形態が生まれつつあるのだ．

　そこでは，理想像は「誰が」描くかが重要なのではなく，「どのように」描くかが重要なのである．そしてその「どのように」を規定することになるのが，透明で公正な議論のあり方である．そうした議論はけっして，強い要請があったから実施されるといった例外的な性格のものであってはならない．議論のプロセスが計画立案の既定の過程として組み込まれていることが重要なのである．討議デモクラシーはそのような条件の下で花開くことになる．

　それでは，そのような計画プロセスとはいったいどのようなものであり，満たすべき要件としてどのようなものがあるのか．

3.2　参加と公開の原則

　計画に関わるすべてのステークホルダーが広範に意思決定に参加するような仕組みが必要である．計画の策定課程が透明で開かれており，一般市民でも意見表明の機会が保証されていることが重要である．さらに，主要な公益的組織には計画立案過程を含めてさまざまな機会に積極的に情報が供給され，意見照会の機会が与えられるべきである．

　こうした仕組みを整えることによって，まちづくりNPOなどを組織化することが住民にとっても有利になってくる．そうすることで，利己的ととられかねない個人の意見を超えて，より公共的な意見が民主的に形成されてくる契機が与えられることになる．

　「総論賛成・各論反対」が住民参加の抱える普遍的な問題としていつも挙げられる．一般論としては認められることも自分の身の回りの問題となると認めがたいという地域エゴを克服するためには，地域エゴ同士が冷静に正面

3. 都市計画システムの再構築

から向き合う場が必要である．

　従来の仕組みでは，反対の各論は行政に対して向けられるばかりなので，結果的に防御的な行政と攻撃的な住民団体という構図から抜け出すことができなかった．こうした対立も時には必要だろうが，このような場面では，反対派は自らの主張を展開するばかりで，その主張を実現するためにかかる余分なコストを比較考量する姿勢や，その主張が他の立場の住民たちに及ぼすかもしれない好ましくない影響に配慮する心情はあまり持ち合わせていないことが多い．

　そんな余裕はないというのが実状だろう．ただ今，別の立場に立って公共性を考えるという機会が与えられていないことも原因として挙げられる．公共性は自治体が一手に責任を負っており，反対派はそれに自分の立場からコメントを加えるのみだという構図から逃れられないのである．

　こうした事態を克服するためには，行政担当者とは別に地域の他者と同等な立場で議論し合う場が必要である．そうした討議の場を通して，本来の意味での公共性とは何かを問い直すことが求められる．

　それでは，そのような場はどうすれば可能なのか．

　都市計画の現場に即していうと，それは，計画立案過程，計画検証過程などあらゆる場面での議論が公開され，さらには，議論に参加する場が保証されていることがまずは必要である．

　議論の公開とは，たんに議論の場を傍聴者に開いたり，議事録を公表することにとどまらず，議論の中に参加者・傍聴者からの意見発表の場を設けたり，意見照会の機会を設定することが含まれなければならない．都市計画のように地方税をもとに計画が実施される事業に関しては，住民は意見を発表する場を納税者の権利として持っているはずである．

　従来，こうした意見聴取は住民説明会の開催や意見書の受付という行政の手続きの中でおこなわれてきた．たしかに民意を汲み取る仕組みがないわけではない．しかし，現実におこなわれている住民説明会は計画決定の直前の段階で実施されており，説明会で異論があったとしてもそれを計画変更につなげる余地は時間的にも手続き的にもほとんどなかった．住民にも計画原案を明示したというアリバイをつくるために実施されてきたといわれても仕

方がない代物である．

　住民説明会の参加者は，直接利害が及ぶ場合は別であるが，一般的な計画の場合にはごくわずかだというのが通り相場である．これは住民が関心を持っていないからなのではなく，関心を持っていたとしても自分の意見が生かされると感じられないから関心を失っていった結果だとみなすべきだろう．

　意見書にしても，仮に行政組織に受領されたとしても，その意見書がどのように実際の施策に反映されるのか，あるいは反映されないのかについては，じつに不透明だった．これでは意見書を提出する意欲も萎えてしまうというものである．

　計画立案の議論への参加と公開を進めることによって，多様な立場の意見が計画へ反映される契機が生まれるというだけでなく，意見を言う側にも公共性を考えるという指向が生まれることになる．

　地域エゴをそのまま繰り返し主張していてもなかなか聞き届けてもらえるものではない．いかに自分たちの主張が公共性を有していて，中立の立場の人にも重要なのかを示さなければならない．地域エゴの論理を地域の公共性を背景とした論理へと高める努力とそのための組織化がはかられる必要がある．こうした過程を通じて「公共」とは何かという公共哲学の議論が深まり，民間非営利組織が成長していくことになる．

　また，地域エゴと別の地域エゴとの衝突の中で，水掛け論を超えた新しい提案が生まれる可能性がある．全員賛成はほとんど不可能であるとしても，大多数のものが納得せざるを得ない論理というものは生まれてくるかもしれない．これこそ討議デモクラシーではないだろうか．

3.3　参加を支援する仕組みの整備

　以上のようなことが機能するためには，都市計画のすべてのステークホルダーが合理的かつ建設的に諸事項を判断できるようにするための支援の仕組みが整備されなければならない．たとえば，戦略的アセスメントが義務づけられることによって，専門家だけでなく多くのステークホルダーが計画を科学的かつ客観的に評価することが可能となる．また，計画立案の際に義務的考慮要素として環境や景観などが明確に位置づけられることによって，問題

点の所在もおのずから明らかになっていくだろう．

　とりわけ周辺環境に決定的かつ不可逆的な変化をもたらしかねない大規模な土地の現状改変行為はより詳細にチェックされる必要があるだろう．チェックに際しては，土地利用規制の規定値を周辺調和型に変更するといった柔軟な対応も必要になってくる．こうした仕組みはまさしく，その土地に固有のものであり，国家がメニューで提示できるものではない．ボトムアップによる個性的な都市計画規制の積み上げがあるべきだ．

　たとえば，地域によって気候風土が異なるのであるから，建築物の規制の基準も異なっていて良いのではないか．東北の豪雪地帯と亜熱帯の沖縄で同じ建築基準が適用される必要はないのではないだろうか．全国一律の建築基準法がそれでも必要だというならば，それは法律第1条がいうように「建築に関する最低限の基準」に文字通りとどめておいて，それを超えた規制は地方分権の中でつくられる建築条例に任せるべきだろう．

　さらにその上部に，地域に愛されている風景や眺望を守るための規制が上乗せされることになる．それらの規制は，当然のことながら，各地の自治体によって異なる．これこそ2004年に成立した景観法の論理である．すなわち，景観法では地方公共団体が「その区域の自然的社会的諸条件に応じた施策」（第4条）を立案・実施することがうたわれており，地域の固有性を尊重した施策であるべきことが明示されている．そしてそれを推進するのも主体としての景観行政団体なのであり，国が景観上の規範を上から押しつけるものではない．

　こうしたスタンスはまさしく都市計画におけるパラダイムの変革である．

　また，硬直的な都市計画審議会のシステムを変革していく必要がある．あらかじめ結論が用意されているような審議会の運営は変革されなければならない．審議会での討議によって新しい都市計画のルールが生まれてくるような，そうした運営を可能にするための制度改革こそ望まれる．

　そのためには，環境や景観，土地利用のうえでの周辺との調和を専門的に判断する部会が必要だろう．各種の都市計画決定とこれらの部会とを連動させ，さらに，そこでの決定の積み重ねが都市全体の用途地域指定を規定していくような議論の進め方が必要となってくる．

3.4　規制力強化の原則

　決定した計画を遵守させるための規制力の強化が必要である．さもなければこれまでの議論は文字通り絵に描いた餅になってしまう．既得権的な容積率や土地利用に踏み込んで臨機応変に協議を行っていくためにも，強い規制力が背景になければならない．現況の環境資産を保全することを前提とした規制と強い規制力をベースにさまざまな交渉が進められるとすると，より創造的な都市像が描けることにもつながるだろう．

　これまでの都市計画は既得権益に踏み込むのを恐れるあまり，誰も不満を持たないくらいに緩い規制しかかけられないという事態に甘んじてきた．そのかわり，そうした甘い規制であるからその適用に当たっては例外を認めず厳格に運用することでバランスを保とうとしてきた．「緩くて堅い」といわれる都市計画システムを作り上げてきたのである[3]．

　こうした規制のあり方が可能であったのは，ひとつには人口増大型社会があった．つまり，既成市街地内部の詳細な規制に関わり合うことよりも，都市の外延部に広がりつつある問題を抱えた新開発地を一定程度の環境条件の下に押さえ込むことの方が緊急を要する課題であり，そのための最大公約数的な規制を実施することが，とりあえず可能な施策であった．100点満点はとれなくとも，60点から70点の合格点をとろうとしたのが日本の都市計画のこれまでの姿であった．

　しかし，こうした態勢は人口減少化の社会では通用しないことは明らかである．市街地の外延的拡大が見込まれないこれからの時代の都市計画は，既成市街地内部を改善していくことが中心とならざるを得ない．そこではより詳細な都市計画コントロールが実現されなければ意味がないのである．

　もちろん，都市はそれぞれに固有なのだから状況に応じて臨機応変に規制の中身を変えていける柔軟さも同時に要求されることになる．「緩くて堅い」都市計画から「厳しくて柔軟な」都市計画への転換が求められているのだ．

　しかし，「厳しくて柔軟な」都市計画を実現していくためには，地域の実情

---

[3]　福川裕一『ゾーニングとマスタープラン―アメリカの土地利用計画・規制システム』(学芸出版社, 1997年).

に精通し、さらには現状変更の具体的な状況をリアルタイムで把握している必要がある。地域ごとに異なる規制内容を課すといった細かな芸当をやるためにはそれ相応のマンパワーが要請されることになる。小さな政府を目指していかざるを得ないこれからの社会で、このようなことを可能とするには、地域のモニタリングのために、地域自身の協力が不可欠となるだろう。住環境の監視をすべて行政に任せるのではなく、地域社会が自らの手で、地域情報の収集システムを作り上げ、あるいはNPOなどへの委託を通して、実施していく態勢を官民協働のもとに組み立てることが必要となる。

また、チェック機構を有効に働かせるためには、規制内容がわかりやすいものでなければならない。たとえば、建築物の形態規制であれば、容積率や条件付きの道路斜線よりも、絶対高さや壁面の後退距離のほうがわかりやすい。密度規制や斜線制限自体を否定するわけではないが、万人がチェックできる明快でわかりやすい規制がまずは基本にあるべきだろう。そうでなければ一般の地域住民自身による自己申告や相互監視のシステムは機能しない。

誤解しないでいただきたいのは、都市計画が「柔軟」であることは、けっして都市計画規制が「緩い」ことではないということである。ところが今日の都市計画制度の改正の方向を見ていると、都市計画決定及び開発申請手続きの時間短縮や開発事業者を優先した制度への偏向が目立ち、さらには規制の透明性の拡大の名のもとに個別協議のうえに成立してきた総合設計制度の一般ルール化など画一的な規制緩和が進められており、「緩くて柔軟な」都市計画への転向という性格が強いといわざるを得ない。「柔軟な」協議は「厳しい」都市計画規制が前提となって初めて成立するという基本を忘れてはならない。

3.5 ゾーニングの問題点

さらに、既往の密度規制の値を現状にあわせて厳格化していく、いわゆるダウンゾーニングを実施する必要がある。現状を反映した容積率と高さ規制を基礎的な許容値として措定し、やむを得ずこの値を超える必要がある場合には別途、協議の余地を残しておくような、「厳しくて柔軟な」ルールが確立される必要がある。

ただし、ダウンゾーニングは一朝一夕で実行できるわけではないので、いくつかの段階的措置が必要になるだろう。たとえば、高密度の容積が認められている地区においても、200％程度の密度までをいわば生存権的容積として無条件に認めるかわりに、それを超えた許容容積率は、周辺の都市環境の整備状況に合わせて協議のなかで認めていくといった誘導容積制度をとることが考えられる。

また、現行の商業系の用途地域指定は、容積率が400％を中心にかけられており、とりわけ地方都市においては中心部に現実からかけ離れた高密度が割り当てられていることが多い。そのうえ、商業系の土地利用には日影規制が適用されないなど、商業地に居住することはそもそも前提とされていないといえるが、こうした前提は、大都市はともかく、地方中小都市ではまったく当てはまらないのは誰の目にも明らかである。

さらにいうと、現在の日本の都市計画が前提としているゾーニングのシステムは、いわゆるユークリッド・ゾーニングと呼ばれる累積的ゾーニング（cumulative zoning）を採用しているが、この有効性そのものに疑問符が投げかけられている。

累積的ゾーニングとは、ゾーニングの基本に住宅を置き、住宅が建つ場所として望ましくないものを次々に排除していく形のゾーニングのことをいう。住宅という純粋な用途に次々と他の許容できる土地利用を蓄積していく形でゾーニングが組み立てられているところからこう呼ばれるのである。また、排他的ゾーニング（exclusive zoning）とも呼ばれる。

こうした形態は、たしかに人口増大社会で戸建ての住宅地のような環境を守るといった目的にはうまく機能してきたといえるが、逆に高層マンションなどの住宅様式は商業地や工業地に自由に建設できることになってしまう。大都市の都心部や工業跡地で問題となっている工住混合や商住混合を防ぐ、もしくは積極的に一定の用途混合を誘導していくといったことに対しては累積的ゾーニングは不向きなのである。

また、累積的ゾーニングは住居系用途を中心に組み立てられているため、それ以外の工業系や商業系の土地利用を精密にコントロールするのには適していないということが挙げられる。たとえば、商業施設は必ずしも商業系の

用途地域のところでなくとも立地することが可能となっている．

これがかつての工業地帯や郊外に大型商業施設が立地することを可能とし，中心市街地の商業活動の衰退を招いたことは周知の事実となっている．商業やオフィスの立地に焦点を当てたより詳細かつ厳格な土地利用規制が望まれるゆえんである．2006年2月に閣議決定された都市計画法の改正案において，ようやくこうした路線での法改正に手がつけられることになったが，今後，より一層の変革が求められるところである．

3.6 資産評価システムの改善

良好な景観や居住環境，オフィス環境を正当に資産として評価するような資産価値評価システムの改善が望まれる．

たとえば，不動産鑑定の世界には「建付減価」という概念がある．土地が最も有効利用できる状態になく，建物等の除去のためにかかる費用を買い手が負担する場合の減価のことである．これがいきすぎると，えてして土地に建物や樹木が付随していると，土地の資産評価が減ぜられるということになりかねない．こうした更地絶対主義的な傾向を克服しなければならない．

たしかに，更地には付随するものがない分，開発の広い可能性がある．建設方法も制約されることがない．しかし，これも極大の規模の開発が善とされてきた人口増大社会の遺物といえる．人口減少社会では，開発の量よりも質の方が重視されることになる．歴史的な建造物や見事な樹木がその土地に付随しているならば，これを生かす計画を立てることの方が価値が高くなるのは当然である．土地の状況によって「建付増価」とでもいえるようなことが自動的に評価される仕組みを定着させなければならないのではないだろうか．そうした時代へ向けた新しい不動産鑑定の仕組みが必要なのである．

これからの時代の資産評価は周辺環境をより積極的にとりあげるものになっていかなければならない．美しい風景が実現している場所やすばらしい眺望を得ることのできる場所が高い資産的評価を受けることになる．

ただし，だからといって超高層ビルを建てれば良好な眺望景観が得られるからいいという単純なものでもない．超高層ビルはそれ自体が周辺環境に大きな負荷を与えている場合が少なくないのである．自分の土地から得られる

最大限の便益だけでなく，周辺環境との総和としてどのような環境の質を維持することが可能なのかが都市計画によって示されて，そのもとで良好な景観と環境を競うという「質」の面での開発競争が行われなければならない．

こうしたことが実現するためにも，その前提として土地の保有コストを上げ，流通コストを下げるような税制の改革が必要である．将来の値上がり期待で土地が死蔵されていたり，広大な歴史的建造物が無為に空き家のまま放置されているのは，土地の保有コストがあまりにも低いため，有効な活用がなされるというインセンティブが生まれないからである．ただし，こうした土地が有効に生かされるということは，更地になって高層化されるということを意味するわけではないのはいうまでもない．地域になじんだ有効利用という道を探ることも同時になされなければならないのである．

健全な流動性に支えられた不動産市場が形成されなければならない．そして，最終的には，生み出されている風景の美しさや歴史的意味合いの深さが環境の総合指標としてその土地の価値を決めていくような評価システムが確立されなければならない．欧米の事情を見る限り，日本においてもそれほど遠くない将来にこのような社会が到来することは確実である．そのときのインフラとしてこうした資産評価システムが必要である．

4. 中心市街地の再生戦略——市街地再生へ向けたロードマップを

都市環境の再生にとってもっとも重要でかつ緊急の課題は都心の再生であろう．現在，全国各地の中小都市で都心の溶解とでもいえる憂うべき事態が進行中である．かつて繁華を誇った都心のアーケード街は今ではシャッター街と化してしまい，郊外のロードサイドショップやショッピングセンターに圧倒されてしまった．一方でまだ力のある大都市では，地価の下落に伴って都心が高層マンションの適地と化し，都心への人口回帰は進むものの，それがまた新たな景観破壊や住環境の悪化をもたらす原因となっている．

中心市街地再生のロードマップを明らかにしなければ，この国の都市に将来はないことになってしまう．いくつかの大都市と特色のある中小都市を除いて，この国には都市というものがなくなってしまうかもしれないという事

態に我々は直面しているのである．問われているのは，それでも「都市は要る」[4]と断言できる論理と都心地域の再生へ向けた手法とプロセスを具体的に明らかにすることである．

4.1 郊外化の阻止

そのためには第一に，これ以上の郊外化を阻止しなければならない[5]．大きな方向としてコンパクトシティを目指すことを，これからの都市経営の方針とすることを官民で合意しなければならない．とりわけ大規模な商業施設の立地に関しては，まず旧来の都心を優先し，それが不可能な場合には都心近接地，さらにそれが無理な場合には規模を限定して郊外の適地を探すといった補完性の原則を確立する必要がある．

そもそもそれぞれの都市において総量としてどの程度の商業床があることが適正なのかを適切に判断して，商業床の新規開発総量を一定限度に抑え，商業施設の競争を進出床の総量という量の競争から，魅力ある商業施設の開発という質の競争へと移行させる必要がある．市場に任せて，現況と比較してあまりにも過大な商業床の開発を安易に許容すべきではない．こうした開発が規制緩和の名のもとにまかり通るならば，あがりの少ない既存の郊外型商業施設を迅速に撤退させることも市場の正義であるということになってしまう．これで迷惑するのは使い物にならなくなった大規模商業施設跡地の後始末を引き受けなければならない地元だけである．これが規制緩和の正義だというのだろうか．

郊外のバイパス沿いの商業施設に関しても，集積の方法や許容すべき土地利用の範囲をあらかじめ規定するといった計画立案を，道路計画の前提条件にすべきである．そもそも大規模な商業施設が用途地域において商業地域に指定されていないところに立地できるという現状が間違っている．2006年2月に閣議決定された都市計画法の改正案はこうした方向性を盛り込んでおり，

---

4) 蓑原敬・今枝忠彦・河合良樹『街は，要る！——中心市街地活性化とは何か』（学芸出版社，2000年）．
5) 都市郊外部の計画規制の全般的な問題点と施策に関しては，水口俊典『土地利用計画とまちづくり——規制・誘導から計画協議へ』（学芸出版社，1997年）が詳しい．

これを第一歩として規制強化を進め，累積的ゾーニングの欠点を埋めるべきである．

また，バイパスを建設することは通過交通を排除するためであって，沿道土地利用を促進するためではないことをもう一度確認すべきである．すなわち，バイパス沿いの大規模な沿道土地利用を厳格に規制すべきである．

こうした郊外での商業開発は，自治体にとっては雇用の創出や税収の確保にとって好都合なだけでなく，土地所有者も土地の高度利用を望んでいるという三重の抗いがたい魅力を発散させている．カンフル剤的な効果を有するこうした郊外開発に冷静に対処できる為政者は少ないだろう．だからこそ長期的な視野で，将来の地域のあり方を具体的な空間像をもとに描いた都市の計画が必要なのである．貴重な郊外地を近視眼的な欲求で食いつぶしてはならない．

また現状では，冷静に対処したとしても，隣町に開発拠点が移るだけであって，地元の商業環境や開発事情が好転するわけではない．より広域での総合的な土地利用施策が実施されない限り，自治体単独での対処は困難であるというのが実状である．広域的な調整をおこなう実効性のある土地利用計画の確立が急務である．

当面は，都市計画区域外や都市計画区域内の白地地区，市街化調整区域内など，基本的に市街化を前提としていない計画地に関しては，特別な場合をのぞいて市街地の外延化を阻止するような緊急措置が望まれる．現況では特定用途制限地域などの指定が想定できるが，こうした地域指定はむしろ一般的にひろく適用すべきであって，むしろ土地利用の変更を認める場合は例外的に認定などによって扱うべきであろう．

一方で，郊外住宅地の今後を考えることも忘れてはならない．都心の魅力が高まっていくと，相対的に郊外部の住宅地の魅力が低下していくからである．地方都市においてはすでにこうした問題が表面化し始めている．郊外住宅団地の再生や農地と宅地とが混在しているような都市フリンジ部の将来像の再設定が重要な課題として浮上してきている．現在日本には約300万戸の公的賃貸住宅が存在している．その大半は団地型のハウジングであり，今日，更新期を迎えつつある．その望ましい再生のあり方を考えることを始めとし

て，一般的に郊外部における余裕のある住環境水準の再設定とその達成を検討しなければならない．

4.2　都心商業地域の魅力再生

　こうした一層の郊外化の阻止と並んで，第二に，都心の商業地域の魅力を再生させる必要がある．

　もちろん物流や商業慣行が激変し，交通体系や都市の構造が過去とは変わってしまった今日において，昔日と同様な賑わいをかつての目抜き通りに求めるのは不可能だろう．しかし，都心とその周辺には高齢化したとはいえ，人が全く住んでいないわけではないので，こうした居住層にターゲットをあてた商業戦略は可能性がないわけではない．それは，交通弱者に対する福祉的な施策にも通じることになる．歩いて暮らせるまちづくりが重要な施策課題としてクローズアップされてきた今日，都心部の目抜き通りはその最大の舞台となり得る．

　どんなに疲弊した商店街であってもすべての店が経営困難に陥ってしまっているわけではない．なじみの床屋や美容室，いきつけのクリーニング店や居酒屋，ある程度の規模の生鮮食料品店や雑貨店，おいしいパン屋やケーキ工房，たこ焼き屋やお好み焼き屋が身近にないだろうか．きめ細かなサービスで顧客のニーズをつかんでいる店はほかにもあるだろう．経営の規模拡大に執着することなく，細く長く，良いものや良いサービスを提供してきたこうした商店の今でも元気な姿を見てみると，そこから学べることも少なくないはずである．今日の中心商店街の衰勢には旧態依然たる個店の商店主の怠慢も見過ごせないが，自助努力によって業績を伸ばしている商店の知恵と工夫にも学ぶべきである．

　中規模以上の都市や個性のある小都市ならば，近隣の商圏のみに依存した商業戦略以外の活路も見いだせるだろう．そこでしかないものを提供し，より広い顧客層を開拓するような都心商業のあり方である．たとえば，賃料の安い裏通りに目をやると，新しいショップの動きが見られるかもしれない．関心やセンスの同じ仲間がつながっていられるような場を作り出したいという若者たちの素朴なニーズが，外観は質素だけれどユニークな商品をならべ

た，インテリアに気持ちの入ったおもしろい店を作り出していないだろうか．大きな売り上げを目指すよりも，信頼できるネットワークを広げたいという新しいショップの動きは都心の魅力再生にひとつの手がかりを与えてくれる．

これまでに投下されてきた道路網や上下水道などの都心基盤整備のための公共投資をむだにしないためにも，都心部の再生は必要である．逆に言うならば，郊外部に新規に基盤整備のための投資をするという二重投資を避けるためにも都心部の再生が必要なのである．持続可能なコンパクトな都市を目指すという21世紀の課題に対しても，旧来の都心を再生させる視点が有効である．

4.3 公共交通機関の強化

さらなる郊外化を阻止し，都心の魅力アップを目論んだとしても，都心へアプローチすることが困難であるとするならば，すべては元の木阿弥になってしまう．都市内のモビリティをいかにして確保するかが次なる課題である．

問題はただ一点，自動車に頼らない都市を作り上げることができるかにかかっている．自動車を使わなくてもすむような都市構造を実現することができるかという問題と並んで，自動車の代替となり得る公共交通機関を再生することができるかという問題を解かなければならないのである．

そのためには人口減少社会に適合した，交通政策の大転換が必要である．従来のように道路行政と公共交通行政とが分離しているような状況は一刻も早く改善されなければならない．具体的には，国税の揮発油税や自動車重量税，地方税の軽油取引税や自動車取得税などを中心にして年間約6兆円にのぼる道路特定財源の使途を，道路の建設に止まらず，都市交通の一般的な改善に向けて広げる必要がある．

道路整備を進めるために特定の財源を確保するという考え方は1953年にまでさかのぼるが，1958年に制定された道路整備緊急措置法のもとで設置された道路整備特別会計は，まさしく人口増大社会において緊急に整備を要する道路のための「緊急措置」をうたったものであり，都市化社会の申し子であった．同法によって道路建設の財源が国庫の一般会計とは別に作り上げられ，部外者から口を差し挟まれることなく道路建設を自己の論理のみで継続

する仕組みが生まれたのである．人口減少が始まる今の時代に同法の命脈はついえたといえる．都市環境の再生のための総合的な交通管理に関する新たな仕組みが作られる必要がある．

道路特定財源の見直し議論は2005年9月以降，本格的論議が開始されたところであり，今後の情勢は予断を許さないが，少なくとも暫定税率をかけた財源の使途は，都市の公共交通機関を支援することを中心にすべきである．現状のように，一方では道路特定財源によって道路建設を際限なく続け，他方ではバスを中心とした公共交通機関の経営に独立採算を強いるとすると，都市に自動車があふれ，それ以外の交通機関の選択肢がやせ細っていくのは火を見るより明らかである．

現行の道路建設偏重の交通政策は道路建設が五ヵ年計画という自らが定めた行政計画にのっとって，議会によるチェックを受けることもなく進められる仕組みになっている．対照的に公共交通には道路特定財源はわずかな例外を除いて注入されない．このため結果的に自動車を過剰に優遇した偏重施策となっており，公共交通機関は利用者が少なくなるので，赤字になり，赤字なのでサービスが縮小され，それがさらに交通機関の不便さを助長することになって，利用者が減るという悪循環をおこしている．

各地でワンコインバスの実験が進み，それなりの成果を上げている背景には，運賃の面でもルートやその他のサービスの面でも細部に心配りの行き届いたこうした公共交通機関ならば利用したいという根強いニーズがかくれている．現在の制度はこうした可能性の芽をもつみとってしまっているのだ．ゾーン別の一律運賃の適用やバスと地下鉄や鉄道など複数の交通機関の運賃が統合されるならば，乗り継ぎコストが省かれ，より効率的な交通サービスが実現するはずである．

公共交通機関の運賃を政策的に引き下げることは，公共交通機関の利用者を増加させ，その結果，都心部の活性化につながり，めぐりめぐって都市の税収の増大につながることになるだろう．こうした施策は欧米の多くの都市ですでに実施されている．これこそ，目指すべき都市再生のシナリオではないか．道路の混雑が減ることはドライバーにとっても好都合であるはずだ．

こうした事業に道路特定財源を投入することは公共性にかなっている．公

共交通機関が衰退して，すべての生活者が自動車に頼らなければならなくなったとしたら，道路の混雑も緩和されず，道路改良の要求も衰えることなく続くだろう．そのために道路建設を今後も続けなければならないとしたら，不要な出費がよけいにかさむことになる．公共交通機関への投資は有利な都市再生施策なのである．

　もちろん，公共事業に依存しているような地方経済やその基盤のもとにある地方政治が変革されることが前提である．あるいは，こうした土建国家的体制を是正することが都市環境再生の最大のターゲットであるといえるかもしれない．

4.4　都市型住宅のプロトタイプ確立へ

　大都市や地方中核都市の都心地区に進出し始めた高層・超高層マンションについても対処が必要である．首都圏における超高層マンションの建設ラッシュはここのところ，年間30棟を超えるハイピッチを維持している．

　これらのマンションは環境条件や眺望などをすべて周囲に頼ったものであり，周辺環境の維持の面でも将来の持続可能性の面でも問題が多いといえる．

　たとえば，将来起きると見込まれる大地震時に停電が長引いたりすると，いかに非常時の自家発電が可能だとはいえそれも限りがあり，階段の上り下りから，給水，トイレの水の始末まで，超高層マンションは瞬く間に日常生活が不能になってしまう．仮に停電からの復旧は迅速に対応できたとしても，水道やガスの復旧は遅れることが見込まれる．また，余震の恐怖から超高層に速やかに戻ることをためらう人は多いだろう．

　また，超高層マンションの足許周りは，一見心地よいオープンスペースがデザインされているように見えるが，見守っているのは監視カメラだけであり，暖かいコミュニティの眼は期待できない．防犯上も管理上も問題がないとはいえない．

　一方，都心での商業活動の退潮傾向がこうした高層マンションブームを招来する契機となっているという面もある．商業系の用途地域に住宅が建つことを容認している現行のゾーニング制度の問題点については前述したが，問題はゾーニングに限ったものではない．

4. 中心市街地の再生戦略

図 5-2 京都市職住共存地の建築ルール

〈現行規制の場合〉

4階以上を通路から見えにくくする
側壁面も意匠する
1,2階の軒線を意識する
傾斜屋根を設ける
庇の設置をすすめる
セットバック空間を連続させる
1階壁面はセットバックさせるとともに,こまやかな意匠を施す
1階の主壁面を0.9m以上後退させる

(出典) 京都市パンフレット.

連続した商店街にこうした高層マンションが挿入されることによって,物理的に商店街が分断されることになる.マンション建設が避けられない場合でも,少なくとも地上階は商店として,左右の商店街の連続性を遮らないような配慮が必要である.あらかじめ下層部分の土地利用と容積率を上層部分と異なって設定し,周辺環境との調和をはかるような詳細ゾーニングを設定するといった工夫が必要だろう.

現実に京都では,都心部にマンションが進出してくるのに対処するため,職住共存特別用途地区を設定して,立体的な土地利用と形態規制を合成したような規制を実施している (図 5-2).このような詳細規制こそ,先に挙げた望ましい規制強化のよい実例である[6].

高層・超高層マンションを巡る問題が全国各地でおこっているという現実の背景に,日本の用途地域制度が寛大すぎることと並んで,高層マンション以外の都市内での集合住宅のあり方,とりわけ中層高密の住宅群の住み方のプロトタイプを私たち自身が確立しきれていないという問題点をあげることができる.少し前の公団住宅に典型的に見られた無味乾燥な板状住宅の平行配置ではない,都市型住宅のプロトタイプを我々は早急に構築しなければな

---

[6] 京都の職住共存特別用途地区に関しては,青山吉隆編『職住共存の都心再生——創造的規制・誘導を目指す京都の試み』(学芸出版社,2002年) が詳しい.

らないのである．

かつて近世の日本には町家という完成された都市型住宅のプロトタイプが存在した．今日，これに匹敵する中低層の都市型住宅のスタイルを，高層マンションが建つような都市内の比較的規模の大きな土地でこそ，提案していかなければならないのである．

4.5 文化情報の発信基地化

ここまでのいわば受動的・対症療法的な都心防衛策だけでなく，積極的に都心の魅力を再構築する視点も同様に重要である．都心はこれまでの商品の流通・消費の場という役割から，文化の流通・消費の場として，再生させていけるのではないだろうか．

都心をモノの集散地と見なすのではなく，情報の集散地としての価値を見直すのである．考えてみても，よその都市へツーリストとして訪れたとして，誰が郊外を観光したいと思うだろうか．その都市の対外的な観光資産は都心周辺に集中しているものであり，その都市のイメージを決定づける情報を発信しているのは都心以外の何ものでもない．都市のイメージ戦略として都心は決定的に重要な役割を担っている．そしてそこに込められたメッセージの多くは文化的なものである．

いずれの都市においても，都心に立地するデパートや専門店が消費文化の最先端を形成してきた．また，都心に残された重厚な近代洋風建築がいかに都市の歴史と文化の蓄積を体現してきたかは，たとえば東京の銀座や大阪の中之島を考えればよく実感できる．そこに先鋭的な現代建築が加わり，新しい文化の風を感じさせてくれる．

都心に文化の香りをもたらすのはこうした大規模な建築群ばかりではない．洒落た横丁やファッショナブルな大通り，そこに構える小粋なレストラン，おいしい和菓子屋さんやユニークな専門店，一等地のオフィス街とそこで働くエリートたちをターゲットとしたカフェやランチの店，若者たちがたむろするちいさなスペシャリティ・ショップ，おじさんたちも喜ぶ屋台村，昔からの社寺や由緒のある勝地などは都心やその周辺に集まっていることが多いはずだ．

文化は他者のまなざしなしでは育っていきにくい．都心という舞台でこそ，こうした文化は発生し，生きながらえることができるのだ．都心を文化情報の発信基地として再生させることが重要な都市再生戦略となり得るのである．東京の原宿や渋谷に日本のみならずアジアの多くの若者が集まってくるのも，回遊性のある町全体が発散する文化情報を生身で感じたいからなのだ．

4.6 個性を生かした景観整備

都心が文化の流通と消費，さらには文化発信の場となるためには都心を中心に都市全体が外見的にも美しく，魅力を発散させるものでなければならない．都市の景観整備はたんなる都市のお化粧なのではなく，都市の総合的な魅力を端的に表現するためのバロメータの整備なのである．

たとえば，東京丸の内がいかに首都のオフィス街の水準を示しているか，定禅寺通りや青葉通りの見事なケヤキ並木がいかに仙台の杜の都としてのイメージを決定づけているか，信濃川にかかる万代橋とそこからの風景がいかに新潟の景色を決定づけているか考えてみるとわかりやすい．

そうした特別の例ばかりではない．駅前通りを都市の顔としてすっきりと見せるような街路整備，ゆったりとした緑を大切にした無剪定や自然仕立てにすることで並木を軸にした町並みを生み出すことはどこの都市でも多かれ少なかれやられている．

大都市ばかりではない．たとえば，函館の基坂や二十間坂，大三坂，角館の武家屋敷群，佐倉の小野川沿いの町家群，木曾妻籠の宿場町の風景，倉敷の倉敷河畔，川越の時の鐘周辺（写真5-1），沖縄竹富島の漆喰赤瓦の集落風景などの伝統的建造物群保存地区がいかに都市のシンボルとしての役割をうまく果たしているかを考えてみると，中小都市であっても歴史や文化をもとに強力なイメージ発信が可能なことが実感できる．

歴史や文化をキーワードとしなくとも，豊かな自然や眺望をまち自慢にしているところは数多い．日本は四方を海に取り囲まれているので，美しい渚や海岸線を都市の目玉にすることは比較的容易である．さらに日本は山がちな国なので，どこの町からも郷土自慢の山や慣れ親しんだ里山が見える．弘前から望む岩木山や盛岡の背景としての岩手山から，富士山と麓の富士吉田

写真5-1 埼玉県川越市の蔵造りの町並みに建つ時の鐘とその周辺．重要伝統的建造物群保存地区の風景が都市としての川越のイメージを先導している

や富士宮，裾野などの都市群，立山と富山の関係や白山と周辺の諸都市との関係，鹿児島から見る桜島の噴火まで，日本には都市と山とが切っても切れない関係にある例には事欠かない．が，これらの山の眺望を大切にしながら都市づくりをおこなっているかによって対応に差がでてくるだろう．魅力的な風景を大切にしている都市こそ，今後多くの人が住みたくなる都市のはずである．

また，縁辺部では自然環境の再生に向けた新しい形での公共事業の導入も必要になってくる．たとえば，海岸線に醜く積み重ねられた消波ブロックやコンクリートむき出しののり面の仕上げなど，急激な近代化の負の遺産ともいえる土木工事の後を始末していくことも必要である．ただし，これが新たな公共事業依存に陥らないような細心の注意をしなければならない．

4.7 地域コミュニティを重視した再生型のまちづくり

　都心地域の再生とは，たんに商業の活性化やコンパクトシティの実現など物理的経済的な問題に止まらない．すでに述べた通り，計画の立案過程に一般市民や企業市民が参画できる仕組みを組み込み，自分たちの町の将来を自分たちで決めることができるようにする必要がある．清掃や美化，諸施設の維持管理や将来計画の進捗状況をチェックする進行管理制度への参画など地域の管理の問題でも，地域住民や一般市民，さらには企業市民が果たすことのできる役割は少なくない．行政側も地域自治が進むように地域施設の管理の一部を地元組織へ事業委託したり，地方税の一定割合が各地域やそこでの活動に還元されるような仕組みを試行したりすることによって地域コミュニティの強化を図ることも可能となっていくだろう．

　現に千葉県市川市では2005年度に導入した市民が選ぶ市民活動団体支援制度によって，申請した市民の住民税納税額の1％までを公益的事業をおこなう団体に支援金として交付する制度をスタートさせている．2005年度にこの制度の利用を申請した市民は約6,000人で，総額1,300万円が，公益的活動をおこなっている市民団体として認められた81団体に回されることになった．この制度がひろく受け入れられるかどうかはこれからにかかっているが，ごくわずかな額であるとはいえ，自ら関与または応援している活動に自分の家計の市民税の一部を回せるとすると，税金に対する見方が変わってくるのは間違いないだろう．また，活動費の補助を受ける上でメリットがあるため，地域で活動団体を立ち上げることが促進されるという効果も期待できる．このように，地域のお金の循環の中で税の問題を考えることができるようになってきつつあるのだ[7]．

　アメリカで1980年代以降ひろまっているビジネス改善地区 BID のように課税権を有する団体が，都心部を中心とした地区の環境管理の権限を持って，関係企業をまきこんで活動を進めている例など，地域の魅力を保持し，高めるために地域関係者みずからが組織を作って動き出すエリア・マネジメント

---

7) 岡本博美「税を市民活動に配分する——市川市の納税額1％支援制度」『季刊まちづくり』第9巻（学芸出版社，2006年）所収．

と呼ばれる例は世界的にも増えてきている．国内でも東京大手町・丸の内・有楽町地区の NPO 法人大丸有エリアマネジメント協会（2002 年設立）や汐留地区の中間法人汐留シオサイト・タウンマネジメント（2002 年設立）などのほか，各地のまちづくり協議会などによってタウンマネジメントが実質的に担われている例も少なくない[8]．

　こうした動向は，たんに権限を地方自治体から各地元におろして小さな政府を目指しているというだけではなく，地元に地域を担う新たな人材を育て，発掘することにつながる．都心再生はまちづくりによるひとづくりという側面を併せ持つ必要がある．このことを通して旧来型の自治会や町内会とは異なった，事業を担うことができる新しいかたちの地域型組織が生まれてくる．このような新しい地域型組織は高齢化が進む都心地域では日常生活の支援の面でも防災の面でも大きな役割を果たすことが望まれる．都心地域の再生とは地域型組織の再生問題でもある．

5. 欧米の都市再生施策から学ぶ

　都市再生の課題は日本に限った課題ではないことはもちろんである．むしろ欧米における都心部の衰退とその対処策はすでに 30 年を超える歴史を持っている．そうした蓄積の中で現在の日本が参考にすべき視点も少なくない．欧米の都市再生施策に関しては，これまでも多くの事例がすでに紹介されてきた[9]．ここではいくつかの国の事例について，簡単な素描を試みるに止めることとする．

---

8) エリア・マネジメントに関する近年のまとまった著作として，小林重敬編『エリア・マネジメント――地区組織による計画と管理運営』（学芸出版社，2005 年）がある．

9) たとえば，岡部明子『サステイナブルシティ――EU の地域・環境戦略』（学芸出版社，2003 年），福川裕一・岡部明子・矢作弘『持続可能な都市――欧米の試みから何を学ぶか』（岩波書店，2005 年），小泉秀樹・矢作弘編『持続可能性を求めて――海外都市に学ぶ：シリーズ都市再生 2』（日本経済評論社，2005 年），池田祥「地域パートナーシップの確立――イギリスにおける近隣再生プログラム LSP」『季刊まちづくり』第 9 巻（学芸出版社，2006 年）所収，西村幸夫『都市保全計画』（東京大学出版会，2004 年）など．

5. 欧米の都市再生施策から学ぶ

5.1 アメリカのメイン・ストリート・プログラムと歴史地区保全

　アメリカには，主として小都市の都心再生策として 1970 年代後半から実施されているメイン・ストリート・プログラムがある．これは米国ナショナル・トラストが編み出した再生戦略（補助金ではない）で，古い建物のデザインを活かすこと，全ステークホルダーを組織化すること，都心のイメージを刷新するための各種イベント活動，そして都心への投資を可能とする経済分析にもとづく戦略の 4 つの柱から成っている．近年は州や地方政府が補助金を予算化するなど，広がりを見せてきている．

　2002 年までに全米で 1,700 を超える地区で同プログラムが実施され，それらの地区に対する官民による投資総額は 161 億ドルにのぼっている．地区に新たに 56,000 にのぼるビジネスが生まれ，22 万人の雇用が創出されている．

　アメリカの都市の歴史的中心部にはゾーニングで定められた約 1,000 の歴史地区のほか，連邦・州・地方政府が登録した 8,000 を超える歴史地区が存在するといわれている．歴史地区の動態保全が都市の再生に寄与する度合いは大きい．それはまた，それぞれの地区固有の「特別な性格」（スペシャル・キャラクター）とはなにかを突き詰めることでもある．その過程では新規案件の建築計画に対するデザイン審査が果たす役割が大きい．

5.2 フランスの都市連帯・再生法

　フランスでは 2000 年に都市の連帯と再生に関する法律（SRU 法）が制定された．これは，土地利用計画や景観規制に重点をおいた従来型のコントロール的な都市計画システムから脱却して，地域の住宅や交通，あるいは社会福祉政策や産業政策とも連携をとった施策を展開し，プロジェクトとコントロールとを融合した仕組みのなかで都市再生をはかっていこうという法制度である．さらにこの法律によって，基礎自治体間の協力によってより広域の都市計画まで扱えるようになり，基礎自治体の権限が拡大している．計画の連帯が都市の再生を主導するという意味から都市連帯・再生法と略称される．

　とりわけ，都市計画と低所得向けを含む住宅供給，そして交通問題を広く対象として，規制手法と事業手法とを同一平面で融合的に捉える姿勢は，縦

割りを超えた都市政策のひとつの選択肢としてわが国の都市環境再生を考える際にもおおいに参考になるだろう．

5.3 イギリスの都市再生施策の変遷

イギリスでは1980年代サッチャー政権のもとでの民活・経済重視路線から，1990年代には官民パートナーシップによる統合再生補助金SRBが，主として条件不利地域の近隣再生に貢献した．SRBによって1994年から2001年にかけて総額57億ポンドが投入された．その基本は競争原理に基づいたプロジェクトの推進にあった．

1997年に始まるブレア政権は，具体的な指標をもとにして条件不利地域をあぶり出し，より広範なセクターの協働による地域再生の戦略に軸足を移した政策をとっている．1998年に発表された「近隣再生のための全国戦略」のもと，2001年に全国戦略アクションプランが定められている．これは，各種指標から摘出された衰退の著しいイングランドの88地区について，各種の支援プログラムを導入するものである．

そのなかでもっとも重要なものとして地域戦略パートナーシップLSPがある．LSPはローカルレベルで公共セクターの各部門と民間，非営利のセクターを連携させる仕組みで，88地区すべてで設立されている．このLSPを通して近隣再生資金が投入され，近隣再生戦略が生かされることになる．

なお，統合単一補助金SRBは2002年より統合プログラムSPとして，5省庁の補助金を単一化した衣更えをはかっている．

5.4 オランダの多極分散型の都市ネットワーク施策

オランダ西部地方にはアムステルダム，ロッテルダム，ハーグ，ユトレヒトの都市が環状に立地しており，中央部にグリーンハートと呼ばれる農地・自然保護地が広がっている．こうした多極分散型・環状ネットワーク都市のあり方が都市の成長を適正に管理し，持続可能な都市の存在を可能にしている．

こうした施策が可能だった背景には自治体による厳格な土地利用の管理，社会賃貸住宅の充実，そして治水文化を背景とした計画における合理的な合

意形成システムの存在とそれによる計画綱領による明確な目標設定がおこなわれたことが挙げられる．

　以上のように欧米の都市環境再生の施策には，①条件不利地域を中心としたものであり，②規制緩和というよりもむしろ規制の詳細化と規制と事業手法との融合に重きをおき，③都心の文化や歴史を重視し，それらの活用に都心再生の契機を見出そうとしており，④補助金による事業採択の手順に官民パートナーシップを推進することがインセンティブにつながるような仕掛けをこらし，⑤計画案の民主的な討議システムが高い計画レベルの維持を可能にしているといった共通点がある．

　このような都市環境再生のあり方は，わが国の，過度に経済振興施策に傾斜した「都市再生」に対して，警鐘を鳴らしていると読むことができるのである．

都市再生は住宅再生から

塩崎賢明

　真の都市再生にとって，住宅は必須不可欠の要素である．人が集住し，働き，楽しむことができてこそ都市である．快適に住む場が確保されないでは，都市再生はありえない．

　住宅という視点から日本の都市再生の今日的状況を眺めてみると，およそ再生に向かっているとは言いがたい．たしかに，OECDからわが国に向けられた「ウサギ小屋」批判は過去の話となり，住宅の平均床面積は 90 m² を超えている．住宅数は世帯数をはるかに上回り，都心には 100 m を超す新しい超高層マンションが林立している．しかし，他方で低層住宅地にマンションが乱入し多少とも良好であった景観や環境を破壊している．乱杭歯のように建つ高層ビルやマンションは，都市の大景観を大きく改変している．高度成長期に叢生した木造密集市街地も膨大に残されたままである．フィジカルな面だけではなく，ソフトな面から見ても，ホームレスは増大し，高齢者にとって安心できる住まいは少なく，家庭内暴力（DV）被害による母子世帯は住まいと職に困窮している．要約すれば，マクロには住宅は余っているが偏在し，住宅困窮者は大量に存在しており，ストックの質は悪く，新規建設によって形成される都市の環境・景観はかえって悪化しているというのが今日の状況である．その意味で，まさに住宅再生が必要なのである．

　経済大国といわれてから 20 年以上を経過するにもかかわらず，我々の都市＝住宅は何ゆえ今なおこのような状態にあるのだろうか．このような都市＝住宅の現状は決して日本が経済的に貧しいからではなく，膨大な建設活動をしながら質的に貧しい状況から全く抜け出せないという「安物買いの銭

失い」的なスパイラルに嵌まり込んでいるからにほかならない．その根源的理由は，このスパイラルのもとで一部のものが利益を得る仕組みが温存されているからである．

　都市や住宅を良好なものに形づくっていくには，長期にわたる計画的な取り組みが必要なことは，欧米諸国の歴史が教えるところである．すなわち，都市計画，建築コントロール，住宅政策が着実に実施されずには，都市＝住宅の良好なストックは築けない．ひるがえってわが国の都市計画・建築規制の歴史を見れば，出発そのものが遅れたうえに，その内容は現状追認的なものであった．それでも1980年代初頭までは制度の改善・補強の努力が行われてきたが，その後四半世紀にわたって，これらの分野で展開してきた施策は規制緩和の一語に尽きる．長期の計画を持って着実にストックを築くのでなく，開発・建築の自由度を極大化させ，短期的にフローが回転することを企図してきたのである．先進国のなかでも最大規模の住宅投資をしながら，住宅の平均寿命が極端に短いという指標はそのことを端的に表現している．

　2005年末に発覚したいわゆる「耐震偽装」は，そうした規制緩和路線のうえに展開された未曾有の事件である．建築基準法に定められた耐震基準を設計の段階から偽って計画し，そうして建設されたマンションやホテルを施主や市民に売りつけるという前代未聞の行為は，建築確認という公的事務を民間機関に開放した時点であり得べきことと予想されたものである．規制緩和によって可能になった新規の建築物は，従前より容積を上乗せしたり，斜線制限を緩和したり，さまざまに周辺環境を食いつぶすことによって，開発者は短期的な超過利潤を獲得し，購入者・入居者はいわば環境の価値を廉価で入手した．例えば低層住宅地に建つ高層マンションの購入者は，贅沢な眺望を楽しむことができるかもしれないが，長期的にはその地域の環境的・景観的価値は失われていく．かくして新規建設が行なわれるたびに，地域の環境が悪化していった．ところが，耐震偽装では，購入者・入居者の安全性さえも収奪し，利益獲得の対象としたのである．建築規制の緩和施策はその行為を誘発し，容易にしたといってよい．

　耐震偽装問題の全貌はいまだ明らかとなっていないが，再発防止が叫ばれており，実際それは緊要な課題である．その際，建築基準法や都市計画法の

遵守は当然であるが，そのための厳格なシステムだけを構築すればよいかというと，そうではない．なぜなら，耐震偽装が行なわれないとしても，日本の都市環境は合法裡に悪化し，良好な住宅ストックは形成できていないのである．つまり，耐震偽装のような犯罪を取り締まったとしても，我々の都市や住宅がよくなる保障は全くないのであり，問題をそこに矮小化して済ませるべきではない．耐震偽装という事件をきっかけに，多くの国民・市民が安全で良質な住宅，良好な環境，景観とその実現方策に対する関心を高め，真の都市＝住宅再生に向けて着実な取組みに踏み出す転機とすべきであろう．

6章 環境再生と地域経済の再生

ポスト工業化時代の大都市圏臨海部再生

中村剛治郎・佐無田光

1. 大都市圏臨海工業地帯の形成・発展・衰退と再生のあり方

　日本は海洋国家であり，臨海部に大都市が発達した．日本の大都市圏臨海部は，大正期以降，とりわけ第二次世界大戦後，埋立て事業を繰り返し，製鉄所，石油精製，石油化学，火力発電所など素材型重化学工業が集積する大都市圏臨海工業地帯を発展させてきた．公共・民間の建設用途，造船・自動車・電機など加工組立型工業，あるいは，国民の消費生活に素材・エネルギーを供給することにより，戦後日本経済の高度成長を支えてきた．

　いまや，日本経済がポスト工業化という質的に新しい発展段階への移行を求められる時代のもとで，大都市圏臨海工業地帯は，工業化の拠点としての役割を終え，改めて，臨海部の再生という課題に直面している．はたして，臨海部の再生とは何か．それは，従来の臨海工業地帯の延長上に，産業再生を基調とし，そのなかに一部で環境再生を取り込むようなものとして構想すべきであろうか．それとも，いったん臨海部という原風景に立ち戻る視点に立って，臨海工業地帯をできるだけ海辺という本来の臨海部として再生する環境再生計画を基調とし，そのなかに，都市再生や産業再生を取り込んでいくような，より根底的なものとして構想すべきであろうか．

　本節では，主として，臨海工業地帯の代表的産業である鉄鋼業（高炉製鉄所）の発展と課題に焦点を合わせた分析を通して，戦後，日本における大都市圏臨海工業地帯の発展の意義と臨海部の変容について検証し，ポスト工業

化への大都市圏臨海部の再生を考えるための準備作業を行おう．

1.1 日本の大都市圏臨海工業地帯の形成と特異性

　戦後日本の高炉製鉄業や石油精製・石油化学工業は，海外原料と海外市場に依存することから原料輸入や製品輸出に便利な場所として臨海部立地を求めただけでなく，国内需要向けの重量輸送に便利な場所として産業・人口の集中する3大都市圏臨海部，あるいは，その延長上の太平洋沿岸ベルト地帯に集中立地した．その結果が，茨城県鹿島臨海部から，東京湾岸，名古屋湾岸，大阪湾岸，瀬戸内沿岸を経て，大分，北九州の臨海部へ至る太平洋沿岸ベルト地帯へのコンビナートの立地集中であった．石油精製・石油化学のコンビナートもほぼ同様の立地である．

　3大都市圏臨海部への素材型重化学工業の立地集積は，欧米先進工業国の大都市圏臨海部と比較して，際立つ特異性といってよいであろう．大都市地域とは，政治・経済・文化の中枢機能の集積する知識・情報センターであり，一般的には，環境の質・生活の質への関心の高い知識労働の担い手が集住するので，希少な土地や水を非効率に大量使用し，公害発生源となる素材型産業の立地は敬遠される傾向がある．素材型産業は，土地あたり付加価値生産性が低いために地価負担力が弱く，他方では，単独立地が可能なので，低廉で広大な土地がある地方圏に立地するのが普通である．

　大都市圏立地の素材型重化学工業が，加工組立工業など他の製造業との比較において，いかに，資源・環境面から非効率的であるかについては，筆者（中村）は，かつて，鉄鋼業の従来の生産ピークである1973年頃の段階における堺泉北臨海工業地帯（大阪湾）の統計データにより実証的に明らかにしている．たとえば，堺泉北臨海工業地帯の製鉄所・石油精製・石油化学のコンビナート7事業所は，大阪府下従業者30人以上事業所総計に対し，工業用地では11.7％，工業用水では17.6％を大量使用しながら，付加価値生産額では3.9％にとどまっていた．コンビナート7事業所を中心とする堺泉北臨海工業地帯全体のデータでは，付加価値額で7.8％を占めるが，工業用地で17.4％，工業用水で22.3％，電力使用量で41.4％，窒素酸化物など大気汚染物質の排出で40％を占めていた[1]．素材型重化学工業は，大都市圏立地より

も，産業・人口集積の少ない地方圏立地に向いているのである．

いま，改めて，こうした立地特性の問題を京浜臨海部の製鉄所（川崎地区）を事例に雇用効果の面から見てみると，JFE スチール（以下，JFE）の有価証券報告書によれば，2005 年 3 月 31 日現在，JFE 東日本製鉄所京浜地区の敷地面積は 665.7 ha であるが，従業者数は 1,794 人にすぎない．同千葉地区も，831.2 ha で 2,647 人にとどまる．研究開発機能の場合，川崎臨海部のエレクトロニクスメーカー・東芝のマイクロエレクトロニクスセンターは，敷地 3.6 ha で，従業員数は 2,949 人にのぼる．東芝の拠点工場である大分工場は，地価の安い地方圏に立地しているが，従業員数は同規模の 2,624 人でありながら，工場敷地は 38.9 ha にとどまる．JFE の本社（東京）・支店ほかの事務所機能では，敷地合計 52.7 ha で 2,115 人である．大都市圏の希少な土地の効率的利用を雇用効果で見ると，京浜の JFE 製鉄所は，同じ京浜臨海部の東芝の研究開発機能の 303 分の 1，地方圏の大分の組立型工場の 25 分の 1，JFE の本社・支店機能の場合の 15 分の 1 でしかない[2]．

なぜ，こうした非効率な土地利用が大都市圏で可能なのか．大都市圏の公共水面たる臨海部を埋立てて工場用地を造成し，低廉な造成原価で土地を入手しているためである．JFE 製鉄所敷地の帳簿価格は，京浜地区で 11,020 円/㎡，千葉地区 6,568 円/㎡ にすぎず，京浜臨海部工場用地の公示価格（1997 年度地価公示）の 10 分の 1 から 20 分の 1 という低いレベルである．

日本における素材型重化学工業の産業立地と展開の裏面は，大都市圏表玄関一等地の海辺の営利空間への変容と私企業による占有であり，臨海部の市民の共同空間としての自然海岸の消失であった．臨海工業地帯は，その幅がもとの海辺から数 km にも及び，しかも，工業専用地域や臨港地区に指定された私的空間になっているので，市民は容易に海辺に近寄れず，海辺の都市にもかかわらず，市民から海辺へのアクセス権を奪ってきた．市民が海辺のまちに育った人間としてアイデンティティを感じ，共同して，海辺のまちの

---

1) 中村剛治郎「コンビナートと地域開発」宮本憲一編『講座地域開発と自治体Ⅰ 大都市とコンビナート・大阪』筑摩書房，1977 年，第 1 章．
2) JFE ホールディングスおよび東芝の有価証券報告書データ（2005 年 3 月 31 日現在）による．

文化を継承し創造するという，海辺の都市としての地域社会と地域文化の発展を妨げてきた．

臨海部の重化学工業の工場群から出る排煙や排水は，大気汚染や海水汚染を深刻化させ，日本の公害問題の元凶となった．埋立て工事，コンクリート岸壁，そして，工場群の立地は，湾奥部の生態系や海流，風の流れに影響を与えるとともに，背後の大都市地域にヒートアイランド現象を生み出す一因となった．後者に係わる平均気温の上昇について見ると，過去100年の間に，地球全体では約0.6℃，日本の中小都市では1.0℃の上昇とされているが，日本の臨海部の大都市の平均気温は，東京で約3.0℃，大阪や名古屋といった他の大都市で約2.5℃の上昇が観測されている．ヒートアイランド現象は，毎年夏に熱中症を増加させ，人々の健康への影響が懸念されているだけでなく，ビルや家庭での冷房エネルギー消費を増大させ，地球温暖化の原因につながっている．日本における工業化による経済成長は，環境や地域社会，地域文化など，市場価値に現れにくい地域固有価値の犠牲の上に実現したのであった．

1.2　歴史的転機に立つ大都市圏臨海工業地帯

1980年代後半以降，大都市圏臨海部で工場跡地などの遊休地や資材置き場程度にしか利用されていない低利用地，あるいは造成されたままの未利用地の増加が目立ち始めた．それは1970年代半ば以降の世界経済の構造変化のもとで素材型重化学工業の成熟産業化が進み，需要増が見込めない中で設備稼働率の低下に直面し，1980年代終わり頃より，旧設備を廃棄し，新設備に生産を集約する，スクラップ・アンド・ビルドの設備合理化が行われるようになったからである．

たとえば，新日本製鐵は，西日本では大分製鉄所，東日本では君津製鉄所を主力製鉄所と位置づけ，大阪湾岸の堺製鉄所については，1990年に高炉・焼結・製鋼・連続鋳造・分塊ミルの設備を休止，大型形鋼工場を残すだけというスクラップ化計画を実施した．結果として，堺製鉄所（2001年3月末現在414 ha）の敷地の半分以上（240 ha，甲子園球場なら60個分）が遊休地となった（遊休地の一部売却などにより2005年7月現在の敷地面積は370

ha)．堺製鉄所の従業員数は，1973年の最盛期に3,509人であったが，2005年7月現在では186人に激減している．JFEに経営統合される前，NKKは瀬戸内の福山製鉄所を高炉製鉄部門の主軸に位置づけ，1990年に京浜製鉄所の高炉を1基に削減，その後の合理化も含めて，京浜製鉄所の敷地780 haのうち，170 ha（甲子園球場42個分）が遊休地となった．千葉市臨海部では，旧川崎製鉄千葉製鉄所が，1995年に本工場の沖合いの追加埋立地に製鉄所を移転，本工場敷地（312 ha）が遊休地となった．石油化学工業でも，同様のスクラップアンドビルドが行われ，1992年に三井化学が岩国・大竹コンビナートのエチレン生産を停止した（堺・泉北コンビナートの大阪石油化学に生産集約）．2001年には，三菱化学が四日市コンビナートのエチレン生産を停止した（水島コンビナートに生産集約）．

他方で，近年注目すべきは，2つの方向からの素材産業の復活である．

第一に，21世紀に入って，中国経済や東南アジア経済の成長持続と開発ブーム，日本の自動車産業や電気機械産業の中国・東南アジア進出工場における生産増強は，鉄鋼製品需要の急拡大を生んでいる．とりわけ自動車や電器製品向けの高級鋼材への需要が高まっているが，近接するアジアで確かな供給力を持っているのは，日本の鉄鋼業である．ポスコ（Posco，浦項総合製鉄）をはじめ韓国・台湾の鉄鋼業によるキャッチアップへの動向に留意する必要があるとはいえ，現状では，依然として日本企業との品質の差は大きい．中国では，鉄鋼需要の高まりから鉄鋼業の設備投資ブームが生じたが，建設用途向けなど汎用品の生産設備が中心である．中国鉄鋼市場では，最近，汎用品市場で値崩れが起こっているが，薄くても強度が高く，塗装や溶接，プレスなどの加工性に優れた自動車や家電ほか向けの高級鋼材を供給する日本の鉄鋼業に対しては，当面は影響を与えないように見える．

BRICs（ブラジル・ロシア・インド・中国）の台頭が世界の資源需要・素材需要を高め，自動車市場や家電市場が急拡大していることもあって，世界全体の鉄鋼需要も拡大している（1985年7.15億トン，2000年8.3億トン）．アジアで生産増加が著しい自動車産業や電気機械工業がいよいよ高品質素材を求めている市場環境のもとでは，日本の鉄鋼業のリストラを基礎にした復活，再度の隆盛は，いましばらくは続きそうな勢いである．世界的な素材需

要ブームは，鉄鋼業とともに日本の臨海工業地帯を構成する石油精製業や石油化学工業にとっても，再度のビジネスチャンスの到来となっている．石油化学では，汎用品の生産設備を維持しつつ，自動車工業や電気機械工業が求める機能性化学製品の生産設備の増強を進めている．

第二に，「循環型社会形成推進基本法」(2000年)や容器包装，家電，自動車のリサイクル法がそれぞれ制定され，廃棄物を資源化するリサイクルが経済社会の仕組みとして本格的に導入されるようになって以来，鉄鋼業や石油化学工業は，鉱山業や製紙業などとともに，リサイクル技術産業あるいは「環境産業」として注目されるようになった．かつての公害型産業，その後の構造不況産業が，いまや，「環境産業」へとイメージチェンジをし，素材産業復活の時代を謳歌しつつある．第3節および第4節で検討するように，臨海工業地帯の再生を課題とする各地の計画において，素材産業は「環境産業」と位置づけられ，循環型社会のリーディング産業，臨海部再生の切り札として大きな役割を期待されている．

はたして，鉄鋼業や石油化学工業は，今後も活況を続けることができるであろうか．その他の製造業を含め，工業的土地利用が遊休地を埋め，大都市圏臨海部を占拠し続けていくであろうか．そうした方向を前提した産業再生を軸とする臨海部の再生計画は，サステイナビリティとポスト工業化・知識経済の時代の日本にとって，望ましい道であろうか．

日本の臨海工業地帯に広大な遊休地や低・未利用地が生まれたことの歴史的段階的意味を考えることが重要である．日本の大都市圏臨海部は，素材型重化学工業の生産拠点という工業空間としての役割を，すべてではないにしても，終えつつある．自然の海辺を工業用地という不動産に変えて，自然環境や生活の質を犠牲にしてでも，ひたすら経済成長と物質的な豊かさを追求するための手段としてきた日本の工業化の時代が終わり，日本経済はポスト工業化の新しい段階を迎えつつある．

時あたかも，地球環境問題を契機に，自然と人間の関係のあり方を問い直し，サステイナビリティをキーワードにした新しい経済社会の理念を構想し実現すべき時代が始まっている．市民の海辺を私的な営利空間に変えてきた工業化100年の時代とは逆に，市民と地域社会，NPO，企業，政治・行政，

研究者,専門家団体などの地域的協力のもとに,100年かけて臨海部に自然の海辺を再生し,海辺の都市にふさわしい市民の生活の場を創り出し,ポスト工業化の知識経済の時代をリードする新しい経済拠点を形成するという,サステイナブルな知識社会,環境と文化の時代に向けた先導的な社会的実験の取り組みを実行するための歴史的チャンスが到来したのである.

はたして,日本の都市再生や臨海部の再生への取り組みは,ポスト工業化の歴史的課題を認識した環境再生の思想や都市の哲学をもちえているであろうか.以下,第2節では,欧米都市におけるポスト工業化の都市再生の動向を概観することによって,環境再生を軸とする都市再生の課題の世界史的意義を確認しながら国際比較の視点を手に入れる.第3節では,日本の大都市圏臨海工業地帯における再生計画の実際を,千葉,京浜,四日市,堺,北九州の順で概括的に紹介する.第4節では,それらの総括的評価の上に立って,アジアの工業化の時代のもとでの日本の素材型重化学工業の今後の位置づけを検討しつつ,ポスト工業化の地域経済の再生を求めて,市民の立場からの環境再生を軸とする臨海部の再生プランを展望する.

2. 欧米諸国におけるポスト工業化時代の都市再生

2.1 ポスト工業化とは何か——工業都市の衰退と再生

工業化が発展すると,先進工業国における経済活動の中心は,製造業からサービス・知識・文化産業へと比重を移していく.ダニエル・ベルらは,この変化をポスト工業社会への移行として捉えた.しかし,『脱工業社会の到来』というベル著の翻訳書タイトルのように,工業が重要でなくなった社会が生まれたわけではない.先進工業国のポスト工業化は,これまでのところ,工業化の発展をその基盤とするもので,世界的に見れば,後発国の工業化と先進工業国製造業へのキャッチアップなど,明らかに工業化の発展の上に成り立っている.ポスト工業化は,経済の発展という内部要因から生じる自然的結果であるだけでなく,世界における技術革新や国際競争の激化といった外部要因からも,より正確にいえば,外部要因への製造業の対応如何という

ポスト工業化の多様なプロセスによっても規定されている．工業化は，安価な労働力や豊富な資源の投入を基礎に始まるが，やがて，労働賃金の上昇や資源の枯渇，品位低下に直面する後発工業国の製造業が，より安価な労働力や高品位の資源を豊富に投入したり，規模経済を発揮しうる設備投資を行ってキャッチアップを図る結果として，先進工業国の製造業は厳しい競争にさらされ，以下のような対応を迫られることになる．

第一に，先進工業国の製造業は，顧客重視で生産プロセスや製品のイノベーションあるいは改良に努めたり，アウトソーシングによる供給構造の改革を行ったり，多国籍企業化により海外に低付加価値生産工程を移転して，国内の高付加価値型生産工程との企業内世界分業を図ったりして，生産性の上昇を実現し，先進工業国型の製造業として高度化あるいは知識集約産業化しつつ，活力を取り戻し，生き残りに成功する道を辿るかもしれない．第二に，先進工業国は，工業衰退に直面したとき，短期的な視点から互いに賃金切下げ競争をして，長期的な競争力の強化を怠ったり，蓄積してきた富を，より安易に利益の見込める第3次産業に投資してサービス経済化を加速したり，外国への証券投資を優先して「金利生活者国家」になったりして，ついには，製造業の活力を失い，工業の衰退，経済空洞化への道を辿るかもしれない．

後者は，かつてのパックスブリタニカ時代のイギリス製造業のポスト工業化の道であり，前者は，1980年代の米国製造業のポスト工業化の道である．日本で，いま取り組まれている「ものづくり」の知識集約化，知識や文化の固まりとしての製品づくり（モノを製造してサービスを売る）というコンセプトも，第一の道をめざすものといえよう．もっとも，ポスト工業化にこのような2つの道があるとはいえ，第一の道においてさえ，国民経済全体における，とりわけ雇用構造における製造業と工業都市の地位低下，つまりは，ポスト工業化という厳然たる事実，大きな流れに変わりはない．人件費の割高な先進工業国では，製造業はIT投資で省力化を図る必要があるので，第一の道で製造業の製品出荷額が回復し増大しても，就業構成における製造業の比率は低下の一途をたどることになる．第一の製造業の活性化という道を進むかに見える国においても，地域経済の空洞化という第二の道を歩む工業都市は多数生まれうるし，第一の道に成功した工業都市においても工業雇用

は増えず，縮小するケースは多い．とりわけ，単純労働の投入に依存する労働集約型産業や規模経済の投資に依存する素材型重化学工業の生産工程は，知識投入度の高いイノベーション指向型産業の知識集約的生産工程と比較して，発展途上国や新興工業国にシフトしていく傾向があり，旧来の工業都市の衰退が生じる．ゆえにポスト工業化の都市再生という戦略的な取り組みが求められるのである．

　ポスト工業化は，工業化の発展を基盤とするサービス経済化・成熟社会化という未来社会論にとどまることなく，国際競争やグローバリゼーションのもとで先進工業国が直面する工業化の限界，工業生産機能・雇用の空洞化，過剰資本化，工業都市の衰退と再生，知識・文化経済への移行の促迫という現実の困難に向き合いながら捉えるべきであるが，さらに，地球温暖化をはじめとする地球環境の危機を想起するとき，より根底的に，工業化の限界を自覚し，工業化にともなう負の遺産を修復しながら，自然と人間，人間と人間の関係の再構築を通じて，「サステイナブル・ソサエティ」（維持可能な社会）や「定常型社会」（ダイナミックではあるがゼロ成長の社会）を理念とする新しい経済社会への転換を展望するものとして理解すべきであろう．工業都市や大都市圏臨海部における産業の空洞化や工場用地の遊休地化の問題，あるいは，その解決をめざす都市再生や臨海部の再生という政策課題は，人類社会が直面する歴史的な転機を意味するポスト工業化の視点から分析し，構想されるべきであろう．安易な再工業化や高度工業化の発想だけで都市再生や臨海部の再生を捉えては，その歴史的意義を見失うことになろう．

　早くからポスト工業化の課題に直面し，都市再生に取り組んできた欧米における代表的な事例を見てみよう．

2.2　イギリスの都市再生──資本中心から人間中心へ

　1960年代後半以降のイギリスの工業衰退は，古い鉱工業の低熟練肉体労働に従事してきたマイノリティの低所得層が集住するインナーシティ（都市の中心部と郊外に挟まれた内環部）で失業と貧困の集中をもたらした（インナーシティ問題）．サービス経済化という産業構造の変化は，中心部で新中間層に新しい知的熟練を必要とする仕事を生み出しても，インナーシティ問題

の解決には作用しなかった．1970年代後半の労働党政権の下で，貧困住民の雇用機会の拡大をめざして都市の経済再生を課題とするインナーシティ政策が登場した．1979年に誕生したサッチャー保守党政権も都市の経済再生が重要と考えたが，その内容は，公共投資によるハードなインフラ整備で民間投資を誘発する，中央政府と民間企業とのパートナーシップによる大規模都市再開発事業であった．しかし，その波及効果は弱く，マイノリティを中心とする貧困住民の就業機会の拡大にはつながらなかった．サッチャー政権による「働かざるもの食うべからず」式の労働者に厳しい，福祉切り下げで就業を促進する新自由主義的政策のもとでは，長期の失業や福祉受給に甘んじてきた貧困住民は，社会的排除（social exclusion）ともいうべき，新しい差別的な貧困に陥った．情報技術や知識労働の重要性が高まるポスト工業化段階では，市民社会の一員として，体系的な教育や職業訓練を受け，スキルを身につけ，人的資源としての価値を向上させることなしには，就業機会を得ることはできないからである．1997年に誕生したブレア労働党政権は，サッチャー主義の福祉国家縮小を引き継ぎつつも，社会的包含（social inclusion）を政策目標に掲げ，サッチャー政権が重視した民間活力の主体を，営利企業から非営利市民組織に転換し，地域の非営利組織を軸とする地域的パートナーシップで，貧困住民の職業能力を高め，就業を促進する地域に根ざしたソフトな都市再生政策に取り組んだ[3]．

たとえば，1999年に発足した，工業都市バーミンガムを中心とするウェストミッドランズの広域開発庁はAdvantage West Midlands（AWM）と称し，地域の諸団体の協力を得ながらウェストミッドランズの経済戦略を策定している[4]．その内容は，ブレア政権の「英国のサステイナブルな発展のための戦略」に即して，「サステイナブルな未来」をスローガンに掲げ，第一に，既存産業に注目する多様な関連業種にまたがるクラスター的発展と大学

---

3) 中村剛治郎「都市再生」仲村政文ほか編『地域ルネッサンスとネットワーク』ミネルヴァ書房，2005年，第13章．
4) バーミンガムの都市再生やウェストミッドランズの経済戦略については，三井逸友「地域イノベーションシステムと地域経済復活の道」『信金中金月報』2004年12月号，三井逸友編著『地域インキュベーションと産業集積・企業間連携』お茶の水書房，2005年所収の三井論文，参照．

などを核とするハイテクコリドー構想，第二に，これらの産業に従事しうる高熟練労働力の育成，第三に，交通手段・住宅・土地利用計画，第四に，社会的排除に直面する貧困地域を再生ゾーンと位置づけ，住民参加と社会的企業（協同組合やNPOによるコミュニティビジネスなど）の奨励ほかによるコミュニティ再生計画，の4つの柱から成る．第一のクラスター的発展は，日本のように，企業誘致を梃子とする新産業のクラスター的発展を夢想するものでなく，既存の産業集積に注目しながら，業種分類を越えた，製造業からサービス産業まで多様な関連産業のクラスター的発展を構想している点が注目される．ハイテクコリドー計画は，自動車会社Roverの工場跡地にNHS（英国の医療制度を支える国民医療サービスの略）の医療センターを建設し，バーミンガム大学医学部病院との連携などにより，M5道路沿いに医療機器産業を集積しようとしている．第二の柱についていえば，日本では産業政策が中心であるが，ヨーロッパでは，熟練形成など就業能力形成や雇用政策を中心においている点に注目すべきである．第三，第四の柱については，第二の柱とともに，人的資源の向上や都市政策，社会的統合計画を都市再生の基本としているところに，英国ブレア政権の下での都市再生の特徴があるといえよう．いいかえれば，ポスト工業化の都市再生は，地域経済の再生を課題とするのであるが，日本の都市再生のように，産業再生が都市再生だという狭い取り組みに還元することなく，教育と訓練による熟練形成・人的資源の向上，地域社会の再生，文化や環境，経済を総合的にとりあげる政策統合の考え方に立っているということである．いわば，産業ではなく，人間を中心におく都市再生といってよい．そこに，都市再生がアーバン・ルネッサンス（urban renaissance）と呼ばれる所以がある．

2.3 ドイツ・ルール工業地帯の都市再生——環境再生を通じて地域経済の再生へ

かつて，工業国ドイツを代表する工業地帯といえばルール地方を指した．1974年の粗鋼生産量は4,000万トン，当時の西ドイツ総計の63%に達した．しかし，この年が粗鋼生産のピークであり，石炭・鉄鋼地域であるルールは，素材型重化学工業の時代の終わりとともに，衰退の坂を転げ落ちるように，荒廃地域化した．ところが，近年，ルール工業地帯は，環境再生を軸に，迂

回的に地域経済の再生に成功しつつある地域として、再び、脚光を浴びている。ドルトムント市からエッセン市を経てデュイスブルク市まで、ルール工業地帯 17 市町村に及ぶエムシャー川流域（面積 800 k m²）の地域再生計画は、地域全体を国際建築展（1989 年から 10 年間）の会場と見立てて、長年の工場廃水で汚染されたエムシャー川の浄化など、10 年間で 120 の事業を実施する、エムシャー・パーク国際建築展（IBA）というプロジェクト方式を採用した。パークという言葉には、全地域を公園化すること、先端産業団地を育てること、という二重の意味が込められており、「公園の中で生活し働く」をコンセプトとしている。プロジェクトの目標は、自然環境の回復と維持、文化的魅力の創出の 2 つである。旧来の産業の衰退と高い失業率に直面して、地域の住民が経済の活性化を強く求めているにもかかわらず、あえて経済の再生を直接の目標とせず、環境と文化の再生を目標に掲げた。サステイナビリティが、都市再生の理念に掲げられただけでなく、都市再生の方法に位置づけられたのである。汚染され荒廃した土地を浄化し緑地帯として再生したり、排水システムを改善しエムシャー川の水質を改善することだけではない。住宅開発やインフラ改善、新しい産業構想まで、すべてのプロジェクトにエコロジーの視点を貫いている。緑の公園のなかに高付加価値型の仕事場を創出するというガイドラインは、地域の既存産業を基礎に産業クラスター方式で新しい環境技術産業を育てることであり、既存のガラス産業の周辺にソーラー技術産業を集積する構想として具体化され、シェル・ソーラー・ドイツ社の誘致に成功した。ヨーロッパ最大の太陽電池製造工場が立地し、その製品を活用して太陽エネルギーを利用したエコ住宅団地を建設、地域の産業振興と居住地環境の再生の統合と評価されている。ポスト工業化・知識労働の時代における経済の再生には、環境汚染地域から、エコロジーの計画原理で貫かれたサステイナブルな地域へのイメージチェンジが不可欠であり、環境と文化の再生がポスト工業都市としての経済再生を導くという迂回戦略の成立が立証されたといえよう[5]。

いったい、なぜ、環境再生とか地域全体の公園化という、収益事業になり

---

5) 中村, 前掲論文.

にくい，すぐには経済価値を生み出しにくい都市再生方式を採用することができたのであろう．ヨーロッパでは一般に，日本のように地価は高くなく，土地所有の問題が市民的な計画的土地利用に対する障害になることは少ないという制度的背景がある．むしろ直接的には，工業地帯の衰退による長期にわたる荒廃こそが，つまり，工業地帯の機能を果たさなくなるほどの工業衰退が生じ，広大な土地が放棄され荒廃地域となって大規模な土地が無価値化したことによって，それらがタダ同然に公共部門に譲渡される道を拓いた．市場経済が本来前提とする民間企業の自主自責の原則の貫徹こそが，ポスト工業化という構造転換の時代に，環境再生や文化的魅力の創出という必ずしも収益性の高くない市民型事業を軸とする都市再生プランを実現する土地利用転換を容易にしたのである．この点は，スペインのビルバオにおける貧困層向けの社会住宅を組み込んだ都市再生においても同様である[6]．

2.4　米国・サンフランシスコ湾計画――不動産ではなく，自然資源として

沿岸地帯の環境再生に取り組んでいるのは，米国サンフランシスコ湾岸地域である．サンフランシスコ湾の埋立ては19世紀に遡るが，湾の3分の1，湿地帯の90％以上が埋め立てられた．1960年に産業界から相次いで新規の埋立て申請が出され，行政がこれを支援しようとしたとき，まるで拮抗力が作用するに至ったかのように，埋立てに反対する市民の環境運動が燃え広がった．海辺好きのカリフォルニア人たる市民は，埋立開発を都市の魅力の根本を破壊するものと見なして，環境保全運動に起ち上がり，議会を味方に付け，行政の協力をも取り付けて，1965年にサンフランシスコ湾を保全するための州法（McAteer-Petris Act）を成立させた．同法に基づき「サンフランシスコ湾の保全と開発の委員会」が設立され，1969年に埋立開発への環境規制を主内容とする「サンフランシスコ湾計画」が策定された．

同計画は，サンフランシスコ湾を，開発対象たる不動産としてではなく，現在および将来世代のために保護すべき自然資源として扱うべしという，今日の言葉で言えば，サステイナビリティの視点を計画の理念とした．1960年

---

[6]　中村剛治郎「環境再生を軸とする都市再生」『地域政治経済学』2刷補訂版，有斐閣，2005年，第7章．

代までの工業化は物質的な豊かさを実現したが,結果として,都市の個性を形づくるはずの自然環境や潤いのある生活を犠牲にした.1970年代以降,同計画に基づいて環境規制を強め,市民団体や行政,経済界などのパートナーシップを基礎に,新規の埋立てを回避し,残された自然環境を保全し,湿地帯の買い取り運動や塩田地帯 6,400 ha の湿地帯への復元運動が継続して取り組まれ,市民が海辺に自由にアクセスできる権利を守ることが重要だという認識が広がった.

1970年代後半以降の経済停滞は,環境規制だけでは環境保全への市民の支持を広げられないという限界を明らかにした.そこで自然環境の保全,海辺への市民のアクセス権,歴史的環境の再生を枠組みとして住宅・商業開発など都市型複合開発を進める事業的手法が求められた.それが1980年代の米国ウォーターフロント開発ブームである.開発中心の日本のウォーターフロント開発ブームと違って,自治体は水辺を通じて住民の生活に潤いを与えることを最大のねらいとして再開発プロジェクトを調整した.環境保全の枠のなかでのポスト工業化の地域経済の再生が課題となり,新規の埋立事業はほとんど行われていない.

1990年代以降は,地球環境保全への配慮が加わりサステイナブル・シティという新しい理念が登場し,サンフランシスコ市では大規模再開発プロジェクトよりも,倉庫のサービス産業的活用,港湾施設の野球場への衣更え,クリントン政権の下での軍備縮小に伴って市に返還された軍事施設跡地の自然の浜辺への再生など,多数の小さな都市再生プロジェクトが複合的に展開されるようになった[7].市内電車網や通勤高速鉄道を充実させたり,リベラルな雰囲気のある自由で創造的な都市づくりを進めて知識経済都市,米国西部の金融都市として発展していること,さらには,清水麻帆が精力的に紹介する,Yerba Buena Center 再開発プロジェクト(サンフランシスコ市の観光産業・芸術関連 NPO・無名のアーティストを含む広範な市民の参加による重層的なネットワークと循環型の構造を原動力とする文化インキュベーターシステム)を事例とする芸術・文化による都市再生を通じて文化経済の発展

---

7) 前掲書.

が図られていること[8]など，近年のサンフランシスコにおけるポスト工業化の都市再生の多様な取り組みは，市民団体を軸とするパートナーシップによるサンフランシスコ湾岸の環境再生の取り組みが基礎になっているといえよう．サンフランシスコの知識・文化経済の発展への多様な取り組みは，環境再生を枠組みとするポスト工業化のサステイナブルな都市再生という，より広い文脈のなかで理解すべきことといえよう．

3. 日本における臨海部の都市再生計画

日本の代表的な臨海工業地帯における再生計画について，その背景，理念・目的，方法，主体などに焦点を合わせながら，その動向を見てみよう．

3.1 千葉市・蘇我臨海部の再生計画

千葉市蘇我地区には，旧川崎製鉄（現 JFE）の千葉製鉄所や東京電力の火力発電所などが立地する．約 870 ha の敷地を擁してきた旧川崎製鉄では，1971 年時点で年間粗鋼生産能力 650 万トンの体制が構築されたが，水島製鉄所に生産の 7 割を集約する方針のもとで 6 溶鉱炉体制は 2 炉に再編され，1991 年から，海側埋立地の西工場に生産集約をはかる「千葉リフレッシュ計画」が進められた．JFE への統合を受けて，2004 年には東工場の第 5 高炉を休止し，海側埋立地の西工場における第 6 高炉（年間粗鋼生産能力 400 万トン）を残すのみとなった．これに伴い，陸寄りの東工場では，溶鉱炉，コークス炉，焼結，製鋼，圧延等の工場が休止され，製鉄所内約 312 ha が遊休地となった．

旧川崎製鉄が 1994 年から工場跡地利用の専門チームを設けて都市再開発等を構想しはじめたことに連動して，千葉市でも蘇我地区の再開発計画が検討された．1996 年に「蘇我臨海部開発整備基本構想」を公表し，「蘇我特定地区（約 227 ha）」の整備計画を 2001 年に決定した．千葉市は，蘇我地区を千

---

[8] 清水麻帆「脱工業化都市と芸術・文化――サンフランシスコ市・Yerba Buena Center 再開発の事例研究から」『文化経済学年報』3 巻 1 号，2002 年．同「都市再生事業における文化インキュベーターシステム」『地域経済学研究』14 号，2004 年．

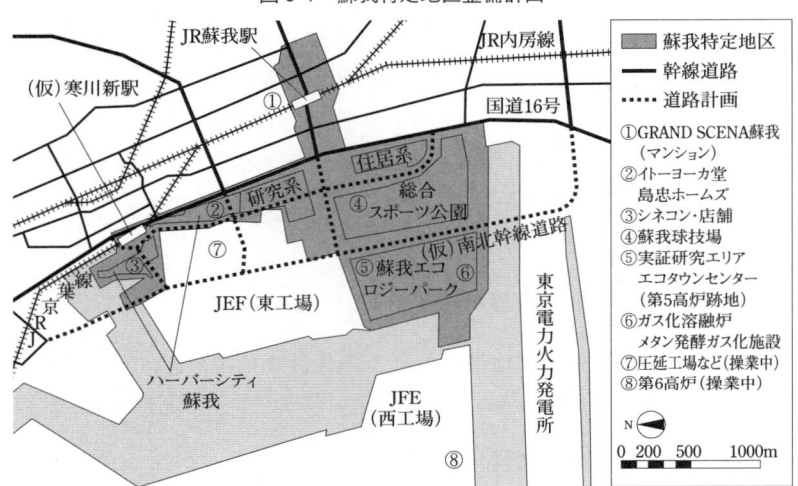

図6-1 蘇我特定地区整備計画

凡例:
- 蘇我特定地区
- 幹線道路
- 道路計画

①GRAND SCENA蘇我（マンション）
②イトーヨーカ堂 島忠ホームズ
③シネコン・店舗
④蘇我球技場
⑤実証研究エリア エコタウンセンター（第5高炉跡地）
⑥ガス化溶融炉 メタン発酵ガス化施設
⑦圧延工場など（操業中）
⑧第6高炉（操業中）

（資料）千葉市「蘇我特定地区整備計画」(2001)，他より筆者作成．

葉と幕張に次ぐ「第3の都心」と位置づけ，整備計画では，市街地と工場用地の一体的整備による都市拠点の形成をめざすとしている．技術研究所本部や圧延工場など操業を続ける製鉄所の機能を残しつつ，JR蘇我駅周辺から地区西側の水際線までを商業開発軸とし，公共事業でスポーツ公園を整備し，新駅や南北幹線道路の整備によって交通アクセスを改善するというように，官民一体で製鉄所遊休地の利用転換をはかる開発方式となっている．

この計画に基づき，JFE東工場の北東部は，イトーヨーカ堂や島忠ホームズなどが立地して商業地「ハーバーシティ蘇我」として開発されている．ウォーターフロントにもシネマコンプレックスが整備されて，2005年にオープンした．事業主体は各不動産業者であるが，地権者はJFEのままである．JR蘇我駅近くでは，JFE都市開発のオール電化マンションが建設・販売されている．南東のパークゾーンでは，工業専用地域指定のまま，千葉市が事業主体となり，総事業費431億円（国145億円，市286億円）をかけて，サッカー場，陸上競技場，テニスコートなどを含む総合スポーツ公園（46 ha）を2015年までに整備する計画である．土地はJFEから無償で供与されるが，アスベスト処理を含む工場群の解体除去事業は千葉市側の費用負担（5億

4,000万円)で行われる．2005年には蘇我球技場がオープンし，サッカーJリーグチームの新しい本拠地とされた．また，南西のJFE所有地約40haでは，JFEが基盤整備と企業誘致を行い，環境技術の実証研究エリアや，JFEのガス化溶融プラント，千葉市のエコタウン事業であるメタン発酵ガス化施設などリサイクル事業の立地する「蘇我エコロジーパーク」の整備が進められている．新型廃棄物処理プラント等の実験事業およびショーウィンドウ化用地とされている．

3.2 京浜臨海部の再生計画

京浜臨海部(川崎市川崎区と横浜市鶴見区の産業道路以南の地区，約4,300ha)に，JFE(旧NKK)をはじめ，2つの石油化学コンビナート，電力・ガス，造船・重機・自動車，物流産業などが立地してきた．ピーク時の1981年には年産550万トンの粗鋼を生産していたNKK京浜製鉄所であるが，1989年から高炉1基体制となり(現在は年産約400万トン)，1994年には4,500人の雇用削減を含むリストラ計画が発表された．1990年代後半になると，旧三菱石油，東芝，いすゞ自動車等からも縮小・撤退の計画が提示された．利用転換予定地は1999年には21社320haと見込まれた．

1996年には川崎市の川崎臨海部再編整備の基本方針，1997年に横浜市の京浜臨海部再編整備マスタープラン，神奈川県の京浜臨海部再編整備基本構想が相次いで策定された．京浜臨海部再編整備の基本的な方向性は，遊休地・低未利用地を利用した拠点地区整備による産業振興である．横浜市のマスタープランでは，鶴見区末広地区の研究開発拠点が重視されている．横浜市経済局は，鶴見区末広地区の東京ガスや旧NKKから土地約160haを取得し，2000年に「横浜サイエンスフロンティア」を開設した．理化学研究所のゲノム科学総合研究センターと横浜市立大学の連携大学院を核に，生命科学分野の国際的研究開発拠点をめざす「総合研究ゾーン」と，旧NKKの工場設備を利用した実験棟や研究開発型企業7社が立地する「産学交流ゾーン」から構成される．

川崎臨海部再編整備の基本方針は，新産業拠点(南渡田)，集客・交流拠点(塩浜)，国際貿易・物流拠点(東扇島)，スポーツ・文化・レクリエーション

拠点（浮島）という4つの拠点地区を設定し，それらを，川崎縦貫道路と東海道貨物線支線の旅客線化によって結びつける計画であった．川崎市は，1994年より東扇島で第3セクター方式により川崎港コンテナターミナル（KCT）およびK-FAZ（輸入促進基盤施設）事業を行ってきたが，コンテナ貨物量や流通加工施設の利用が伸び悩んで累積赤字を拡大したため，市が損失補填してKCTを破産処理し，K-FAZについては規模縮小し陸上交通路からの搬送品加工を中心に事業継続させることを2004年に決定した．浮島では，国際サッカー場やテーマパークの建設が検討されたが，いずれも事業化を見込めず凍結された．遊休地転換の切り札と考えられた貨物線旅客化は，2000年の運輸政策審議会の答申で「今後整備を検討すべき路線」に位置づけられたものの，事業性の問題から実現には至っていない．一方，南渡田地区では，JFE都市開発が，約9haのJFE敷地内における既存研究施設群を活用してリサーチパークへの転換を進めるプロジェクト（テクノハブイノベーション川崎）を行っている．2003年8月から始動し，2005年末現在，13の建物に，実験系の企業を中心に，防災・ロボット，情報，バイオ，ナノ，環境，福祉など幅広い領域の45の外部企業が入居している．

　川崎臨海部は1997年にエコタウン地域の指定を受けた．エコタウンの拠点として，水江町の旧NKK子会社の倉庫跡地を環境事業団が買い上げ（土地造成工事は旧NKKが負担），地区全体の排出物・廃棄物ゼロをめざす実験的モデル工業団地を造成した（運用面積7.7ha）．川崎市経済局は，エコタウンの実現のために「川崎市環境保全型まちづくり基本構想」を策定し，企業のエコ化，企業の連携による地区のエコ化など4つの基本方針を掲げた．2005年までに，JFEの容器包装プラスチックの高炉原料化リサイクル施設や，昭和電工の廃プラアンモニア原料化施設，PET to PETリサイクルのペットリバース㈱（新日本石油製油所跡地に立地）など5つのリサイクル事業が川崎臨海部でエコタウン補助を受けている（補助額累計125.7億円）．ゼロエミッション工業団地には難再生古紙リサイクル事業のコアレックス・グループなどが立地し，2002年から全面操業している．また，水江の日立造船所跡地には建設系産業廃棄物リサイクル施設が，浮島のライオン工場跡地にも建設系産業廃棄物の中間処理施設が立地することが決まっている．

図 6-2 京浜臨海部再編整備図

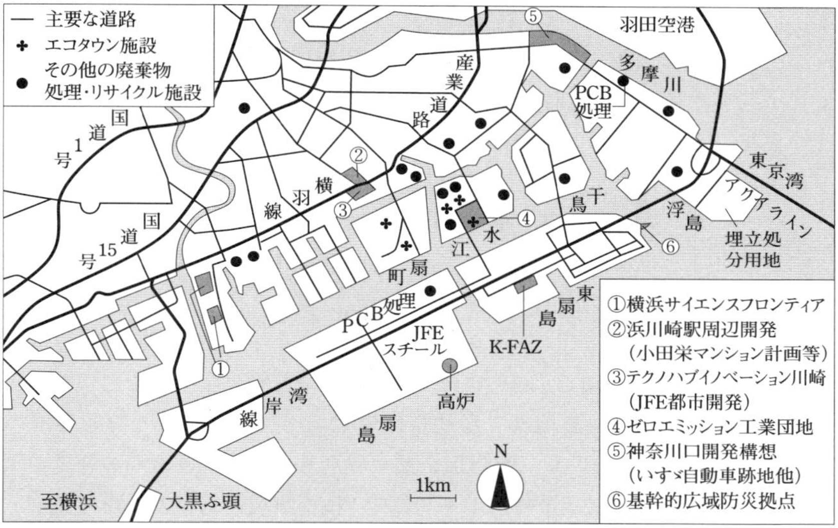

(資料) 川崎臨海部再生リエゾン研究会 (2003), 横浜市, 川崎市の資料より筆者作成.

　2001年, 川崎市総合企画局臨海部再編整備推進室と旧NKK環境・エネルギー創造研究所がリーダーシップを取り, 広く川崎臨海部の再生を検討する企業横断的な地域組織として, 大企業18社が参加する川崎臨海部再生リエゾン研究会が立ち上げられた. 2003年6月に, リエゾン研究会から川崎市に対して提言された「川崎臨海部再生プログラム」では, 川崎臨海部を「産業の再生と新産業の創出により都市再生を図るべき重要な地域」と位置づけ, 環境科学系の高度研究開発機能と工場間の資源循環ネットワークを軸にした「環境・新エネルギー産業クラスター」をめざすとしている. これを受けて, JFE環境・エネルギー創造研究所が母体となったNPO法人「産業・環境創造リエゾンセンター」が中心となり, 臨海部で発生する未利用エネルギーの有効活用策の研究や, 京浜臨海部50社の資源循環データベース作成作業などを行っている.

3.3　四日市臨海部の再生計画

　三重県四日市の臨海工業地帯は3つの石油化学コンビナートから形成され

てきた．高炉製鉄業は立地していない．三菱油化と三菱化成の合併（1994年）を受けて，2001年には老朽化した四日市のエチレンセンターが休止された．1989年段階で四日市市の法人市民税104億円のうち41億円が臨海部コンビナート企業からの税収であったが，2001年には52億円に半減し，うちコンビナート企業からの税収は11億円と落ち込んだ．それでもコンビナート企業からの固定資産税および都市計画税が依然として50億円以上あり，コンビナート企業の継続的な操業の確保が課題と捉えられている．

　四日市市は，2000年に「四日市市企業立地促進条例」を制定し，新設に加え増設の場合でも，固定資産総額・都市計画税額の2分の1相当額を交付する制度を整えた（3年間）．四日市市と三重県は，市内立地企業10社（後に14社），四日市港管理組合，四日市商工会議所，中部経済産業局などに呼びかけて，2001年，四日市臨海部工業地帯再生プログラム検討会を発足させた．この検討会の意見交換から，臨海部企業の個別具体的な規制緩和の要望が集約され，2003年の構造改革特区第1号認定「技術集積活用型産業再生特区」につながった．特区の内容は，①石油コンビナート法レイアウト規制の緩和，②関税法規制の特例措置による港湾利用の促進，③燃料電池産業集積促進のための電気事業法特例である．

　①のレイアウト規制緩和は石油精製業の動向に関連している．欧州で2005年からサルファーフリー燃料が段階的に導入され，2009年までにEU全域で規制されることを踏まえ，日本でも，軽油は2007年から，ガソリンは2008年から硫黄分10 ppm以下に規制される予定である．これに対して石油連盟加盟各社は，規制に先行して2005年よりサルファーフリーガソリン/軽油を自主的に出荷開始するとした．四日市の製油所でも脱硫設備を設置する必要に直面したが，1975年の石油コンビナート災害防止法以前に建てられた事業所では，設備を増設する際に，構内道路幅，セットバック，構造物の高さなどの規制に対応して既存の設備配置を大幅に変更しなければならない．昭和四日市石油は，特区の規制緩和を受けて，狭隘な敷地の効率的利用を実現し，脱硫ガソリン製造設備を設置した．

　四日市のエチレンセンターを休止した三菱化学では，エチレン製造とともにポリエチレン，ポリプロピレンなど中間化学製品の製造も休止され，四日

市事業所構内には虫食い状に 34.8 ha の遊休地が発生している。三菱化学は，構内余剰地を工業団地化するため企業誘致活動を行っている。このうち内陸飛び地の川尻地区に，OA 機器リサイクル，家電リサイクル，太陽電池表面処理，LNG 火力発電などの環境・エネルギー関連企業の立地が決まり，2005 年 9 月には全国 25 番目のエコタウンとして承認された。

四日市の霞ヶ浦北埠頭では，水深 14 m の国際海上コンテナターミナルを造成中であり（2014 年完成予定），霞ヶ浦地区全体で約 390 ha の埋立地の利用が課題となる。霞ヶ浦埋立地北側は現在，国際物流センター，コンテナターミナル，貯炭場，モータープールなどに利用されている。1999 年には，約 100 億円をかけて四日市港ポートビル（港管理組合の事務所および展望室）が建設され，周囲に公園（6.2 ha）が整備された。四日市港管理組合は，トラック物流をスムーズにするため，第二名神高速道と霞ヶ浦北埠頭を結ぶ約 5km の臨港バイパス道路の建設計画（霞 4 号幹線，建設費約 500 億円）を進めている。これに対して，四日市臨海部にわずかに残る貴重な干潟環境を破壊するとして，住民らが建設反対運動を起こしている。

3.4 堺臨海部の再生計画

大阪府の堺・泉北臨海工業地帯には，鉄鋼（新日本製鐵），石油精製（コスモ石油），石油化学（三井化学，宇部興産）という装置型重化学工業と電力・ガス（関西電力，大阪ガス）部門が立地しコンビナートを形成してきた。1970 年時点で 470 万トンの粗鋼生産能力を有していた新日本製鐵堺製鉄所は，1987 年に高炉廃棄を決定，堺製鉄所にコークスを供給していた大阪ガス堺製造所も 1989 年に操業を停止，設備を撤去し，新日鐵の工場拡張予定だった埋立地とあわせて 277 ha の遊休地・未利用地が発生した。また 2004 年には，容量 3,117 万 m^3 に及ぶ産業廃棄物埋立事業が終了し，約 290 ha の未利用地の活用が課題となっている。

堺地域では，大阪湾ベイエリア開発整備のモデル地区となるべく，1993 年，堺市，大阪府，新日鐵，大阪ガス，関西電力らで構成される堺北エリア開発整備協議会が設立された。1996 年，大阪府大阪湾臨海地域整備計画に位置づけられた堺北臨海地区の開発整備計画は，①新日鐵堺と大阪ガスの遊休

地および埋立地を中心とした第2区277 ha，②第7-3区の産業廃棄物埋立地290 ha，③堺旧港周辺50 ha を対象としている．世界都市・大阪の玄関口となるべく，堺北地区は，「国際的な大規模集客施設や文化交流・研究開発施設」の立地をはかり，「ウォーターフロントの魅力を活かした多機能複合型国際都市」をめざすとされた．民間の事業主体が中核施設を整備し，これを税制上の特例措置や無利子融資，公共施設や交通基盤の整備等で支援していく手法が取られる予定であった．

　第2区において，当初計画された国際的な大型中核施設の立地は実現していない．国際級スタジアムが立地予定だった場所は，堺市によって15.8 haの緑地広場に整備された．国際マリーナ・コンプレックスは開設できなかったが，日産マリーン㈱によって，釣りやクルージング向けの小規模マリーナが2004年にオープンした．医療研究センターが計画されていた地区では，2004年に新日鐵が約40 ha分の跡地利用計画を発表し，家具・ホームセンター（島忠）や，映画，温浴施設，ゲーム施設，大型家電量販店などが入居するショッピングモールが立地することとなった．また，堺2区沖合では，国土交通省がエコポートモデル事業として約10 haの人工干潟の整備を行っている（2001年～）．

　第7-3区では，約100 haの区域を自然再生の実験地とする「共生の森」構想が大阪府農林水産部と国土交通省によって進められている．野鳥の飛来する現状を維持し，森に湿地，草地，池などが介在する大規模な「ビオトープエリア」を形成するとして，2003年に検討委員会が設置された．森づくりの整備には府民，NPO，企業，学校などの参加が謳われている．第7-3区の残りのエリアにはリサイクル事業の立地が決まっている．「大阪エコエリア構想」（2003年）に基づいてリサイクル施設の立地等が検討され，民間事業者から募集した100の事業計画のなかから最終的に7事業が選定されて，「大阪府エコタウンプラン」が2005年7月に承認された．そのうち第7-3区に立地するのは5事業である．大阪府のエコタウンは，環境農林水産部の循環型社会推進室が管轄している．7事業のうち，5社は地元大阪の産廃処理等の事業者，1社は地元鉄鋼業関連（中山製鋼所子会社），1社は東京の事業者である．化学・機械・金属・鉄鋼業などから排出される有機塩素系廃溶剤等を

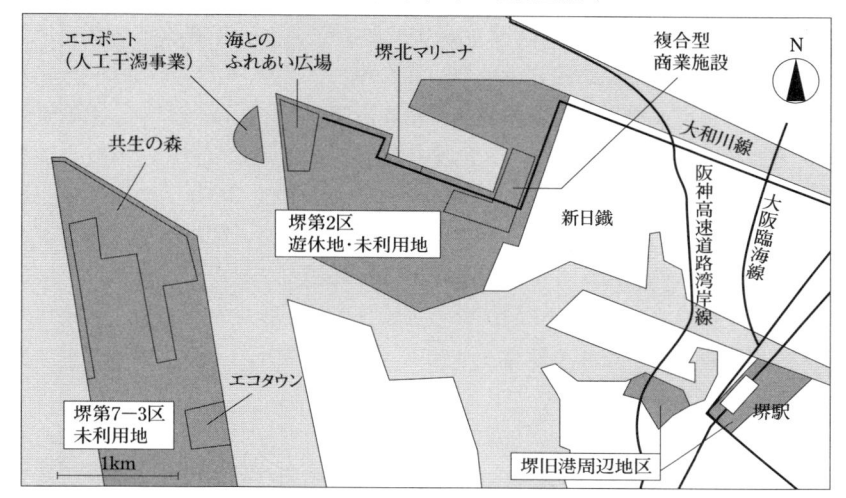

図 6-3 堺北臨海部地区の開発整備図

（資料）（財）大阪湾ベイエリア開発推進機構，堺北エリア開発整備協議会等の資料から筆者作成．

脱塩素化し工業原料として再資源化し，メタノール等の精製残渣からバイオディーゼル燃料を製造する事業など，府内で発生する産廃のリサイクルが中心となっている．

3.5 北九州臨海部の再生計画

北九州市の洞海湾，小倉，門司などの臨海部では，新日鐵を筆頭に，住友金属，旭硝子，東陶機器，三菱化学など，鉄鋼，窯業・土石，化学等の事業所が立地してきた．かつて 11 基もの高炉があり日本の粗鋼生産の 6 割を担ってきた新日鐵八幡製鉄所（粗鋼生産のピークは 1970 年の 1,366 万トン）であるが，八幡地区の高炉は 1972〜78 年の間に全廃され，主力を君津・名古屋等に集約する方針から，戸畑の高炉も 1988 年に 2 基から 1 基（年間粗鋼生産能力 400 万トン）になった．これに伴い，若松地区の焼結工場が休止されるなど関連設備が整理され，270 ha 余りの遊休地が発生した．製鉄所向けにコークス等を生産していた三菱化学黒崎事業所でも遊休地が発生し，構内の工業団地化が進められている．さらに響灘地区では，将来の産業用地需要を見込んで埋め立てた数千 ha が未利用状態にある．

北九州市は，新たな産業振興策として「静脈産業」の立地促進のための勉強会を1992年から開始し，1997年に旧通産省等によって創設されたエコタウン事業の最初の地域指定を受けた．北九州エコタウンでは，内陸の「北九州学術研究都市」で環境技術の教育と基礎研究を担い，臨海部の「実証研究エリア」(6.5 ha) でリサイクル・廃棄物処理の実証研究を行い，もっとも海寄りの「総合環境コンビナート」「響リサイクル団地」(25 ha) で事業化を進めるという有機的連携が想定されている．響リサイクル団地と実証研究エリアは八幡製鐵所若松地区の焼結工場跡地他を活用したもので，都市部では住民の同意を得にくい廃棄物処理関係の実験施設等が敷地を求めて，事業化エリアに自動車リサイクルや家電リサイクルなど十数社，実証研究エリアにも十数の施設が立地している．

　北九州市では当初産業振興部がエコタウンを担当していたが，環境関連産業に特有の許認可等をワンストップ窓口で対応するため，環境局に環境産業政策室が移された．リサイクル工程から発生する残渣の受け入れ先となるごみ発電施設があること，および，行政による地域住民に対する安全性の説明等を含む環境対策関連の手厚い企業立地サポートが他の地域にはない強みだとされる．2005年には，新日鐵，三井物産，九州電力の出資によって，響リサイクル団地内にガス化溶融設備と高効率廃棄物ボイラー発電設備を組み合わせた「複合中核施設」が建設され，団地企業のリサイクル後の残渣と自動車シュレッダーダスト等の産業廃棄物を処理している．

　2000年には旧厚生省から北九州エコタウン内へのPCB処理施設（九州・四国・中国地方対応）の立地要請があり，市は計140回以上，参加延べ人数4500人に及ぶ市民説明会を実施して受け入れを進めた．PCB処理施設の建設は新日鐵が受注し，PCB廃棄物の処理済油や鉄容器を八幡製鐵所で再利用する計画である．

　北九州ではまた，日本海側で最大水深の港湾と響灘コンテナターミナルを建設し，浚渫土砂や産業廃棄物を受け入れて，埠頭用地180 ha，港湾関連用地316 haの埋立事業を進めている．事業主体は，行政（北九州市，福岡県）が51％，民間（新日鐵，旭硝子，三菱化学など11社）が48.9％出資する第3セクター「ひびき灘開発株式会社」である．大型船舶化が進む国際コンテ

図 6-4 北九州市・響灘地区開発図

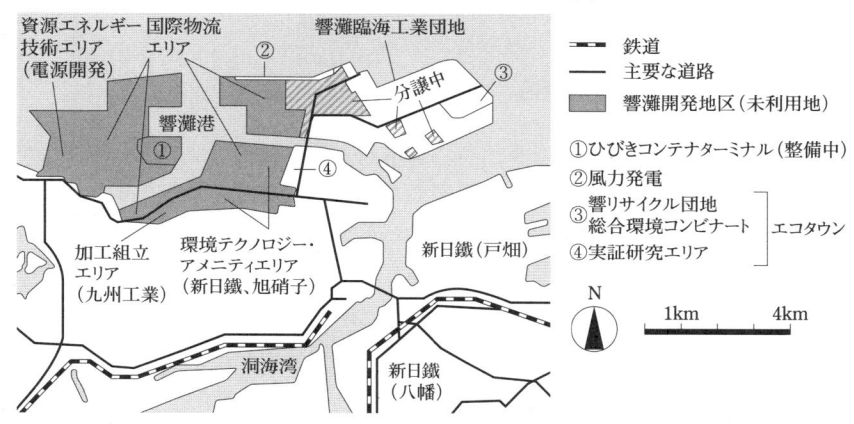

(資料) 北九州市港湾空港局，響灘地区開発推進協議会等の資料をもとに筆者作成．

ナ貨物に対応し，環黄海圏のハブ港湾（中継拠点）をめざすとしている．背後には広大な未利用地問題があり，響灘地区では，新日鐵，旭硝子，電源開発，九州工業（三井アルミニウム工業の海面埋立事業を引き継いだ三井物産系列会社）等が保有する 493 ha の未利用地が新規の企業立地を期待されている．北九州やひびき灘開発の所有地を中心とした「国際港湾物流ゾーン」，新日鐵所有地の一部の「環境テクノロジーエリア」，九州工業所有地における「加工組立テクノロジーエリア」等に一応区分けされているが，いまのところカゴメが電源開発所有地の 8.5 ha で生鮮トマト栽培を行うことが決まっている程度で，企業立地の見通しは立っていない．

　響灘開発やエコタウンに対しては，中小工場の多い若松区の住民などを中心に「ひびき灘をゴミ捨て場にするなの会」が結成され，PCB 処理施設の安全管理や，響灘産廃埋立事業の環境汚染の問題が指摘されている．2005 年 11 月には，響灘の産廃埋立地に大量のシュレッダーダストが投棄されたとして，ひびき灘開発が捜査を受けた．

4. 環境再生を軸とする地域経済再生への展望

4.1 日本における二重の課題

　これまでの事例で見てきたように，日本の大都市圏臨海部では遊休地化が進んで，ポスト工業化を見据えた臨海部の改造が重要テーマとなっている．大都市圏臨海部のあり方を工業化の時代からポスト工業化のサステイナブルな知識・文化・環境経済の時代にふさわしいものに変えていくための歴史的チャンスが，いま，到来しているのである．第2節で見たように，欧米諸国の旧来の工業都市や大都市でも，遊休地化や工場跡地の荒廃が進み，ポスト工業化の都市再生や環境再生が進んでおり，日本の大都市圏においても臨海工業地帯を改造し臨海部を再生するというテーマは，重要な現代的課題となっている．

　同時に，日本の大都市圏の場合，第1節で指摘し，第3節の図で確認できたように，臨海部を開発対象の不動産とみなして，ほとんどすべて埋立てしつくし，さらに，沖合いに重なるように何度も埋立てを行って，湾奥部の自然を喪失してきた特異な経緯をもつ．市民を海辺から遠ざけ，海辺の都市としての魅力や独自の文化を発展させる都市政策をもたないまま，製鉄所や石油化学コンビナートの素材型重化学工業が，一般的な国民経済の産業構造に占める位置を超える，大きく肥大化した規模で集中的に立地集積するという，欧米先進工業国の大都市圏では通常見られない巨大な営利的工業空間へと変貌させてきた．それだけに，日本の環境再生は，欧米諸国の環境再生との共通性だけでなく，海辺の都市らしい自然と人間との関係，生活と経済の関係，人間と人間の関係の再生をめぐって，特別に重視すべき独自の課題を負っていると見なければならない．つまり，日本の大都市圏臨海部の環境再生とは，サステイナビリティを現代社会の理念とすべき時代に，先進工業国の都市に共通する，地球市民として共有すべきテーマとしてのポスト工業化の環境再生の課題と，特異な臨海部を形成してきた日本の大都市圏に特徴的なポスト工業化の環境再生の課題という二重の位置づけを与えられるである．

　たとえば，川崎市が実施した市民意識調査（表6-1）によれば，川の崎とい

4. 環境再生を軸とする地域経済再生への展望

表 6-1 川崎の臨海部に関する調査（2001 年）

設問	回答結果			
川崎市に臨海部があることを知っているか	知っている 65.9%	知らない 31.5%		
川崎市の臨海部に抱いているイメージ	1位：工場 43.7%	2位：東京湾アクアライン・湾岸道路 16.3%	3位：コンビナート 16.1%	4位：公害 11.8%
	5位：海に面した公園 5.5%	6位：港 4.4%		
川崎市の臨海部に欲しい施設等	1位：公園 28%	2位：アミューズメント施設 16.5%	3位：ショッピングセンター 12.3%	4位：スポーツ・文化施設 12.3%
	5位：鉄道 5.4%	6位：住宅 3.0%	7位：道路 2.0%	8位：オフィス 1.1%
臨海部の将来像について，望ましい姿はどのようなものか	1位：複合的な土地利用（住宅・公園・工場・オフィス・アミューズメント施設等）36.5%	2位：市民が親しめるゾーンの形成 34.5%	3位：港を中心とした物流機能の充実 7%	4位：工場を中心としたものづくり機能の充実 6.6%

（注）　設問に対して複数項目の中から1つ選択するアンケート調査．表ではその他，無回答を省略．
（資料）　川崎市市民局「川崎市民意識実態調査」2002 年版より作成．

う市名からもわかるように川崎市は海辺の都市であるが，市民の3分の1近くが，川崎市には海が臨める臨海部があることを知らないと回答している．9割を超える市民が，川崎の臨海部を，工場やコンビナート，道路・港湾，公害でイメージしている．日本の工業化や工業都市のあり方の特異性が反映されているといえよう．他方で，7割の市民が臨海部に求める施設を，公園・アミューズメント施設・ショッピングセンター・スポーツ文化施設と回答している．同様に7割の市民が，臨海部の将来像として，公園や親水空間など，市民が親しめる，生活の質に係わる土地利用への転換を求めている（設問では，複合的な土地利用に工場やオフィスを含めているが，前の設問で臨海部にほしい施設として公園等の回答が69.1%に達し，オフィスと答えたものは1.1%にすぎなかったので，本設問での71%の回答のほとんどには工場やオフィスは含まれていないと想定できよう）．行政や経済界が推進してきた港を中心とした物流機能や工場を中心としたものづくり機能の充実は合計で13.6%にすぎない．ここには，ポスト工業化の臨海部の再生は，市民にとっての生活の質の充実を軸に計画されるべきだという市民の意思が示されているといえよう．

190　6章　環境再生と地域経済の再生

図6-5　京浜臨海部環境創生・産業活性化市民マスタープラン案業その1

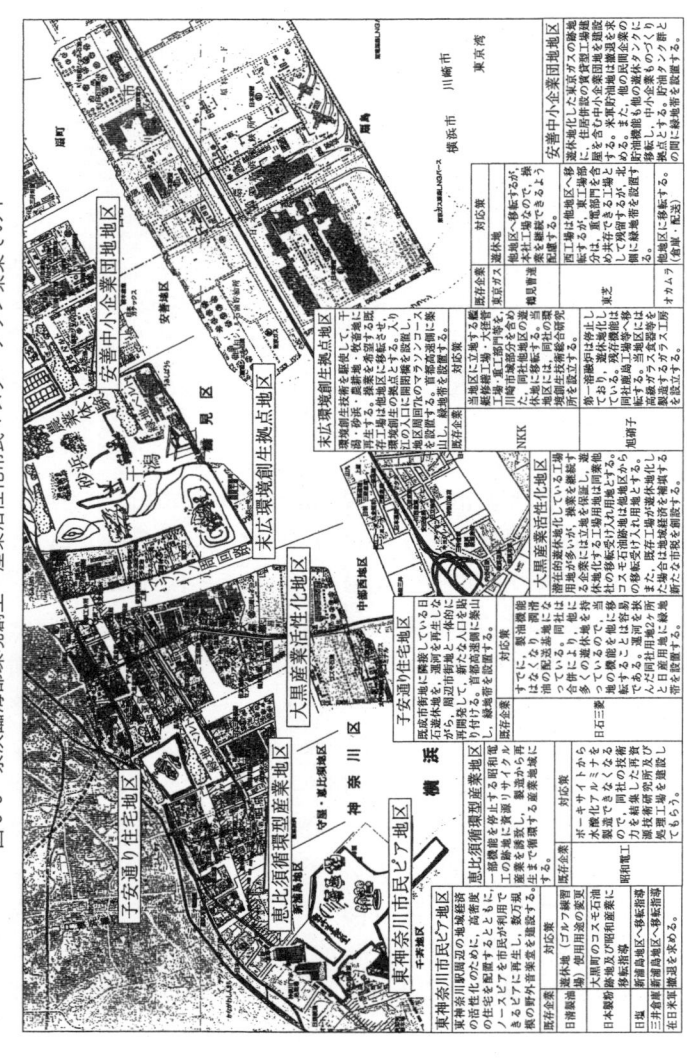

(出所) 第3回市民自治研集会 in ヨコハマ (2001年2月17日) 資料集より作成.

京浜臨海部の再生を市民の立場から自主的に研究している横浜市の市民や市職員のグループは，図6-5のように，「京浜臨海部環境創生・産業活性化市民マスタープランその1」を発表している．第一に，臨海部のあちこちで生まれる遊休地を計画によってまとめあげることによって，産業空間と生活空間，自然再生空間に再編区分する，第二に，産業が支障なく活性化する産業地区に産業立地を移転・集中し，生活空間との間を成す緑地ベルトに工場付置義務の緑地を集中して安全を確保する，第三に，遊休地化し荒廃した工場用地を浜辺や干潟・農地・森林に再生し，また，土壌汚染対策を実施する，第三に，そのための環境創生技術の開発を臨海部など地域の企業に求め，廃棄物の再資源化や再生原料を使用する循環型工業とともに，先端的な環境技術の研究開発拠点をつくる，といった構想である．

サステイナブル・ソサエティを展望する小論の立場からすれば，この提案をさらに進め，すべての空間ではないにしても，つまり，産業空間や生活空間をもつとしても，計画の大きな枠組みとして，コンクリートの岸壁で囲った人工的に造成された産業空間を，砂浜や森林からなる自然の海辺に再生し，土壌や海水の浄化を図る環境再生計画を立て，これを基本にポスト工業化の臨海部再生計画を構想することが重要といえよう[9]．

4.2　日本における臨海部再生計画の特徴と問題点

いったい，日本の臨海工業地帯における現実の臨海部再生計画は，市民の要望や提案にどのように応えているであろうか．第3節で見た大都市圏臨海部の再生計画には，次のような動向を読み取ることができよう．

第一に，どの地域の臨海部再生計画においても，環境がキーワードの1つになっており，高度成長期の工業開発計画との違い，ポスト工業化の臨海部再生という課題が必至になっていることを反映している．具体的には，すべての地域の土地利用計画にエコタウン計画が組み込まれており，緑地や人口干潟あるいは親水空間を計画していたり，国際環境都市への再生を市政のビジョンとして謳ったりしている．

---

9)　筆者の環境再生を軸とするポスト工業化の臨海部再生論の詳細については，前掲，中村剛治郎『地域政治経済学』第7章を参照．

しかし，現在，各地で構想されている緑地や人口干潟，親水空間などの整備計画は，先ほど示した環境再生計画のような，海岸の大きな部分を自然に近い姿にもどすようなエコロジー的再生計画ではない．産業空間という都市的土地利用計画の一部に緑地その他の空間を配置するものにすぎない．同じ緑地，親水空間といっても，海辺のエコロジーとしての自然空間の再生を基調とするものと，産業的・都市的土地利用における環境空間の部分形成の間には決定的な違いがある．

臨海部の再生を掲げる日本の臨海工業都市が国際環境都市をめざすというが，サステイナビリティやエコロジーを基調とする都市構想ではなく，大量生産・大量消費・大量廃棄を前提として，大量の廃棄物を再資源化するリサイクル技術産業や廃棄物を原料として使用する製鉄所や石油化学工業などを「環境産業」と位置づけ，そうした産業の育成をもって，国際環境都市をめざすとしているのである（阿部孝夫川崎市長「川崎市：国際環境都市をめざして」『市政』2002年9月号，全国市長会）．

川崎市や北九州市は，政府によるエコタウンの地域指定を売り文句に公害都市から環境都市へのイメージチェンジを図っているが，リサイクル技術産業の立地する川崎のゼロエミッション工業団地や北九州市のエコタウン地区は，実際には，広大な臨海工業地帯からすればほんのわずかの敷地を占めるにすぎない．第3節で見たように，北九州市のエコタウンは，合計31.5 haにとどまり，隣接する響灘に面した埋立地2,000 haでは，国際中枢港湾整備事業や企業誘致など，高度成長期の開発事業と同様のビッグプロジェクトが，周辺での高速道路（東九州自動車道）や空港（北九州空港）の整備とともに，進行中である．エコタウンが，川崎ではJFE，北九州では新日本製鐵といった主力企業の既存の設備・技術や余剰工場用地の活用策であり，それへの自治体の協力という面をもっていることも，否めない事実であろう．

リサイクル事業の重要性を否定するものではないが，国際環境都市を謳うなら，廃棄物対策の3R政策に従って，reduce（発生削減），reuse（再使用）を優先し，最後にrecycle（再資源化）の順で取り組むべきであろう．エコタウンは，リサイクル事業の拠点作りであって，大量生産・大量消費・大量廃棄社会が，廃棄物埋立て処分場確保の限界で立ち行かなくなって，大量生

産・大量消費・大量廃棄社会を前提として，その延命策として登場してきた計画である．それゆえにであろう，エコタウン都市では，環境都市を謳いながら，リサイクル事業の傍で平気で大規模な埋立て開発事業を継続し，大量生産を行う工場の誘致や大量流通のための大規模物流拠点の整備を盛んに進めている．

いいかえれば，産業再生をもって臨海部の再生と考える工業化の論理と成長主義の継続こそ，日本における臨海部再生計画，さらには，日本の都市再生の基調として共通に見られる，第二の，そして，より基本的な特徴なのである．

実際，横浜市の「京浜臨海部再生特区」構想は，「京浜臨海部を国際競争力のある産業拠点として再生を図る」と明言している．その上で，①京浜臨海部活性化事業（低未利用地の活用，用途規制の緩和やインフラ整備など），②都市再生プロジェクト（東京圏におけるゲノム科学の国際拠点形成）の推進，③産学交流ゾーンの形成を「具体的に行おうとしている事業」としている．それは政府の都市再生の考え方を反映したものである．2001年7月に閣議決定された小泉内閣の「都市再生基本方針」は，都市再生の意義を産業の国際競争力を高める点に求めている．川崎市を事務局に産官学の連携による川崎臨海部再生リエゾン研究会（川崎臨海部主要企業18社，国と県・市，学識経験者7名）の2年間にわたる研究の成果である「川崎臨海部再生プログラム」（2003年3月）は，その基本認識として「川崎臨海部は，これまで，ものづくりの拠点として日本を代表する産業集積やそれに関連する既存インフラの集積が進んだ地域であり，今後は，産業の再生と新産業の創出により都市再生を図るべき重要な地域である．」と謳っている．これに呼応するように，政府が設置した京浜臨海部都市再生予定地域協議会は，2003年6月に，京浜臨海部を産業地域として「日本経済を牽引する新たな場として再生する」ことを目的に掲げ，首都圏巨大市場に近接し陸海空の好立地をもつ「立地特性を生かし，高付加価値型への転換，研究開発機能の導入，環境産業の展開等」を進める「ものづくり拠点」の構想を示している．

第三に，産業再生の計画という場合にも，いくつかのタイプがある．第一のタイプは，いま紹介した京浜臨海部のように，遊休地や低未利用地に，ゲ

ノム・バイオ関連産業や災害救助ロボット産業,環境技術産業,新エネルギー産業など,研究開発機能や高度技術産業の誘致や集積をめざしているケースである.この場合に奇異に感じることは,本来,大都市圏の海辺は,明るい陽光輝く表玄関一等地であるはずなのに,まるで,大都市圏の中に「闇の空間」を造る計画になっていることである.つまり,危険すぎて市街地立地は難しいゲノム・バイオ産業,規模経済を求めて全国から廃棄物を集めたり,危険なPCBの処理を引き受けたり(北九州)するリサイクル産業あるいは環境技術産業など,現代の迷惑施設的な性格をもつ産業・施設が臨海部に集中する計画になっている.これらの危険物取り扱い施設が,成長するバイオ産業の国際級の研究機関,環境産業,エコタウンといった明るいイメージの呼び名を与えられて,市民が受け入れやすい雰囲気づくりが行われている.実際には,臨海部はポスト工業化でようやく市民の手に取り戻される時が来たと思いきや,改めて,市民の生活空間から隔絶した,新しい「闇の空間」に改造されているのである.

第二のタイプは,第2節で見たように,臨海工業地帯には生産設備が廃止された事業所と生産集約が行われた事業所があるが,後者を含め,操業継続の素材型重化学工業における生産機能や製品開発機能の強化などに対応する工業化計画である.四日市地区や水島地区では,政府の特区構想に沿って,コンビナートのレイアウト規制の緩和や公有水面埋立地の用途変更等の柔軟化など,規制緩和で工業立地の拡大を図っている.

第三のタイプは,第二とも関連するが,政府の工業等制限法などの廃止や工場立地法緑地規制の緩和を背景に,地方自治体が大規模な設備投資を行う企業への投資減税など企業誘致施策を実施し,臨海部の遊休地等への工場新設,既存企業の設備増設,倉庫・物流関連,販売展示場などの集客施設,風力発電その他の事業所の立地を,ポスト工業化の臨海部再生計画をもたないまま,五月雨式に促進するものである.既成の工場は緑地比率が大幅に不足しており,規制基準の大幅な引き下げなしには現地での工場の建て替えや新増設が難しかった.工場立地法は,敷地の25%以上を緑地と環境施設とする(ただし,緑地は20%以上)と規制しているが,県条例などにより,最大上下10%の緑地比率の地域準則を設定することができるようになり,京浜

地域を始め，各地で，緑地比率10％以上に緩和されている．また，企業誘致の助成金は，横浜市や神奈川県では1社で最高50億円（研究所の場合は80億円）にのぼり，地域間で巨額さを売り物にする企業誘致競争が生じている．大都市圏で立地規制，地方圏で企業誘致という図式は消え，結果として，京浜臨海部や大阪湾岸では工場の新増設が盛んになり，京浜臨海部の遊休・低未利用地は，1996年度調査の320haから2004年度調査では77haにまで激減した．

　第四のタイプは，臨海部に生まれた大規模な遊休地や低・未利用地で都市再生と銘打つ不動産開発事業を行うものである．既成市街地に比較的近い土地で計画されている．大規模な商業街区・オフィス・研究所ビル，住宅地区，アミューズメント施設などの建設であり，遊休地化で低落するはずの工業用地の地価を高いレベルで維持したり，商業地や住宅用地並みの高価格で販売することを企図するもので，千葉や堺地区の計画が典型である．市街地に近い土地と言っても，臨海工業地帯は工業専用地域であり，アクセスするには交通手段は不可欠である．道路，旅客鉄道，土地の浄化や，下水道その他の生活関連施設，公園・スポーツ施設・親水空間・緑地などの整備も必要である．それゆえ，遊休地をもつ臨海部の民間資本が独自に事業化しようとしても採算が取れない．千葉ではJFE，堺では新日本製鐵がそれぞれ都市開発事業を計画し，千葉市や堺市などが行財政を動員しながら，政府や都市再生機構の協力のもと，その実現をサポートしようとしている．私的企業支援の性格が強いが，市民に人気のあるプロサッカーチームが使用する新スタジアムの建設や，アミューズメント施設や親水緑地などの整備を組み込むことによって，市民の支持を得る方式をとっている．

　しかし，市街地から離れた臨海部で，低経済成長・人口減少時代に，新たに大規模な商業施設や住宅地が開発されると，既存の中心市街地の商店街の衰退や郊外の既成住宅地の地価下落に結びつく可能性が高いし，地方財政の負担も大きい．第3節の図6-1に見るとおり，千葉地区の都市開発地区は，蘇我の市街地に近いが，その他の3方向は，周りを製鉄所や発電所施設に囲まれており，隣にはリサイクル産業施設もあり，たとえ公園をつくったとしても，海辺にもかかわらず開放感に乏しい．千葉市が国際都市をめざすとす

るなら，世界に通用する魅力的な一流の居住地をつくり，世界から人材を誘致できる居住環境を準備すべきであろうが，この計画は，そうした発想から遠く，公共部門の協力で民間企業の土地活用計画，不動産開発の事業化を促進するものにとどまっているようである．

第五のタイプの産業計画は，既存の埋立地の再生計画ではないが，既存の埋立地の傍で，新規の大規模埋立て事業によって新人工島を造り，環境創造を謳ったり，親水空間を造ることをアピールしつつ，コンテナ物流時代に対応する大型船の入港可能な巨大な物流拠点を開発する港湾計画である．大阪市の夢州（ゆめしま）沖や倉敷市水島の玉島地区の計画がそれである．夢州新人工島計画は，環境をテーマにした都市づくりと称し，人工海浜や人工磯，大規模緑地の整備などを予定している．環境再生の計画なら，既成の臨海部の再生を行うべきで，環境破壊の埋立て事業を行って，次々と新島を造っては，環境創造を行うというのは，はたして世界に通用するであろうか．経済活動や都市生活の必要から環境破壊を行って，技術で環境を再生したり創造できるという発想は，技術への過信，人間の驕りであり，工業化の延長的発想というほかない．

京浜臨海部では，上記の5つのタイプが，いずれも実施されている．各地の産業再生計画は，実際には，5つのタイプの混合計画として計画されたり実施されているといえよう．

各地の臨海部再生計画に見られる第四の特徴は，環境をテーマとするなど，新規性を前面に出しつつ，実は，それが公共投資，とりわけ交通基盤整備の公共投資を呼び込むための手段になっていることである．すでに指摘したように，埋立て造成した臨海工業地帯は，既成市街地から距離があるので，大規模な公共投資なしには，高地価で売れるような新たな営利的土地活用を見込めないからである．

すでに紹介した川崎臨海部再生リエゾン研究会の「川崎臨海部再生プログラム」（2003年3月）は，企業における環境再生の取り組みを，一歩，先へ進める構想を打ち出している．たとえば，リーダーシップをとるJFEは，リサイクル技術産業を展開したり，製鉄所で廃棄物を資源として利用する試みを行ったり，また，ジメチルエーテル（DME）を使ったディーゼルエンジンで

排ガスの窒素酸化物濃度の低い発電システムを開発するなどの研究開発に取り組んだりして，環境産業としての製鉄所の再生に本腰を入れていることを感じさせる．さらに，臨海部の多数の企業が研究会に参加して，臨海部における個々の企業の取り組みを超えた地域的な資源・エネルギー循環を構築することを課題とし，個々の企業の資源やエネルギー収支を明らかにして，その情報を共有化する考え方が打ち出されている．しかしながら，それらは，他の土壌浄化技術開発やゲノム・バイオの研究機関誘致なども含め，事業所の生き残り策や新たな事業分野の創出として企業がビジネスとして取り組もうとしているものである．「川崎臨海部再生プログラム」を仔細に読むと，企業サイドがこの計画で実際に求めていることは，臨海部の幹線道路整備や東海道貨物支線の旅客線化，構造改革特区としての規制緩和などの公共介入であることがわかる．そして，交通基盤投資を中心とする新たな公共投資の要求は，このプログラムの看板である環境産業としての臨海工業地帯の生き残り方策との関連よりも，都市開発など都市的土地利用のための基盤整備事業として位置づけられるものである．いまや，羽田空港の再度の国際空港化の動きが浮上して，京浜臨海部再生計画は，行政や経済界の間では，より直截的に羽田空港の拡張と結ぶ道路や物流拠点の整備を柱とする神奈川口構想が関心の的になっている．

　第五の特徴は，日本の臨海工業地帯の再生プランでは，欧州の競争力を失った工場用地のように市場経済の自主自責の原則を重視（して荒廃に任せることを）せず，また，市民には自助努力が強調されるのと対照的に，産業再生のための公共部門による多様な企業支援策が早手回しに実施されていることである．言いかえれば，臨海部再生計画の主体の問題であり，企業や経済界が土地活用など経済利害から臨海部再生プランを提案し，公共部門がこれをサポートするという，企業主導のパートナーシップが共通の特徴となっている．

　その背景に，たとえば，京浜臨海部からの税収は，国と地方合せて5,000億円と言われる場合があるが（前掲「川崎臨海部再生プログラム」は，川崎臨海部を含む川崎市の川崎区と幸区の税収は，国税6,000億円，県税600億円，市税1,200億円と推計している），財政危機のもとで，臨海工業地帯からの税

収入の減少を恐れる地方自治体が，地域政策のための財源確保に走っている事情がある．結果として，企業の意思に追随する産業立地政策や高度工業化の性格をもつ多くのプロジェクトがスポット的に実施され，長期的視点をもった臨海部全体のポスト工業化に向けての総合的な環境再生計画を展開する歴史的チャンスをものにできないでいる．臨海部では，棲み分けを考慮しない無計画な土地利用転換が五月雨式に行われ，危険物を取り扱う石油・化学事業所の隣に火気取り扱い意識の低い他業種の事業所が進出するなどの混在が進んでいる．高圧ガス等取り扱い事業所が立地する法規制のある地域に集客施設の建設が計画される場合もある．

しかし，たとえば，新日本製鐵堺製鉄所 217 ha の遊休地への課税額は固定資産税と都市計画税で 20 億円と言われている（『日本経済新聞』2002 年 12 月 17 日付地方経済版）．早手回しに行われる企業支援の公共介入がなければ，遊休地の土地活用が見えないために，長期にわたる租税負担を企業は回避しようとし，不良資産の整理から公共部門へ遊休地を無償譲渡することも起こりえよう．第 2 節で指摘したように，ヨーロッパの都市再生が，環境再生や低所得者向け社会住宅の建設など，収益性は低いが公共性の高いポスト工業化の再生計画になっている背景には，こうした事情がある．実際，日本でも，新日鐵堺製鉄所は，無償で 10 ha を中小企業向け用地として堺市に譲渡し，2 ha を公園用として堺市に貸地している．それだけ租税負担の回避が可能になるからである．もっとも，新日鐵堺製鉄所の狙いとしては，課税免除だけでなく，無償の譲渡や貸地を契機として臨海部再開発の公共介入を引き出すことができれば，ほとんど動かない遊休地の土地活用への活路が開かれるのではという期待があることはいうまでもない．

他方で，京浜臨海部のように，遊休地に産業立地が進んでいること自体は，日本の製造業その他の産業が，欧州の産業に比べ，依然として国際競争力を保持していることの証であることはいうまでもない．しかし，この強みは，ポスト工業化のサステイナブルな知識経済を展望する長期的視点から見れば，逆に日本経済や地域経済の弱みにつながる可能性がある．日本の大都市圏は海辺の都市であるが，魅力的な自然の海辺と海辺都市の文化をもたない臨海都市は，世界から多様な人材を都市に集め，都市での自由な，刺激に満ちた

相互の交流と相互の学習を通じて，創造性を高め発揮して，質的に新しい経済発展をリードするサステイナブルな知識・文化経済都市になることは難しいからである．

4.3 新たな時代にふさわしい取り組みとは

なぜ，日本では，短期的な企業支援に終始する産業再生中心の臨海部再生計画になるのであろうか．それは，日本の大都市圏臨海部の地域経済は，意外にも（欧米の大都市ではありえないであろうという意味で），地元の人々が主体となって，都市の自然や生活，文化と結びつく地域経済の内発的発展の結果形成されてきたというよりも，「上から」と「外から」の外部依存型開発を特徴としてきたためであろう．日本の経済システムは，独自の地域的経済システムを形成して企業に地域的競争力を与える多様で個性的な諸地域経済の水平的地域間分業から構成されるのではなく，独立企業型産業システムを基本としており，地域経済が企業に依存し，本社の意思決定に左右される構造を特徴としている．今日の「構造改革」や「都市再生」がこうしたシステムあるいは構造の改革を課題とせず，ポスト工業化の都市の思想をもたないことが，工業化と成長の時代の延長のように，安易に産業再生に走る原因になっているのであろう．環境が重要だとしても，環境再生の必要を強調するだけでは実現しないのであって，地域経済の内発的な発展やその主体の形成と結びつく形で環境再生の道を考える必要があるという問題に目を向けるべきである．

そうは言っても，すでに指摘したように，今日，日本の素材型重化学工業は健在であり，成長するアジアの時代，BRICsの台頭という経済環境のもとで，また，資源循環型社会の到来のもとで，いよいよ，復活を遂げつつあり，活発に操業を続けている事業所は数多く，とても，臨海工業地帯全体を環境再生の視点から改造の対象とすることはできないという議論があるかもしれない．

しかし，日本の鉄鋼業や石油化学工業は，国際比較の視点から見て，先進工業国の素材型重化学工業としては肥大化しすぎていて，早晩，縮小をともなう再編成に直面せざるを得ないのではないか．

鉄鋼業は，製品重量にともなう輸送費負担の問題から需要地に近い立地を求めるだけでなく，工業化を支える基礎素材を供給する産業として，どの国もその発展を重視するため，基本的に，国内での鉄鋼自給に努力する内需型産業である．ところが，日本の鉄鋼業は，輸出産業として特別に発展してきた．日本の鉄鋼業生産の従来のピークは，1973年の粗鋼生産，1億2,000万トンであるが，その後，重化学工業の時代からハイテク産業の時代に移り，「鉄は国家なり」と鉄鋼業界代表が豪語した時代は終わったにもかかわらず，年産1億トンレベルの生産が維持されてきた．世界の鉄鋼需要は1985年で7億1,500万トン，2000年で8億3,000万トンであるから，10数％のシェアを占めてきたことになる．1億トンのおおよその市場構成は，3割の3,000万トンが輸出され，7割の国内需要の2分の1が建設分野向け，2分の1が製造業向けである．

　ところで，主要先進工業国の粗鋼生産量と鋼材見掛消費量（内需）を見ると，2003年実績で，それぞれ，米国は937万トン，1,009万トンで生産の方が少ない．フランス，イタリア，イギリスも同様である．ドイツと日本だけは生産量の方が多いが，ドイツは448万トンの生産で，343万トンの国内消費，105万トンの輸出であるのに対し，日本は1,105万トンの生産で784万トンの国内消費，321万トンもの大量輸出である．近年，アジアでは，中国が鉄鋼消費量の増加に合わせて粗鋼生産量を2001年1,509万トンから2004年（速報値）2,725万トンの生産へと急拡大している．当面は，建設用途など汎用品の生産が中心であるとしても，中国が世界の工場であり，巨大市場である限りは，重量素材の輸送費という制約からだけでなく，ユーザーメーカーのニーズとの関係を重視する必要から，中国市場向けの鉄鋼の生産拠点は，技術流出を恐れつつも，やがて高級鋼材の分野も含めて，消費地（中国）にシフトしていくであろう．日本の鉄鋼業は，将来的には急増している中国向け輸出を減らし，ポスト工業化段階の国内製造業と公共事業の需要縮小のもとで，国内需要を基礎にしてプラスアルファの輸出といった規模にとどまらざるを得ないのであろう．実際，日本企業（JFE）と中国企業との合弁による初の高炉製鉄所建設計画が準備されている（当面は，中国での鉄鋼設備投資の過剰により，中国政府の認可が下りず，最終判断を2007年以降に見送り中であ

る).東南アジアへの鉄鋼業シフトもやがて進むかもしれない.そうなれば,京浜臨海部の製鉄所(JFE東日本製鉄所京浜地区)の生産機能は,千葉地区か,あるいは思い切って,千葉地区も含め,水島・福山地区のJFE西日本製鉄所に集約されることになるのではないか.これまで以上の圧倒的な規模で京浜臨海部に遊休地あるいは余剰地が生まれ,本格的なポスト工業化の臨海部改造計画を余儀なくされることになろう.

　日本の石油化学工業は,エチレン生産量で見ると,1993年の577万トンを底に,アジア向けの輸出が急増して1999年769万トンまで増加,これをピークにして,ここ10年程度は550-600万トンの間を動いている.汎用品市場では安価な輸入品が増加しているが,日本の化学企業は,機能性化学品の生産に特化する企業戦略のもとに内需を死守してきた.しかし,近年の製造業の海外移転により工業部材向けの内需は減少傾向にある.他方で,日本の化学企業の海外生産が本格的に始動しだした.住友化学は,サウジアラビア企業との合弁で,現地の安価な原料により巨大規模の海外生産を行う.欧米化学メーカーは,巨大市場の中国に逸早く進出し,大型エチレンプラントの稼動に至っているが,日本の化学企業も,ようやく内需を死守する企業戦略ではジリ貧に陥るという限界を意識して,三菱化学や三井化学が2006年生産開始で進出計画を進めている.中東・シンガポール・台湾などでもエチレンおよびその誘導品の生産設備の増強計画が進んでいる.日本の化学工業は価格競争力をもたないので,アジア向けの輸出が大幅に減少し,逆に,輸入の大幅な増大が生じることになろう.内需分に見合う生産能力さえ生き残れるかどうかが問われる厳しい時代が到来する.これまで以上の規模で石油化学業界の再編が起こることになろう.京葉地区では資本系列を超えて共同投資・運営が行われているが,京浜地区分を含めて地域間を越える生産統合の合理化が行われるかもしれない.そうなれば,京浜臨海部には広大な余剰地が生まれ,臨海部の本格的な改造が課題とならざるをえないであろう.

　したがって,京浜臨海部で埋立て造成の追加を行わないのはもちろん,人工岸壁を取り払い再び自然の海岸を再生する事業に取り組んだり,造成地を維持する場合には市民の植林活動で森をつくったり,人工海浜や公園,スポーツ施設をつくったり,海水浄化や土壌浄化を行ったりするべきである.大

量生産・大量消費・大量廃棄ではなく,豊かな自由時間の消費を臨海部で行って環境負荷を抑制したり,はたまた,廃棄物の資源循環を行ってバージン資源の使用量を削減したりするなど,臨海部改造の全体の基調として環境再生を進めながら,経済活動の空間として活用する地区には新しい環境技術産業や知識経済,文化経済の拠点を形成していく.そうした環境再生を軸として,地域社会を再生し,地域文化を育て,地域経済の内発的な再生へと結び,新しい質をともなったサステイナブルな経済発展の道を展望していくことは,ポスト工業化の臨海部と大都市圏の存続にとって不可避の課題となるであろう.

財務省発表の2005年の国際収支速報によれば,所得収支の黒字(11兆3,500億円)が貿易黒字(10兆3,500億円)を初めて上回り,日本経済が輸出立国から投資立国へとシフトするポスト工業化の成熟化段階にあることを示した.このような段階を迎えて,従来のように,生活の質や環境再生の重要性を強調すれば,「ない袖は振れない」とばかりに,産業再生が先だといった類の批判を行うことは,もはや非現実的となった.ポスト工業化の時代には,工業化の時代とは異なる,新しい発想が必要なのである.そうした歴史的なシステム転換の視点から,大都市圏臨海部の再生を考えるべきであり,環境再生という考え方が現実性を持つ時代が到来したことを認識すべきであろう.

グローバリゼーションと人口減少の時代は,地域間競争の時代であり,「企業が国や地域を選ぶ時代」であり,高コスト構造の是正,効率優先の社会への構造改革の必要性が巷間で主張されている.こうした主張こそが,いまや,現実性の弱い議論というべきであろう.ポスト工業化の知識経済・文化経済の時代は,独自性,多様性,固有価値,創造性が重視され,異質な人材や文化の相互交流が発展の源泉となる時代となろう.今日の日本の臨海部における産業再生のように,画一的な再開発で,どこの臨海部も同じような顔をしている「都市再生」計画では,これからの時代に都市が存続するための固有性をもちえないであろう.

大都市圏の臨海部が,「闇の空間」として産業再生するのではなく,環境再生を軸とする地域総合計画によって,本来の,陽光に満ちた明るい素敵な空間となり,人々を惹きつける魅力的な場所となって,多様な人材が集積し交

流する「光の空間」として再生するとき，臨海部は，自然空間や生活空間だけでなく，知識経済・文化経済・環境経済の時代の経済空間にもなろう．

　貧しい社会が物質的豊かさを求めた工業化の時代には，人々は労働力として雇用されるために企業の立地する場所に移動し，海辺を不動産と見なして埋立て開発計画を受け入れたが，ポスト工業化の知識経済の時代には，知識労働の担い手が最重要な経済資源となり，物質的に豊かな成熟社会で暮らしていることもあって，知識労働の担い手たちが住みたい都市を選択しようとする．彼らは，工業労働力と違って，就業機会にありつけばよい，生活のためにはまず所得を得ることだという成長主義の発想よりも，専門知識による仕事への自信と誇りがあり，生活の質や文化・遊び，環境価値への想いが強く，他の人材との交流などを重視する．したがって，地球環境時代に求められる地域のサステイナビリティという課題に世界に先駆けて取り組み，サステイナブル・シティの先導的モデル都市と評価される都市になれば，環境指向の強い高学歴の知識労働の担い手たちから，住むに値する都市として関心を示されることになろう．工業化の時代と違って，ポスト工業化の時代には，人材が集積する都市に企業が移動することになろう．人的資源の創造性が最も重要な経済資源になった知識経済の時代には，多様な人材が集積・交流する魅力的な都市に立地することが，絶えずイノベーションを求められる企業活動にとって決定的に重要になる．創造的な知識や知恵は，異質な文化や人材の交流から生まれるので，企業は同じ企業文化をもつ企業内の人材だけでは，知識経済の時代に特徴的な創造性競争に対応することができないからである[10]．

　知識経済・文化経済・環境経済の時代は，都市や地域の時代であり，大都市圏臨海部の総合的な環境再生計画を立案し実行していかねばならない．100年かけて壊された臨海部を100年かけて再生するという，歴史的で壮大な環境再生の事業への取り組みが求められている．

---

10)　ポスト工業化の地域経済と地域政策の意義と課題について，詳しくは，前掲，中村剛治郎『地域政治経済学』とともに，中村剛治郎編著『地域の力を日本の活力に——新時代の地域経済学』（全国信用金庫協会，2005年）を参照．

7章 環境再生とサステイナブルな交通

道路交通政策の再構築に向けて

永井　進

1. はじめに——急激なモータリゼーションとその弊害

　今日，急激なモータリゼーションの潮流は世界の各地に及んでいる．先進工業国はいうに及ばず，中国，インドなどの人口大国においても，経済の高度成長とともに，主に都市部を中心にして，モータリゼーションが急激に進行している．モータリゼーションの進展は，豊かさの象徴であるとともに，石油という化石燃料の大量消費を引き起こし，エネルギーの国際的な争奪戦を生み出し，同時に地球の気候変動という深刻な環境問題を引き起こす．また，発展途上国の都市における従来型の交通モードと自動車の混在は，交通混乱や交通事故を多発化させ，大気汚染や騒音などの深刻な公害を引き起こしている．一方，先進工業国においては，クルマに依存してつくられてきた都市の構造が，クルマなしでは生活できないという弊害をもたらしていることが指摘されるようになり，クルマから人へという価値観の転換が追求され，路面電車等の公共交通機関や"かつて"の自転車や歩行の復活が模索されるようになった．

　急激なモータリゼーションは，道路建設と歩調を合わせて進展してきた．クルマが増えると道路建設の要求が増え，道路が建設されると自動車の保有量と走行量が増えるという循環的で，累積的な拡大が続いてきた．先進工業国では，クルマ利用の増加という流れは止まらず，特に大都市においては，

交通混雑が慢性化するという弊害が出てきた．こうした状況のなかで，地球温暖化対策として，自動車利用の抑制が提起されるようになったが，クルマに依存する社会を転換することは容易なことではない．

クルマに過度に依存する社会のあり方，生活のあり方を見直し，道路交通政策を脱クルマ依存に転換し，環境に配慮して，公共交通機関や徒歩・自転車とクルマを効果的に組み合わせる統合交通の実現に向けて，社会を再設計していかなくてはならない．本章では，自動車交通の外部費用という形で，クルマ依存社会の弊害を計測し，次に，道路交通政策の転換の過程をわが国の道路政策の変遷に絡めて展開し，自動車交通公害が深刻となっている神奈川県川崎市や兵庫県尼崎市における道路の再構築と，国際的に評価の高い韓国ソウルの清溪川の再生事業について検討する．その後，自動車公害で深刻な健康被害を引き起こしている SPM（浮遊粒子状物質）対策として，ディーゼル車に対する8都県市の対策を例にして検討する．さらに，8都県市におけるディーゼル車の SPM 規制と同時期に実施されたイギリスのロンドンにおける混雑税導入について検討する．両規制は技術的な環境対策と需要抑制という市民の交通行動に及ぼす環境対策という意味で，対照的な規制であるが，効果的な規制として評価できるものである．最後に，「持続可能な交通」＝サステイナブル・トランスポートの概念，そして，サステイナブル・トランスポートに向けて行われるべき政策について検討していくことにしたい．各論については，環境再生政策研究会の「道路交通再生政策研究チーム」に参加した研究者の所論を紹介しつつ展開する．

2. 自動車交通の外部費用

2.1 日本における自動車の外部費用の計測——兒山・岸本モデル

近年，自動車の外部費用の計測が内外で積極的に行われるようになってきた．自動車は，車両代，燃料費，自動車関連税，保険料，駐車料金，有料道路料金，修理代など自動車保有者・利用者が基本的に負担する私的な費用以外にも，大きな外部費用を社会に課している．外部費用の受け手は，環境破

壊を通じて生じる健康被害者，騒音被害者，交通事故被害者，気候変動被害者，混雑被害者などに及んでいる．また，道路という社会インフラは自動車によって損傷を受けるが，自動車が支払っているのはその損失の一部に過ぎないので，外部費用は道路インフラにも生じる．なお，混雑被害者は，自動車の利用者であるから，外部費用の発生者が被害者を兼ねるので，特殊な外部費用であり，除外する場合もある．

　自動車の外部費用の計測は，近年，特に先進工業国で，過剰なモータリゼーションが環境被害や地球温暖化を引き起こしているという認識が広がったこともあって，国際的に試みられるようになった．特に欧州では，たとえば，国際鉄道連合（UIC）の委託研究を受けたスイスのINFRAS（環境経済・政策コンサルタント）とドイツのIWW（カールスルーエ大学経済政策調査研究所）が，1995年と2000年の2回にわたって計測を行っており（INFRAS/IWW 1995, 2000），両報告書は計測についてのコンセプトや計測数字について，最近の基本的な文献となっている．また，ExternEと呼ばれるEUのエネルギーにかかわる外部費用を計測したAEA Technologyの調査・研究（1999），ECMT（欧州運輸大臣会議）の調査（1998年），WHOによる『道路交通に関連した大気汚染による健康コスト』（1999年）等も近年の外部費用の計測例として大きな影響をもたらしている．米国では，DOT（交通省）が開催した『交通の総社会的費用便益に関する会議』（1995年）が，外部費用の計測を試みている．

　日本では，早くより，宇沢弘文（1974）が「自動車が市民的な権利を侵害しない程度に道路を改善する」という損害回避費用で計測した外部費用の研究を行っており，当時の金額でクルマ1台当たり1,200万円にも達する（なお，フローでは年間200万円）という興味深い計測が示された．もっとも，この数字には自動車から排出される二酸化炭素が地球温暖化の大きな原因となっていることは含まれていない．なお日本では，道路投資の評価に関する指針検討委員会（指針（案）1997）が，その後，わが国における外部費用の推計を行った．

　近年の計測では，兒山真也・岸本充生（2001）が前掲のINFRAS/IWWの手法を使い，国際比較に耐える外部費用の計測を行っており，また，外部費

用の内容も包括的になっている．そこで以下では，この論文の概要を紹介し，検討を加えていきたい．

同論文によると，上記の INFRAS/IWW の論文を利用して日本の大気汚染による健康被害の外部費用を推計すると，8兆2,804億円（中位推計）となる．この推計では，①ハザードの特定（健康被害の物質を PM10＝粒径が10ミクロン以下の粒子状物質とする），②暴露反応関数（バックグラウンド濃度 12 μg/m³ を超えると発ガン死亡者が増えるが，その数は線形関数を利用して，10 μg/m³ 当たりの相対リスク表示で 1.043 とする），③集団リスクを計算する（日本では，PM10 が原因で死亡する人数は中位推計で年間3万6,900人〈低位推計で2万2,300人～高位推計で5万2,300人〉，④確率的生命価値（確率的に1人の死亡を防ぐことに対する人々の支払い意思額）を，1人当たり1億6,830万円とし，死亡に関する外部費用はおよそ6兆2,103億円と評価，④呼吸器系，および循環器系の入院による非死亡影響は，WHO 推計では死亡の外部費用の約3分の1であるから，全体で8兆2,804億円となるというプロセスが示される．

なお，リスクの概念については，個人のリスクをある化学物質の暴露が一生続いたときの一生の間での発ガン率で表現する．たとえば，発ガンリスク 10^{-5} とは一生の間に10万人中1人がガンになるリスクのことを意味する．これに対して，集団リスクは，個人のリスクに影響を受ける人の数を掛け合わせた数値である．リスクに関連して，損失余命という概念があるが，これは，ガンで死亡するといっても，何歳でガン死するか判らない．そこで，あるガンが平均的に人間の寿命を10年間ほど短縮するとすれば，10^{-5} の発ガンリスク，つまり10万人中1人がガンになる状況では，10万人に平均してしまうと1人当たりの平均寿命は 0.04 日，つまり，1時間短縮することになる．

次に，確率的生命価値の計測方法は，アンケートによって直接聞き出す方法と，人々の市場行動（たとえば，交通事故）や，労働行動（たとえば，労働事故）から間接的に導出する方法に分かれる．しかし，職業選択の際のリスク回避行動から計算する場合のように，不均一性を考慮したとしても，母集団は労働できる人間であるが，一方，環境被害をこうむる人は子供・老

人・病人などの弱者であって，これらの人の労働市場での労働力の価値は低いが，現代の福祉政策の下では危険回避のためにより多くの費用をかけるのが普通であるから，リスク回避の費用は労働市場の場合よりやや高くても当然であると考えられる．こうした点を配慮して，確率的生命価値は1人当たり1億6,830万円と評価された．これに対してわが国の推計（指針（案））では，交通事故による死亡者1人当たりの人身損害額は約3,153万円で，人の命の価値としているが，これは逸失利益などをもとに算定されたものであり，支払い意思にもとづく確率的生命価値を検討したものでなく，過小評価されていることに注意しなければならない．

外部費用の第二の要因は気候変動であるが，温室効果ガスによる損害額についての標準的な方法は，温室効果ガスの濃度が産業革命時代の2倍になった状態（これを，$2\times CO_2$と記す）を想定し，現在の経済構造のもとでの損害額を推定し，それに基づいて限界損害額を算出するものである．IPCC第三作業部会報告のレビューでは，1990年代のCO_2排出の社会的限界費用は5〜124ドル/tC程度であり，この値は人口や所得水準の増加に伴い年々上昇する．INFRAS/IWW (1995) では，2025年までに1990年比で40%減という目標を設定し，それを達成するための道路交通部門における平均費用をスイス価格で184ECU/tC (34,408円) と推計している．一方，こうした予防費用のアプローチとは異なって，自然災害による死亡の増加などの損害を積み上げた推計もあり，この推計では8倍に当たる1467ECU/tC (27万4,329円) とされている．そこで，日本では，184ECU/tCを中位値とし，5ドルを下限，1,467ECU/tCを上限として，2兆2,625億円（中位推計）という数字が算定される．

第三の外部費用である騒音の被害は，通常，ヘドニック法で計測される．騒音は，地価の下落に反映し，特に閾値と考えられる50dB (A) を超す騒音では，都道の環状7号線の第一種住居専用地域で1dB (A) 上昇すると，地価は0.41%ほど下落するとされている．これを貨幣換算すると，騒音改善に対する支払い意思額は，都内7区では1人1年当たり1万1,375円/dB (A) となる．その他，関連する調査，および欧米の評価額を参照すると，中間的な値として，9,000円/dB (A)・人・年が妥当とされる．この金額に暴露レベ

ルに対応する暴露人口を掛け合わせると,合計額は 5 兆 8,202 億円と算定される.

第四の交通事故の死亡による人的損失については,逸失利益,慰謝料,葬祭費を損害額とすると 4,772 億円（1991 年）になるが,WHO 会議報告の確率的生命価値を利用すると 1 人当たり 2 億 6,180 億円となり,交通事故死亡者数 1 万 886 人（1997 年）をかけると 2 兆 8,500 億円と算定される.さらに後遺障害（自動車保険支払い）による人的被害額 2 兆 4,527 億円,後遺障害以外の障害額 7,634 億円,物的損失額 1 兆 8,627 億円をプラスし,支払い保険額で内部化されている費用を差し引くと,交通事故の外部費用は 5 兆 168 億円となる.

第五の外部費用である道路などのインフラ費用の過小負担は,道路投資額と,自動車ユーザーによって負担されている自動車関連諸税及び高速道路料金収入の総額との差で算定される.欧州では,後者が道路投資額を上回っているが,日本では,前者が 15 兆 6,913 億円（1998 年現在）,後者が 10 兆 6,207 億円なので,5 兆 706 億円が過小負担となっている.

最後に,混雑の外部費用であるが,旧建設省は,道路の種類ごとに混雑が存在しない理想的な速度を設定し,各路線につき混雑が存在する現実の速度との差から,日本全体で年間 53 億時間（1994 年道路センサス）,国民 1 人当たり 42 時間が浪費されているという試算値を出している.これに賃金率に等しい時間価値を掛け合わせると年間 12 兆円になるという.しかし,時間価値に関する内外の調査から賃金率の 20～100％ を時間価値とするべきであるとされており,この調査では賃金率の 50％ 値が中位数として算定され,合計は年間 6 兆円となる.

以上,自動車の外部費用の合計は,中位推計で 32 兆 4,505 億円（GDP 比で,6.6％）となる.わが国の四輪自動車（乗用車,バス,トラック）の年間販売額は 16 兆 4,940 億円（2003 年）であり,乗用車の販売額は 13 兆 7,513 億円（同）であるから,自動車の外部費用がいかに大きなものであるかが理解できるであろう.また,外部費用の内容では大気汚染のそれが最も大きく,混雑費用を上回っていることに注意すべきである.後述するように,わが国の道路交通政策は道路を増やして混雑費用を低減することを大きな目標とし

2. 自動車交通の外部費用

表 7-1　車種別の外部費用

項目	年間総費用 (円/年)	走行距離当たり (円/台km)				輸送量当たり (円/人km・円/トンkm)			
		乗用車	バス	大型トラック	小型トラック	乗用車	バス	大型トラック	小型トラック
大気汚染	8兆2,804億	1.8	69.2	59.1	13.8	1.3	4.8	19.8	114.1
気候変動	2兆2,625億	2.2	9.4	7.8	3.1	1.6	0.7	2.6	25.9
騒　音	5兆8,202億	3.6	9.4	7.8	3.1	1.6	0.7	2.6	25.9
交通事故	5兆168億	7.1	7.4	7.9	4.9	5.0	0.5	2.7	40.8
インフラ	5兆706億	7.0	7.0	7.0	7.0	5.0	0.5	2.4	58.2
混　雑	6兆	7.3	14.6	14.6	7.3	5.2	1.0	4.9	60.3
合　計	32兆4,505億	29.0	117.0	104.2	39.2	19.7	8.2	35.0	325.2

(出典) 兒山真也・岸本充生 (2001)，19ページ．

ているが，自動車交通量を削減して大気汚染等の外部費用を削減する政策こそより重要な政策ということができるであろう．

自動車の外部費用は総額以外でも，各種自動車の走行距離当たり，あるいは，輸送量当たりで表示することもできる．これによると，走行距離1km当たりでは，乗用車は21.7円，バスは128.6円，大型トラックは117.4円，小型トラックは32.4円と算定することができる．ここでは，輸送量 (人kmやトンkm) 当たりでは，乗用車はバスの2倍，また，小型トラックは大型トラックの約9倍の外部費用を発生させていることに注意すべきであろう．表7-1は，兒山・岸本 (2001) の結論をまとめたものである．

2.2　外部費用推計の問題点と具体的な適応について

自動車交通の外部費用の推計で，兒山・岸本モデルは一種のベンチマークの役割を果たしていくのであろうが，今後は彼等のモデルを精緻化していくことが重要であろう．そこで，以下では，兒山・岸本モデルの問題点，具体的な適用について，いくつか指摘していくことにしよう．

まず第一に，大気汚染や気候変動について，その原因物質を多様化することである．実際，上岡モデル (2002) は，気候変動の原因物質として特定フロンCFC12を，また，大気汚染物質についても窒素酸化物 (NO_x) を追加して，外部費用の推計を行っている．上岡 (2002) は大気汚染の外部費用の推

計にNO$_x$を取り上げ，主に，指針（案）にもとづいて，1トン当たりの外部費用を人口密集地で292万円，その他の市街地で58万円（海外の研究では，Ottinger（1991）等は，補償コストで19万6,800円，防止コストで21万7,800円とされ，Wang等（1994）では，補償コストで54万8,400円，防止コストで127万6,100円と計測されている）としており，それを利用すると，人口密集地で3.3円/台km，その他市街地で0.6円/台kmと計測することができるとしている．兒山・岸本（2001）は，大気汚染物質を浮遊粒子状物質に限定していること，外部費用を確率的生命価値で計測していることで，防止や被害コストに依拠している上岡モデルと大きく異なっているが，上岡モデルは検討に値しよう．

　第二の問題点は，外部費用は，大都市と地方では異なるということである．この点に関しては，騒音や混雑コストなどにおいて顕著に指摘することができる．特に，大都市地域と地方では平均的な所得に少なからざる格差があり，そのことが時間節約便益や住宅地のヘドニック価格に差異を生じさせる要因となっている．上岡モデルは，指針（案）を用いて，自動車の騒音による社会的費用として，人口密集地では台キロ当たり17.4円〜19.8円，その他の市街地では3.4円〜3.9円，そして，非市街地では1.2円〜1.4円という計算値を示している．

　同様に，時間節約便益についても，地域差を考慮しなければならない．これに関しては，指針（案）では，時間当たりの勤労者の賃金から，1分当たりの時間価値として，東京都で51.7円，全国平均で39.3円としている．また，イギリスでは，イギリス全体とロンドンでは，1.43倍の年間所得の格差があり，イギリス全体の地下鉄を利用する旅客の労働時間価値は，1時間当たり39.49ポンド（2004年）なのに対して，ロンドンのそれは56.51ポンド（同）となっており，さらに，バスの旅客，自動車の運転者の労働時間価値もイギリス全体で22.21ポンド，29.03ポンドであるが，ロンドンのそれは，31.79ポンド，41.55ポンドとそれぞれ異なっている．なお，イギリスのトラック運転手の労働時間価値は，イギリス全体で10.85ポンド，ロンドンで15.53ポンドという具合に，旅客のそれを大きく下回っていることに注意することが必要である．

混雑費用を時間節約便益で評価する方法については，自動車利用者は混雑を常態と見て，つまり，"理想的な交通容量"という概念は認識外であるので，外部費用として混雑費用を計測することは意味が無いという意見もあることに注意を促しておこう．実際，道路建設の便益・費用評価では，便益評価が時間節約便益のみで計算され，その他の外部費用は評価方法が確立されていないということから費用評価から排除されるのが普通であり，時間節約便益が最大の便益として過大評価されて，道路建設に正当性が付与されているのである．混雑費用はより詳細に検討しなければならないであろう．

　第三の問題点は，外部費用の推計をどのように利用するかということであるが，この点でも上岡（2002）は，興味深い指摘を行っている．特に，外部費用は道路建設や公共交通政策などの費用便益評価に関わる点が多いので，こうした社会資本には外部費用を建設費用などに上乗せして，社会的な効率性を評価することが必要である．実際，上岡（2002）は，信用乗車方式（自己申告による料金支払い方式）と路面電車優先信号システムを利用した，現状より利便性が高いと仮定された路面電車は，NO_x や CO_2 の削減効果，交通事故防止効果，そして，騒音削減による不動産価値の上昇効果などの点で，自動車交通と比較して効率的な交通モードであることを主張している．これらの効果は，自動車から路面電車に代替することによって生じるものであるが，自動車交通の外部費用を明示することによって示すことができるのである．

　さらに，上岡（2002）は，貨物鉄道とトラック輸送の比較も行っている．1970年，貨物鉄道が盛んであったときは634億トンが鉄道によって運ばれていたが，1999年には225億トン，つまり，29年間に409億トンの貨物が鉄道からトラックに転換された．これはトラックの走行距離にして342億台kmに相当するので，1999年の値で，最小2兆700億円，最大3兆4,100億円という外部費用が生じたことになる．この数字は，国鉄の単年度の最大赤字額，1兆8,500億円（1985年）を大きく上回っていたのであり，貨物トラックの社会的費用を考慮するならば，貨物鉄道だけでも，過去の国鉄の社会的価値は大きかったというわけである．

　このように，外部費用は公共投資選択においてシャドープライスとして利

用すべきという上岡の指摘は，重要であろう．さらに，今日の環境政策では，規制と補助金を組み合わせるというパッケージ政策が重視されているが，補助金の水準を決定する際にもシャドープライスとしての外部費用は意義がある．さらに，外部費用は，サステイナブルな交通政策の費用効果分析において，"環境便益の再生"という意味を持っており，この観点を重視していくことが重要である．

最後に，外部費用の計測方法の問題点について簡単に触れておこう．これについては，支払意思額で外部費用を計測することは，環境要因を市場経済に入れ込むときに重要な要因とはなるものの，支払意思額は個人の合理的な選択だけでなく，社会的な判断にも基づくものであることに注意しておくことが重要である．つまり，環境被害が顕在化し，また，マスコミや住民運動の動向，市民の社会参加の度合いが変化することによって，市民の環境評価も変化するのである．環境は公共財，あるいは社会的共通資本の性格を強く有することは，広く認識されていることであり，公共財の最適供給が中位者の投票行動によって左右されるという点を考慮に入れれば，外部費用も環境に対する人々の認識の変化とともに変わってくることに注意すべきである．外部費用の推計は，自由な市場経済で見られる合理的な選択行動という個人主義の手法を通じて行われるが，政治活動を含む社会的要因によっても変化することを考慮に入れるべきであろう．

3. 道路政策転換への課題

3.1 道路公害訴訟の影響と道路政策の転換

環境面で持続可能な交通政策を考えるとき，今日の環境に対応できない規模に達してしまった自動車交通のあり方を問わねばならないが，そのあり方を規定しているのは，いうまでもなく，道路政策である．わが国の道路政策で最も問題となるのは，自動車関連税を道路建設に使用するという道路特定財源制度であり，道路建設五ヵ年計画に代表される公共事業を道路建設に偏って行ってきた道路建設政策である．また，旧道路公団と旧財政投融資とい

3. 道路政策転換への課題

う独特の特殊法人と資金調達メカニズム，料金プール制という有料道路の料金政策を有する自動車幹線網の建設政策である．ここには，公共事業によって経済成長を支え，国内で自動車販売量と自動車交通量を増やしていくという自律的なシステムが定着する構造がしっかりと根を張っているのである．

こうした道路建設，および自動車交通政策は，道路公団の財政的な行き詰まり，旧財政投融資制度の再編，特殊法人改革などを通じて変化しつつあるが，以下では，わが国の環境側面から見た道路政策の最近の推移とその転換について，検討していくことにしよう．

20世紀末になって，道路公害訴訟を受けて，旧建設省（今日の国土交通省）などの道路管理者は，道路政策のあり方の見直しを迫られた．特に，国道43号線訴訟では，1992年の控訴審判決において，騒音65 dB（道路から20 m以内は60 dB）以上の原告については騒音による生活妨害を，また，道路から20 m以内の原告については，騒音とともに大気汚染物質であるSPMによる被害を認定したことは，道路行政に大きな影響を及ぼした．この判決は，原告・被告双方によって上告されたが，1995年7月の最高裁で控訴審判決の内容が確定したため，道路沿道の環境対策は緊急の課題となった．

旧建設省は，1995年9月に，道路審議会に対して「今後の道路環境政策のあり方について」を諮問し，これを受けて道路審議会・環境部会は1996年1月に「道路交通騒音対策の取りまとめ」という答申を提出した．このとりまとめでは，「遮音壁等については，直接的な環境改善効果に加えて地域の景観や歴史性，文化性との調和に配慮することが必要である」，「また，緑化・植栽等については，減音に対する視覚的な心理効果が期待できるよう配慮して整備するとともに，植生工法等を工夫し時間の経過とともに環境が成長していくような施策が必要である」等の地域の状況に応じた道路構造の改善が指摘された．

また，この答申では，東京都における3つの環状道路（中央環状，外郭環状，圏央道）等のバイパス道路建設の必要性に触れるとともに，「この際，道路について，『環境容量』として，沿道の良好な環境を確保する観点からの道路の交通容量等を設定し，これをもとに計画，整備および管理を行うといった考え方の導入を検討することが必要である」として，新たな道路建設につ

いてではあるが,「環境容量」という概念をはじめて道路建設において主張した.さらに,「道路交通,鉄道等の複数の交通機関の連携強化,交通需要の管理,渋滞情報の提供等を推進するとともに,交通流の誘導のための経済的な手法についても検討を行い,地域特性に応じた,適切な交通流の実現を図ることが必要である」として,統合交通,交通需要管理(TDM),ロードプライシング等の手法についても言及するようになった.しかし,ここでは,交通流に関連して経済的な手法(ロードプライシング)に言及しているのであって,交通量を削減するTDMの一種としてのロードプライシングについては触れていないことに注意しなければならない.こうした道路審議会の答申は,道路公害訴訟の影響と今日の社会的状況を反映したものであるが,政府は答申を積極的に受け入れ,「環境容量」に対応した道路建設に転換したというわけではなかった.

さらに,1997年道路審議会は,西淀川公害訴訟判決,川崎公害訴訟判決等で,道路公害に関して道路管理者の責任が厳しく糾弾されたために,建議を提出し,そのなかで「車優先の道路整備を進めてきた結果,人,生活の視点から見ると安全や環境面での課題も多い」,「単に供給量を拡充することを目的とする道路政策では,……国民の理解は得られない」,「需要追随型道路整備から交通需要調整策の導入へ」,「車中心から人中心へ」といった文言を使用するようになった.建議では,道路の社会的価値を重視し,交通需要管理政策に言及するようになったが,その後の道路行政では,必ずしもこうした方向への転換が進んだわけではない.

実際,道路審議会は引き続いて,1998年11月に,「より良い沿道環境の実現に向けて」と題する答申を提出した.この答申では,持続可能な社会の構築のためには,「幹線道路の役割と沿道に居住する人々の生活環境保全が必要である」として,施策の第一の柱として,「自動車の低公害化と幹線道路ネットワークの整備」を挙げ,次に第二の柱として,「現に環境が厳しい地域では,道路構造対策によって沿道環境を改善することが必要である」とし,そして,第三の柱として,「大都市圏などでは,関係事業者,住民などの参画による自動車交通の需要調整の導入が必要である」ということを提起した.この答申は,TDMについて触れているものの,自動車の低公害化と新たな道

路建設を第一として，次に道路構造対策が主張され，最後に住民などの参画という条件の下で，TDMを導入するというものになっており，依然としてネットワーク道路の建設が最優先されているところに特徴があるといってよい．なお，同答申では，こうした指摘も考慮しているものと思われるが，「低公害な自動車の普及や幹線道路のネットワーク整備については，なお時間を要すると考えられる．従って，沿道環境の現況が厳しい地域においては，直接的に当該幹線道路の沿道環境の整備を図ることが必要であり，渋滞を解消して円滑な交通流を実現するための交差点の立体化や，沿道への影響を緩和するための道路構造の改善，沿道に立地する住宅の防音化等を急ぐことが肝要である」として，道路構造対策を短期的な対策として提唱している．

この1998年の道路審議会の答申は，これ以降，大きな影響をもたらしてきた．道路沿道の環境対策において，自動車排ガス規制などの自動車単体の規制強化，環境対策としての道路建設，自動車交通流を改善することによって自動車排ガス量を削減するという対策を環境対策の大きな柱にしてきたからである．たとえば東京都は，TDMの政策を推進するパンフレットに，3つの環状道路建設を環境対策として打ち出しており，道路公団なども環状道路というネットワーク道路を建設することによって，交通渋滞を減らし，地球温暖化対策になるという主張を行っている．新たな道路建設は自動車交通需要（誘発交通需要）を生み出し，自動車交通総量を削減することはできないし，反対に趨勢以上に交通量を増やしてしまうことは，ロンドンの環状道路M25を建設した際に明らかになったことであるし，また，わが国道路整備の推移から見てもこのことは明らかであった．

図7-1は，1980年から86年にかけて開通したM25が，高速道路などの各道路に及ぼした交通量の影響が予測値と実際の値が大きく異なっていることを示している．実際の交通量は，交通需要予測で利用されるOD（自動車起終点）調査に基づく予測値を，1.1倍から2.25倍ほど上回っていることが示されている．計画を上回る交通量は，交通量予測において利用されている伝統的な四段階推定法（発生・集中交通量，分布交通量，交通機関分担交通量，経路配分交通量を段階的に予測する手法）や，固定的な交通需要曲線の概念が適応できないということを示した（詳細については，永井進2001，参照）．

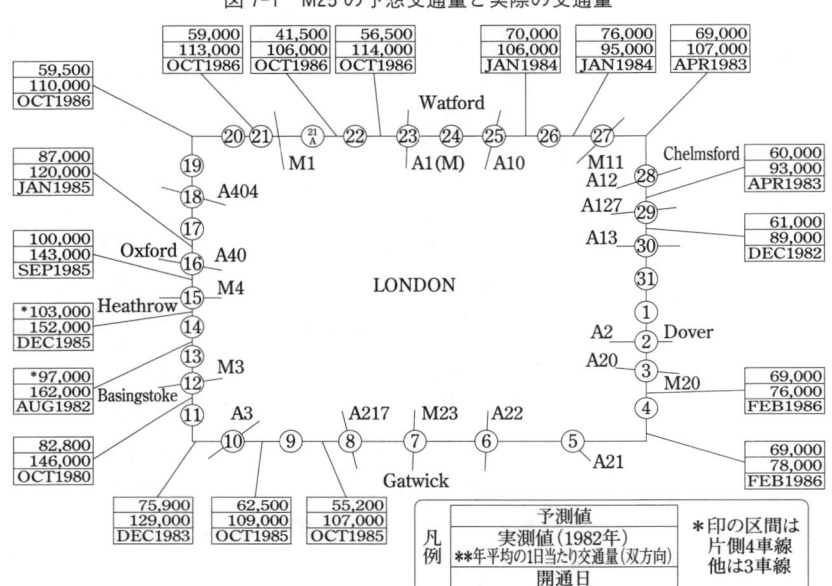

図 7-1　M25 の予想交通量と実際の交通量

(出典)　The Department of Transport, The Standing Advisory Committee of Trunk Road Assessment, *Trunk Roads and the Generation of Traffic*, p. 52.

特に，混雑が激しい道路では，混雑のために自動車利用の抑制を余儀なくされていた自動車所有者が新たな道路建設で走行量や走行頻度を増やす（新しい道路への経路変更，公共交通から自動車への手段変更，より遠くの目的地への変更，自動車で外出する頻度や機会を増やす）可能性が高いので，交通量を予測することが難しいことが判明したのである．大都市における新規自動車道路の開設は，すべての道路で一定の混雑が発生するように，自動車交通がレベル（均衡）化し，同時に誘発交通量が発生することが明らかになったということは，道路建設当局にとって衝撃であった．こうして大都心の環状道路における大規模な誘発交通量の発生は，M25 の開通時に大きな社会問題となり，運輸相をして，「高速道路は，スピードが上昇し，便利になると，利用者がより多く利用するようになるので，まさにそうした理由から，成功の犠牲になったのだ」というコメントを発せざるを得なかったのである．

3. 道路政策転換への課題

図 7-2　整備率・未整備区間の推移

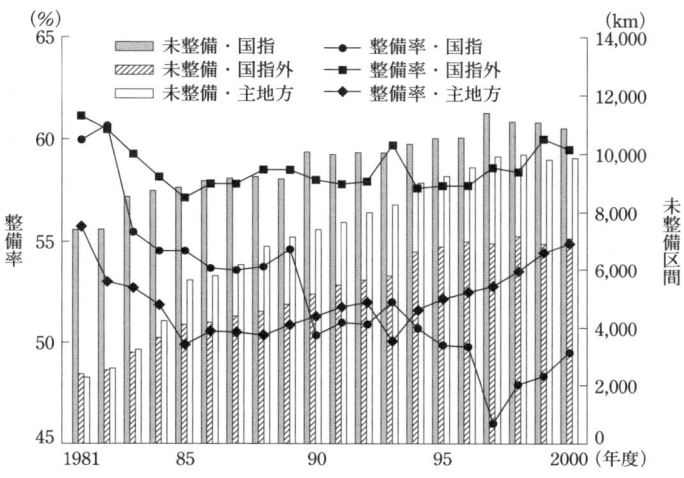

(注)　未整備区間とは，幅員 5.5 m 以上の改良済み区間であって混雑度 1.0 以上の区間をさす．

(出典)　西村弘・水谷洋一 (2003)，103 ページ，国土交通省道路局『道路統計年報』各年度版より作成．

一方，図 7-2 は，水谷・西村 (2003) の論文から引用したものであるが，同論文によると，戦後の道路整備の指標は，「舗装率」（道路実延長に対する舗装された道路の割合）や「改良率」（幅員などの道路構造が「道路構造令」の規定どおりに整備されている道路の割合）であったが，1980 年ごろから，新たに「整備率」を挙げるようになったという．ここでいう「整備率」は，改良済みの道路であって，なおかつ混雑度（交通容量に対する実交通量の比率）1.0 未満の道路の道路実延長に対する割合のことで，交通混雑を解消するために道路を建設する際に使用する指標である．しかし，この「整備率」は，一般国道・指定区間（重要性が高いため，国土交通大臣が直接に管理責任を負っている区間）の場合，1981 年の 60.0％ から 2000 年の 49.5％ へと 10％ ポイントも低下してしまったのである．これは，大規模な道路整備五ヵ年計画を作成して，渋滞の解消，「整備率」の上昇を指標にして道路整備をやってきたにもかかわらず，さらに，渋滞が増加するという皮肉な現象が起こったということを意味している．つまり，道路建設という供給政策が自動車交通

の需要の拡大を促したのであり，誘発交通を国土全体で生み出してきたともいえるのである．

なお，この図7-2では，一般国道・非指定区間の整備率は変化がないように見えるが，同期間に改良率が10%ポイントほど上昇していることを考慮に入れると，渋滞区間（未整備区間：幅員5.5m以上の改良済み区間であって混雑度1.0以上の区間）が確実に拡大している（約2,400kmから約7,200km）ことを示している．また，整備率が1990年代に1980年初頭の水準にまで回復している主要地方道についても，その原因は改良率の上昇にあって，渋滞区間は約2,300kmから約1万kmに増加していることに注意しなければならない．要するに，道路建設は，誘発交通量を増やし，整備率を上昇させる（混雑区間を減少させる）政策が反対に整備率を引き下げ，混雑区間を増加させるという結果を生み出してきたのである．

3.2 道路整備五ヵ年計画と道路特定財源制度の見直し

一方,「需要追随型道路整備から交通需要調整策の導入へ」という主張に見られるように，道路建設について国民の目も厳しいものになってきた．実際，自動車交通需要はこれからの人口減少時代になって増えるのか疑問であるというような状況のなかで，道路公団は有料の自動車専用道路を建設するという主張を行うことは，現在も経営状況の悪い道路公団をさらに，経営危機に追い込むことになるという意見が多く提起されるようになった．道路公団などの民営化（2005年10月1日，道路公団は，首都高速，阪神高速，日本高速，本四連絡橋等の民間企業に転換した）は，同公団等の抱える不良債権を民間企業の財務諸表を適用して明らかにし，今後の赤字道路の建設を食い止めることにあった．しかし，実際の民営化は当面の経営状況を不問に付し，また巧妙な手法によって新たな道路を建設することを可能にしたのである．

道路建設を交通政策の柱とするわが国の特徴は，道路整備五ヵ年計画を閣議で決めて実行する公共事業偏重の政策に表れている．確かに，第二次大戦後の状況は，自動車専用道路を計画的に，着実に進めることは望ましいことであったかもしれないが，あまりにも自動車専用道路を優先的に建設してきたために，歩行者や自転車利用者のための道路づくりは遅れ，公共交通機関

3. 道路政策転換への課題

は衰退し，また，沿道住民の環境被害は過小評価されてきた．道路反対運動は，各地で発生したが，産業発展のための輸送を行う道路建設にとっては，大気汚染や騒音は受忍限度内であるという判断が行われて，今日に至ったのが現状であろう．1954年から始まった道路整備五ヵ年計画は，わが国の国土計画の変遷とともにその性格を徐々に変えつつも，各五ヵ年計画ごとに大きく増額され，連綿として続けられ，1998年から2002年までの五ヵ年間の第12次道路整備五ヵ年計画（後に，新道路整備五ヵ年計画に改称）では総額78兆円の規模に達するようになった．

こうした道路五ヵ年計画を中心とする公共事業計画は，政官財の癒着を生み出し，先進工業国の中でもGDPに占める公共事業費が5～6％を占める（欧米では，この比率はほぼ2～3％である）という異常な財政構造を生み出した．しかし，さすがの公共事業も，近年の財政危機のために続けることができなくなり，また，その必要性についても費用・便益分析などを通じてその効果を広く国民に情報提供することもなく進められてきたため，国民の支持も得られなくなってきた．

実際，2001年4月21日，内閣府は自動車専用道路に関する全国のアンケート調査の結果を発表し，高速道路の拡充について「必要が無い」と答えた人の割合（46.6％）が「必要がある」と答えた人の割合（38.6％）を同アンケートの実施以来はじめて上回ったこと，今後整備に力を最も入れて欲しい道路は「歩行者専用道路または歩行者優先道路」（38.5％）であることを伝えている．

こうした動きのなかで，政府の経済財政諮問会議は，「構造改革と経済財政の中期展望」（2002年1月25日，閣議決定）において，道路等の特定財源についての見直しと公共事業関係の計画の見直しを提起した．このため，「新道路整備五ヵ年計画」（1998-2002年）以降の道路整備の長期計画は棚上げすることになったのである．なお，この新道路整備五ヵ年計画では，バス路線，路面電車の整備支援，歩道・自転車駐輪場の整備，道路環境対策の推進などの対策が含まれているが，中心は，高規格道路をはじめとする自動車専用の道路整備であることは言うまでもない．そして，国土交通省は2003年度から道路行政マネジメントを導入し，業績計画書と達成度報告書を提出するよ

うになり，道路建設の内容や便益評価をより詳細に報告するようになった．

　もっとも，道路整備五ヵ年計画に代わって，いわゆる「サステイナブル・トランスポート整備五ヵ年計画」を作る時代になっているにもかかわらず，道路整備に偏重する公共事業のあり方についての反省はここにはない．道路整備ではなく，統合交通や公共交通の整備を重視する交通政策に転換することが，今日，求められているのである．

　一方，道路建設を続けるための制度としての道路特定財源制度については，その見直しを提起したものの，その内容については十分に議論がされずに今日に至っている．クルマに大きく依存した交通は，大気汚染・騒音，交通事故，交通混雑，そして地球温暖化という外部費用を考慮すれば，持続可能な交通システムではなくなってきたことが徐々に明らかになってきた．今日，自転車・徒歩という交通手段，さらに，LRTやマストランジット方式の公共交通機関の見直しが行われ，財政的支援の必要性が高まっているが，道路建設に偏った財政構造はその骨格が揺らぐなかでも，転換する道筋が見えないことは残念なことである．2005年末に入って，自動車関連税収を一般財源に転換する大枠が決定されたが，これは財政再建とのかかわりで行ったことであって，環境税との関連，統合交通政策との関連で行われたことではなく，道路の再構築についての言及もないのが現状である．

3.3　川崎市南部地域の「欠陥道路」の再構築

　わが国の道路行政の転換は，3.1項で見たように道路交通公害訴訟における判決・和解，そしてその後の政策のなかに特徴的に現れている．たとえば，川崎市南部地域における道路公害では，原告の大気汚染被害者と被告の旧建設省・道路公団等との間で和解が成立し，国・道路公団は，川崎市南部地域における主要道路沿道の大気質に関する環境基準を達成することを目標に，種々の道路改善策を打ち出すようになった．1999年の和解において提起された主要道路の再構築は，①自動車を臨海部に適切に誘導するための道路ネットワークの整備，②光触媒，土壌浄化システムの試行的実施，③環境施設帯の整備，遮音壁の設置，低騒音舗装の敷設などの道路構造の改善，④道路拡幅，交差点構造の改良，連続立体交差の整備による交通流の円滑化，⑤幹

線道路沿道地域における「沿道整備法」による整備，⑥中長期的対策として，国道357号線（大黒ふ頭―羽田空港）の整備，生麦ジャンクション等の整備，首都高速道路における「ロードプライシング」の導入などで構成されており，こうした事業を達成するためには約4,000億円の資金が必要であるとされた．

　川崎南部地域の沿道環境対策では，最初に，首都高速横羽線を高架に持つ産業道路の沿道で始まった．産業道路では，片側4車線の道路が3車線に削減され，沿道に環境緑地帯が作られ，道路は低騒音舗装され，遮音壁が設置された．さらに，土壌浄化システムや光触媒インターロッキング・ブロックの設置等が試験的に実施された．車線削減については，削減以前に社会実験を行い，1車線は駐車場代わりに使われていたこともあり，クルマの運転者からはほとんど抵抗も無いことが分かっており，沿道対策は2～3年で終了した．

　次に，国道15号線は川崎区内の2.5 kmにおいて，道路幅員は変えず，中央分離帯を13 mから6 mに縮小し，削減した部分を道路両側の自転車道と緑樹帯（環境施設帯）にあてるものである．この整備については，まず2002年に，公害被害者が中央緑地帯の緑化についての提案を行い，さらに，稲毛公園の沿道部分の緑地についても植種を提案した．これを受けて，国土交通省は2004年2月にワークショップを開き，裁判の原告団や公害被害者との間で環境施設帯の植種などについて検討し，合意を得て，沿道対策事業を実施するに及んだ．

　川崎市南部地域の沿道公害対策では，今後，効果的なロードプライシングの導入，特に大型車・ディーゼル車の乗り入れ規制の導入とともに，国・道路公団が進めようとしている国道1号線の拡幅工事（沿道を整備するという名目で拡幅が目論まれている），川崎縦貫道路の建設についての見直しが課題となっている．

　以上，川崎市南部地域における道路の再構築は，公害被害者が道路管理者と協議して再構築を進めているという点で評価できるが，建設省・高速道路公団が提起した再構築は，交通流を改善することに重きを置いており，抜本的な，道路交通公害対策になっていない．問題は，道路公害を引き起こしている道路は人間の健康に損害を与えている「欠陥道路」であるということを

認め，交通量（特に大型貨物車・ディーゼル車の交通量）の削減によって環境改善を図るか，あるいは，欠陥道路を除去することが必要である．

たとえば，1968年に完成した首都高速横羽線（川崎市内では，延長6 km）は，産業道路の高架に建設された高速道路であり，建設当初から産業道路・高速道路からの騒音，大気汚染物質による公害が指摘されていた．高速道路は，当初，①東京湾の埋立地である内陸部のルートで，直近の住宅地からは1 kmほど離れたところに作る，②国鉄塩浜線に沿わせるルートで作る，③高架道路として作る，という3つの案が提起され，結局，建設工期が短く，コストが安い③案が選択され，実施されたのである．しかし，③の選択においては，当時深刻な問題となっていた公害による外部費用は全く考慮されなかった．実際，横羽線の開通時に，当時の地元新聞（神奈川新聞）は，二階建て道路から発生する騒音，振動，大気汚染の「公害の三重奏」が始まったという報道を行っていた．①や②の選択肢が採用されていたならば，今日のような公害問題は生じなかったかもしれない．

したがって，こうした欠陥道路は除去して自動車交通量自身を削減するか，地下に埋設して公害の低減を図ることが必要である．高架道路の地下化は，既存道路（産業道路）の再構築，特に橋梁を除去することによって沿道に環境施設帯や自転車道を整備することが可能となり，公害の外部費用の削減と沿道の土地利用を促し，沿道の経済的価値の上昇という外部経済を生み出す効果をもたらすであろう．

川崎市南部地域の道路に起因する大気汚染やその他の公害は面的な広がりを持っており，多少の道路構造の改善では，環境基準を達成することは困難である．TDMによって自動車交通量を削減し，欠陥道路を除去するという対策をとることが望ましいが，こうした対策は，「持続可能な交通」に依拠する新たなまちづくりを必要とするであろう．

この件については，すでにOECD（2002年）が，サステイナブル・トランスポートを達成することの経済的効果として，外部費用の低減について言及していることに注意を払うべきであろう．欠陥道路の除去による環境改善の経済的便益に加えて，道路沿道が生活空間に利用されることにり，経済活動が盛んになるという側面もある．つまり，道路除去によって公共交通が便利

になるにしたがって，中心市街地の活性化が試みられるであろうし，都市環境の改善による人間の暮らしやすさが，増進することになろう．環境再生の経済的価値，つまり外部費用の減少と，クルマ依存から脱却することによる公共交通機関の発達，また，都市の活性化に関する経済的便益が生じるのである．

3.4 尼崎地域の道路再生と交通需要管理政策

大阪市と神戸市を結ぶ尼崎市の南部地域に43号線道路が建設されたのは1970年のことであった．その後，この自動車専用道路には，川崎市南部地域と同様に，阪神高速道路西宮線（現3号線）が作られ，両道路には1日当たり20万台にも及ぶ自動車が走行し，沿道に大気汚染，騒音などの深刻な公害を生み出した．阪神高速道路建設に反対した住民はその後公害患者になって，健康と生活を蝕まれ，大気汚染訴訟を1980年に提起することになる．この訴訟は，20年という膨大な時間を費やし，2000年に結審したが，原告は国土交通省，阪神道路公団等と和解に応じ，損害賠償を放棄し，また，公害の差止めを取り下げる代わりに，政府は道路沿道において環境基準を満たすことを約束し，道路公害対策に応じることになった．

この和解以前に，政府は片側5車線のうち2車線を削減し，緑地帯や遮音壁を作るも，自動車交通量の多さと貨物トラック混入率の多さのために，沿道の環境は改善しなかった．このため原告は，阪神高速道路5号線（湾岸線）に大型トラックの走行量を分散するために，5号線の料金を引き下げるというロードプライシングを導入し，さらに，43号線の大型車両の通過を一定量規制する措置を要求するようになった．しかし，国土交通省，（旧）阪神高速道路公団，警察は，交通量の規制は交通安全上は可能であるが，沿道環境を保全するという観点からは実施することが困難であるという立場をとっている．実験的に行った湾岸線における高速料金の引き下げは，本来の「環境ロードプライシング」ではなく，43号線にこそロードプライシングを導入すべきであった．しかし，43号線の大型車両を規制するという要求は，警察力による交通規制は無理であること，また43号線に並行する国道2号線に大型車両が流入し，2号線沿線で公害被害が増加する可能性が高いなどの理由か

ら，実現は困難な状況となっている．

　また，10車線の43号線の上部に高速道路を高架道路として建設し，大量の交通量を流すという道路政策も，沿道環境をまったく無視した「欠陥道路」政策であり，道路の再構築，自動車走行量の規制は必要不可欠である．しかし，現実は両者とも困難であるというのが実態である．1996年の阪神・淡路大震災の際，阪神高速道路が倒壊したが，その際，災害復興という点から早急な再建が重視され，高速道路を地下に埋め立てるという道路の再構築は採られなかった．しかし，震災のような場合，まちづくりにおいては耐震性やオープンスペース整備が重視されたのであるから，そのようなときに，環境面から高速道路を埋め立て，43号線は阪神間の通過交通を流す道路ではなく，生活重視の環境容量に対応する道路として再構築すべきであったと思われる．

　川崎市南部地域，尼崎市南部地域は全く同じように，沿道の人口密度が高い国道の上に高架道路として高速道路を作り，大量の自動車交通量が走行することによって，沿道に大きな被害を生み出した．今日，求められているのは，こうした高架道路を撤去して，高速道路を地下化し，地上の道路は通過交通を排除し，環境容量に合わせて交通量を規制し，沿道には緑地を最大限に配置して騒音対策などを施すことである．現に，そうした道路の再構築も進められている場合もないわけではない．実際，東京都でも首都高速道路の再構築が議論されるようになったし，また，韓国のソウルやアメリカ合衆国のボストンにおける高速道路の再構築が大きな議論を呼んでいる．

　たとえば，現在，東京都では，中央環状線の建設にあわせて，新宿地区ではすべてが地下に建設されることになるので，環状6号線の上にある現在の山手通りの整備が同時に行われている．ここでは，中野区の住民組織が中心となって整備案を提起し（パブリック・インボルブメントの実施），これを基本にして道路整備が行われており，これまでの交通混雑の激しい山手通りは緑豊かな地域道路に衣更えする予定である．今日，大都市での高速道路建設は土地の取得といった経済的な面でも困難となっており，道路の地下化は避けがたい状況となっているが，こうした，既存道路の沿道対策を兼ねた道路

3. 道路政策転換への課題

の地下化は評価することができよう．

 もっとも，自動車交通量を抑制し，他の交通モードへの転換が望まれている時代になっても，数十年前の都市計画案にもとづいて道路を建設するということに関しては問題がないわけではない．以前の都市計画は，クルマに依存した道路ネットワークを基本にしたものであったが，今日の都市計画は公共交通を指向したまちづくりを基本にするものに転換されるべき時代であることを考えると，政府が数十年前の都市計画案にもとづいて道路の建設計画を進めることについては，市民の同意が得られないであろう．

 東京都の外郭環状道路・世田谷線の建設がパブリック・インボルブメント（PI）方式で，現在建設計画が進められているが，これなどは30年前に中止された計画の再登場である．今日，1970年代に中止された計画を再度実行するというのであれば，この30年間の都市の変遷，都市交通のあり方から道路建設計画の必要性を検討すべきであるが，並行する環状8号線などの交通混雑対策という点から進められていることは，説得的ではない．確かに，都心の交通混雑を削減するための，迂回路として，ネットワーク機能を有する環状道路の必要性は認められる．しかし，混雑対策としての環状道路建設はロンドンのM25道路の経験を見るまでもなく，誘発交通量を生み出し，都市圏の自動車交通量の拡大は避けて通ることはできないであろう．また，ネットワーク道路が必要であるとしても，既存の環状8号線や環状7号線のような沿道公害の深刻な道路における対策を無視すべきではなかろう．実際，環状6号線の地下に建設している中央環状道路のように，環状8号線の地下に高速道路を建設し，現在の地上の環8道路を再構築することは可能なのである．現在，大深度地下で建設計画が進められている外環道・世田谷線は1mの建設費が約1億円を超える膨大な費用のかかる計画であり，今後の道路建設予算の可能性を考えれば，既存道路の環状8号線を再構築することで外環道に代替することは検討に値するであろう．

 また東京都における道路の再構築では，首都高速道路は建築・開通して40年が経過して，再整備が議論されるようになり，特に日本橋地区については撤去・再構築を含めていくつかの案が検討されている．この検討は，都市の景観を再生するもの，日本橋という歴史的建造物を再生し，日本橋川の再生

をもくろむものであり，周辺の日本橋地区の不動産の価値に大きく影響を与えるものである．こうした再構築は一定程度，評価できるが，より重要なことは，大気汚染や騒音・振動が激しい道路を再構築し，居住環境を改善することであろう．

3.5 韓国ソウルにおける高架道路の撤去と清渓川の復活

わが国において道路の再構築，あるいは道路行政の転換のプランが示されない一方で，隣国の韓国のソウルでは，高速道路の撤去，そして，その後に河川を復活するという環境再生事業が行われ，国際的な評価を得るようになった．河川復活は，2005年10月1日に実現され，清渓川に水が戻った．清渓川は，総延長10.92 kmの都市河川であり，ソウル都心の一角を西から東に流れていた．この川の覆蓋は1958年に始まり，1976年の高架道路建設によって完了した．覆蓋構築物は5.4 km，清渓高架道は5.68 kmに及び，清渓川路と清渓高架道の1日の交通量は，約16.8（清渓高架道の交通量は約10.3）万台以上に達していた．清渓高架道の場合，交通量の62.5％が通過目的であり，37.5％が都心に向かう車であった．

清渓川復元の狙いは，①都心の交通混雑，大気汚染（清渓川脇の住民たちは，一般居住地区の住民に比較して，呼吸器疾患に罹患する割合は約2倍以上高いという調査結果が出されていた），騒音公害などの対策，②開発から環境へ，自動車から人へ価値を置くという環境に配慮した都市への転換，③朝鮮時代の歴史的遺産の回復・保全，④劣化した覆蓋構造物や清渓高架道の老朽化による将来の維持管理費用（清渓高架の構造上の安全性問題を解消するためには，約1,000億ウオンの投資が必要とされている）の増大，⑤ビジネス地区の再活性化により，国際金融およびビジネスセンターへの転換，等である．この復元事業は2003年7月の高架道路の撤去から，2005年10月の完成まで，2年という超スピーディーな工事によって行われた点にも大きな特徴がある．

清渓川復元の交通関係の問題点としては，1日の交通量が約10.3万台に及ぶ清渓高架道を撤去した後の自動車交通量をどのような交通モードに転換するかということであった．この点に関しては，自動車からバスへの転換が進

められた．実際，ソウルでは2004年7月より，ブラジルのクリティバのバスシステムをモデルにして，バスの交通システムが全面的に改定され，複雑だった路線をシンプルなものにし，バスの色も四種類に色分けされた．そして，幹線道路には中央にバス専用レーンが設けられ，専用のバス乗り場が設置された．なお，バス専用レーンは今後，13路線170 kmに延長されることになっている．ソウルにおいては，これまで，急激なモータリゼーションによって，都心を通行するバスの数は多かったものの，利用者は深刻な減少を示し，清溪川区間を運行する18路線は，バス1台当たり平均1名が乗下車するというほど利用度が低かった．また，この区間には，駐車空間が800台ほど用意されていたにもかかわらず，不法駐車が常態化し，1車線の通行速度は午後の時間帯で時速6 kmと，ほとんど停車状態であり，高架構造物の橋脚下では不法駐車が横行していた．

地下鉄の運営については，深夜延長運転を実施し，運行時間の間隔をさらに短縮し，乗り換え施設を増設するという対策をとった．さらに，都心における車両の集中を抑制するための駐車管理対策もとられている．また，清溪高架道の4車線と清溪川路の8車線中4車線の通行が禁止された工事中には，市内バス路線の迂回，一方通行，左折・右折禁止の解除，新たな迂回路の開通，一方通行の実施，無料シャトルバスの運行などが実施された．

清溪川復元に関する環境改善便益に関する評価であるが，ソウル市政開発研究院の「清溪川復元妥当性調査および基本計画中間報告書」(2003年1月)によると，河川形態，水質，(歴史復元を含む)水辺空間の3つの環境改善についての市民の支払い意思額を，税金と同様な徴税方式を前提とした選択モデル法を用いて計測すると，年間1世帯当たり約10万3,000ウォン(特に，水質については2級水準を確保するために6万6,000ウォンを支払うという意思表示があった)という結果が得られた．この計測と復元費用や交通混雑コストなどの総費用を比較して，社会的便益(環境改善便益と高架・覆蓋路の維持補修費用の節約額の合計)を求めると1.843(便益/費用比率)となるという調査結果が得られた．また，環境改善便益の詳細については，大気汚染改善便益は年間400億ウォン，風の道を確保して復元区間の夏季気温は最高0.8度まで低下するという試算も行われている．さらに，工事費は3,600

億ウォンであったが，経済的効果は直接投資効果で総額8,300億ウォン，付加価値誘発効果で3,700億ウォン，雇用創出効果で1万7,000人という試算が示されている（黄2005）．

以上，韓国ソウルの清溪川復元は，意思決定の早さ，復元にかける時間の短さなどの点で，驚異的な環境再生政策といえるであろう．今後は，道路交通の混雑の行方，バス交通への転換についての評価，そして，清溪川復元が周辺地域に及ぼす経済的影響などについて，検証していくことが重要であろう．

4. 8都県市におけるディーゼル車排ガス規制とその効果

4.1 広域連携の実現

東京首都圏における大気汚染の原因は，大量の自動車交通から排出されるNO_x（窒素酸化物）やPM（粒子状物質）等の汚染物質である．実際，2000年度の東京都の自動車排ガス測定局において，SPM（浮遊粒子状物質）では35局中すべての局で環境基準を満たしておらず，NO_2（二酸化窒素）については34局中11局しか環境基準を満たしていない．また，環境省が発表した2001年度の全国大気汚染状況調査の結果によると，全国の自動車排ガス測定局におけるワースト10局のうち，東京都はNO_2で7局，SPMで5局を占めており，全国的に見ても汚染濃度が高い．さらに，自動車排ガスのうち，ディーゼル車から排出される汚染の寄与率はきわめて高く，NO_xの70-80％，PMのほぼ100％がディーゼル車からのものである．

ディーゼル排ガスは，気管支喘息などの呼吸器疾患を発生，増悪させるとともに，今日では，スギ花粉症症状の発現や悪化にも影響を及ぼすことが明らかになっているし，何よりも，ディーゼル排ガスに含まれる汚染物質は発がん性を有しており，欧米の疫学調査ではディーゼル車のPM2.5（微小粒子状物質）の大気中の濃度と肺がんによる死亡率との間に非常に高い相関関係が認められている．また，東京都において大気汚染が原因とされる喘息などの認定患者数は1989年の7.7万人から，1998年の13.4万人へと2倍近くも

増えている.

　こうした状況のなかで,東京都は2003年10月1日からディーゼル車に対する厳しい規制を導入することになった.東京都は,PMに関する排出基準を満たさないディーゼル車の首都圏乗り入れを禁止した.ディーゼル車から排出される微小なPM,そしてNO$_x$等の大気汚染物質の規制については,これまで国においても規制が度々繰り返し目論まれてきたが,PMとNO$_x$についての環境基準を満たすという目的を達成できず,深刻な大気汚染が長期にわたって続いてきた.今回の規制は,これまでの大都市圏における深刻な大気汚染を削減する重要なステップになると考えられる.東京都における多くの大気汚染被害者から見れば,今回の効果的な規制は遅きに失したとはいえ,歓迎される措置であろう.ただし,東京都は,事後チェックを徹底し,PMの道路沿道の大気中濃度が減少し,他の汚染物質も監視し,すべての汚染物質の環境基準を満たす努力を持続しなければならない.

　一方,今回のディーゼル車規制は,これまで長期に渡って効果的な規制を打ち出せなかった国の対応を振り返るとき,広域的な自治体の環境規制の重要性を再度,認識させるものとなった.これまで,わが国の自治体は,国が設定した環境規制に対して,汚染物質の排出基準を上回る基準値を設定（上乗せ規制）したり,規制の実施時期を早めるなどの規制の強化を実施してきたが,今回のディーゼル車規制もこうした積極的な自治体の環境規制を提示するものとなった.もっとも,今回の排ガス規制の対象となる自動車は,地域を選ばないので,都市圏以外からの流入もあり,都市圏における規制強化は全国的な規制強化につながり,環境規制が首都圏から国に及ぶという性格を持っている.同時に,軽油税に対する優遇措置の是正を東京都が国に求めているように,自治体と国との間には多くの課題も残されている.

4.2　8都県市と国における対応の違い

　以下では,東京都が発表した「東京都のディーゼル車対策——国の怠慢と都の成果」(2003年9月)に依拠して,ディーゼル車規制の内容を国と東京都の規制の違いという観点から説明するとともに,いくつかの今後の課題について言及することにしよう.

東京都がディーゼル車対策を真剣に検討するようになったのは，1999年8月から始まった「ディーゼル車NO作戦」がきっかけである．同年8月27日，都知事は定例記者会見を行い，ディーゼル車から排出される真っ黒な微粒子の量は東京都内でペットボトル12万本分にも及んでおり，東京都における大気汚染の深刻さを訴え，①都内ではディーゼル乗用車を乗らない，買わない，売らない，②代替車のある業務用のディーゼル車をガソリン車などへ代替することを義務付ける，③排ガス削減装置の開発を急ぎ，ディーゼル車への装着を義務付ける，④ガソリンよりも安くしている軽油の優遇税制を是正する，⑤ディーゼル車排ガスの新長期規制（2007年目途）をクリアする車を早期に開発し，規制の前倒しを可能にする，などの提案を行った．この提案の後，都庁で利用する車両のディーゼル車からガソリン車への代替，いすずセラミック研究所と都庁との間でのディーゼル微粒子削減装置（DPF）の共同開発などをはじめとして，公開討論会等のキャンペーンが行われた．

そして，1999年には，「ディーゼル車NO作戦ステップ2」と題して，さらにディーゼル車対策を促進することになった．このステップ2では，まず，東京都の条例化によって実現できるものとして，①大型貨物車やバス等へのDPFの装着義務付け，②ガソリン車と同等の排出ガス基準を満たさないディーゼル車の使用制限，代替義務付け，③より低公害な自動車の使用促進，④自動車に関する環境情報の公開と説明の義務付けを提起し，次に，国に対して早期の制度改革を求めるものとして，⑤軽油優遇税制の是正，⑥軽油硫黄分規制の強化と新長期規制の前倒しの実施，⑦東京都内の走行実態と乖離した排出ガス試験方法の是正，⑧車検制度の環境面での充実と黒鉛規制の強化を打ち出し，そして，⑨燃料電池車やモーダルシフトをも展望した長期戦略の確立，などの包括的な対策を提起したのである．東京都は，2003年10月の規制導入前に，ディーゼル微粒子（DEP）が人のスギ花粉症状の発現や増悪に影響を及ぼすことを科学的に証明し，ラットを用いた実験では，妊娠中のラットがDEPを吸収すると，仔ラットがスギ花粉症を起こしやすい体質になることも証明し，DEPの危険性について科学的な解明も行った．また，2002年10月の東京大気訴訟の判決では，幹線道路の一部住民に対して，自動車排ガスによる健康被害と損害賠償を認め，道路管理者として国や都，

道路公団などの責任を認定したが,東京都は控訴を見送った.

こうして,2001年度には,「都民の健康と安全を確保する環境に関する条例」(通称:環境確保条例)が制定された.環境確保条例は,1996年10月以前に初度登録した車は猶予期間7年を経過しているので,規制開始日から都内を走行することを禁止した.また,1996年度以降に初度登録した国の短期規制(たとえば,2.5トン超の自動車で0.7 g/kWh)車は,東京都の2003年10月の規制値(同じく,0.25 g/kWh)をクリアしていないので,猶予期間7年を経過した時点で都内を走行することが禁止される.そして,1997年以降に初度登録した車は国の長期規制値(同じく,0.25 g/kWh)をクリアしているので,規制開始以降も走行可能である.ただし,東京都は2005年4月以降に規制値を強化したので,国の長期規制値をクリアした車でも初度登録から7年を経過した時点で,都内を走行することができなくなる.しかし,2003年10月の基準値をクリアできない車については,DPF等の装置を装着すれば都内を走行することができる.

こうした規制は,東京都だけでなく,埼玉県,神奈川県,千葉県,川崎市,横浜市,千葉市,さいたま市の8都県市でも導入されたが,各県の条例化のテンポが異なったこともあって,規制に違反する車に対する罰則に時間的ずれが生じており,広域規制実施の難しさを示すことになった.罰則では,違反者には50万円以下の罰金と,氏名公表が行われることになったが,神奈川県では条例化の時期が遅れたため,罰則時期が,2004年4月までの半年間,延期された.

8都県市の規制は,東京都の説明にも見られるように,国との違いが明確になっている.都の説明によると,日本のPM規制はアメリカ合衆国に6年,欧州に2年遅れの1994年に始まり,その規制基準は欧米に比較して5倍以上甘いものであった.そして,1990年代初頭の欧米のPM規制値に追いついたのは1998年から始まった現行規制で,実質的には,日本のPM規制は欧米に比較して10年近く遅れたことになる.これに対して,国のほうはNO_x対策を重視してきたので,PM対策が遅れたという主張を行っているが,東京都が言うように,わが国のNO_x規制は国際的に見ても進んでいるわけではなかったし,特に,ディーゼル車については,NO_x規制は,1994年

図 7-3　PM と NO_x の日本,EU,アメリカ合衆国における規制値の推移

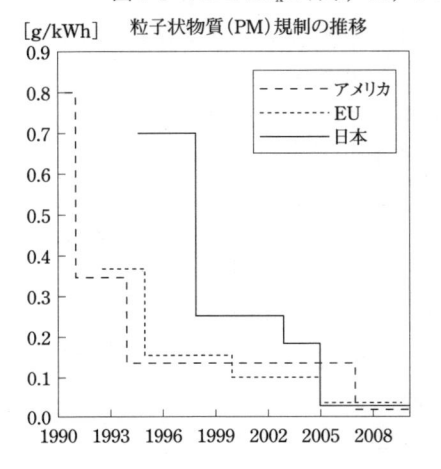

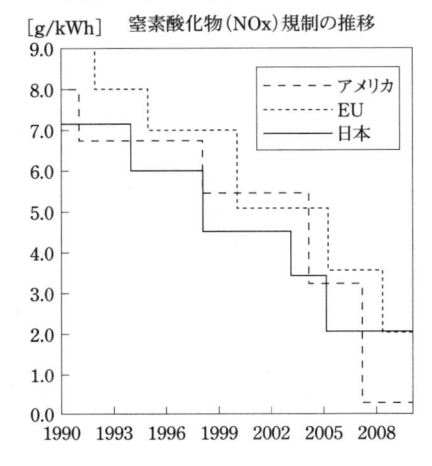

粒子状物質（PM）規制の推移

窒素酸化物（NOx）規制の推移

規制以前は，欧米に比較して緩い基準であった．また，規制方法については効果が疑問視されるやり方であったことも事実であろう（日本，アメリカ合衆国，EU における PM や NO_x 規制の強化については，図 7-3,参照).

ここでいう規制方法とは，走行モードが実際の走行と食い違う 6 モード（試験装置を使って行われる）で行われていたことである．実走行モードで規制車の排ガスの計測を行うと，特に直噴式のディーゼル車では，6 モードの走行モデルと比較して実際の NO_x 低減の比率が低下することは都の環境総合研究所などの測定によって明らかにされていた．現在のディーゼル車については，車両総重量 2.5 トン以上の場合，ディーゼル 13 モードが使われているが，同様な問題が指摘されている．つまり，国の規制値をクリアしていても，実際には，より多くの NO_x が直噴式トラックから排出されているのである（柴田・永井・水谷 1995，参照).

次に大きな規制上の問題は，軽油に含まれる硫黄分に対する規制問題である．EU は，すでに 1998 年に，2005 年 1 月に実施予定の「ユーロ 4」（車両総重量が 3.5 トンを超えるトラックで，0.03/kWh）と呼ばれる厳しいディーゼル車排ガス規制をクリアするために必要な排出ガス浄化装置を有効に機能させる目的で，軽油中の硫黄分を 50 ppm 以下にすることを明示していた．他

方，わが国では，1998年の中央環境審議会の答申において当時の500 ppm という規制値に対して，2007年の規制値（新長期目標値）について具体的な方針すら出すことができなかった．その後，2000年に中央環境審議会は50 ppm の新規制値を2004年度末に導入することを決めたのであるが，これを待たずに，都の要請を受けた石油連盟は2003年3月までに，自主的取組みで全国すべての石油スタンドで50 ppm の規制値をクリアする低硫黄軽油の販売を可能にしたのである．都の要請は，2003年10月から実施されたディーゼル排ガス規制に対応するものであったが，国の対応の遅れを都が前倒しという形で，軽油の低硫黄化を実現したのであって，ディーゼル排ガス規制における国の対応の悪さを印象づける状況となった．軽油の低硫黄化は，都の要請で2005年1月にさらに強化され，10 ppm にまで低下した．

　1990年代末のディーゼル排ガス規制は国際的な潮流であり，グローバルな展開を見せる自動車メーカーとしては規制が最も厳しい国を基準にして新車を開発する必要性に迫られていた．こうした国際的な環境規制の潮流のなかでは，早期のPM対策を要請されており，新車やDPFの開発をいち早く進めなければならなかった．日本の規制の遅れは環境技術の開発競争という面でも遅れをとるということでもあり，低硫黄軽油の早期供給は，この遅れた面を都が部分的に救済したという意義を持つことになった．

　以上，東京都の主張に沿って，国の大気汚染対策のタイミングが遅れたこと，低硫黄軽油の開発において，国ではなく都が大きな役割をしてきたこと，県外から首都圏に流入する自動車に対する規制が国の法律ではなかったので，十分な効果が発揮できなかったことなどのマイナス面について触れてきた．こうした都の主張は，おおむね的を得ているといってよいであろう．2003年10月から実施されている今回の8都県市によるディーゼル車規制は，国ができなかったことを実施したという点において，広域的な自治体の環境規制が効果的であったことを示したものといえる．

ディーゼル車排ガス規制における補助金の役割

　東京都と国の規制の違いにおける決定的に重要な点は，使用過程車に対する厳しい規制を東京都が導入し，埼玉，千葉，神奈川の隣接県も同様の規制を実施したことである．通常の自動車排ガス規制は，新車にのみ限定されるので，多数の自動車がこの規制を満たすようになるためには，一定程度の自動車の耐用年数を考慮に入れなくてはならないが，この間，地域によっては，規制強化を上回る自動車交通量が発生し，したがって平均すれば個々の自動車の排ガス量は削減されても，全体としての排ガス量はそれほど低下せず，そのため，沿道の大気汚染の被害は緩和されないという事態を生みだすのである．その点，使用過程車に対してDPFなどの装置を装着することによって，都市圏において排出されるPMの総量を短期的に削減するという今回の8都県市の規制は画期的であったといえよう．特に，東京都は，すでに都の環境総合研究所で1988年からDPFの研究・開発を進め，ある一定の見通しがあった（柴田・永井・水谷1995，第8章，参照）ために，積極的に使用過程車に対する規制を実施することができた．こうした点を考慮すれば，ディーゼル車NO作戦は，1980年代から始まっていたのであり，東京都の同作戦の実施は，見方を変えれば遅いくらいであったといえよう．また，国はこうした排ガス削減装置の研究・開発を積極的に行っておらず，そのために，使用過程車に対する禁止措置などの実質的な規制措置も導入することができなかったのである．

　しかし，新車の費用負担と使用過程車のDPFの費用負担では大きな違いがある．耐用年数が来て，自動車を買い替える時に，自動車取得税の軽減などの優遇措置があれば，低公害車への転換は促進されるであろう．しかし，使用過程車のDPFの費用を使用過程車のユーザーが負担することは，大きな困難を伴う．実際，PM削減のための装置として，PMを除去するフィルターであるDPFと，PMを白金などの触媒で除去する酸化触媒の2つの方法があるが，前者のDPFの装置価格は100万円から140万円前後，後者の酸化触媒の装置価格は40万円前後である．こうした費用

を，特に中小のトラック事業者に負担させることは，荷主への価格転嫁が非常に難しいといわれているトラック業界において困難なことであった．

このため，東京都は，都内バスと中小トラック事業者に対してPM削減装置の半額を助成することになったが，DPFについては車両総重量8トン以上のバス・トラックには40万円，また，8トン以下3.5トン以上の車両には30万円を限度に助成を行った．同じく，酸化触媒については，前者は20万円，後者は10万円を限度に助成を行った．こうして，2003年度の予算では，約2万8,000台の車両に59億1,080万円の助成金が支出された．助成措置は東京都以外の7県市にも及んでおり，その総額は2003年度で178億円にも及んだ．この助成額は首都圏自治体において大気汚染対策のプライオリティーがいかに高いものであるかを示すと同時に，広域自治体における共同歩調が大きな効果をあげる魁となった．なお，このような補助金は，8都県市の他の県市，たとえば，静岡，群馬，新潟などの規制地域以外の県においても実施された．

8都県市におけるディーゼル車規制の特徴は，これまでの規制と異なって，大気汚染の改善に効果を挙げていることであろう．実際，2003年11月13日に出された東京都によるディーゼル車規制における効果についての報告では，都内登録車両データから推計すると，規制対象である不適合車は2002年3月末時点で20.2万台であったが，2003年9月末にはそのうち8割が規制に対応し，不適合車は4.4万台に減少した．このため，自動車から排出されるPMの量は1997年のペットボトルにすると1日当たり12万本（あるいは，年間4,200トン）から，2003年9月には同じく1日当たり約5万本（あるいは，年間1,900トン）と半分以下に減少している．この結果，SPMの大気中の環境濃度も低下し，気象条件，自動車以外から排出されるSPM等も考慮しなければならないが，自動車排ガス測定局35局の平均濃度は，2002年10月の0.046 mg/m^{3}から，2003年10月の0.032 mg/m^{3}へという具合に大幅に低下した．こうした規制の効果は，首都圏3,400万人に及んでいる．

ディーゼル車規制は8都県市において一定の効果を挙げているが，2004年11月になって，DPFの主要な販売者である三井物産が欠陥商品を販売していたという衝撃的なニュースが伝わった．三井物産の販売量はシェア4割で，2万1,500台に達している．しかし，その性能は都の基準を下回っており，三井物産は同社のDPFを早急に回収・代替品との交換をするこ

とになったが，8都県市の補助金80億円を不正に取得したことになり，東京都および都民の強い怒りを買うことになった．速やかにリコールを実施するとともに，東京都も三井物産のDPFを認可した責任を自覚し，ディーゼル排ガス規制を厳格に適用し，大気汚染の現状や排ガス規制の効果について徹底的な情報公開を実施すべきであろう．

5. ロンドンの混雑税

交通需要管理（TDM）の一種としての混雑税が，大都市ロンドンで導入されたのは2003年2月17日であった．ロンドンの混雑税は，休日を除いた平日の7：00—18：30の時間帯に，混雑税の課金地域に流入した車両に1日につき5ポンド（約1,000円）を徴収するというもので，支払方法は利用者自身による自己申告の後納方式で，小売店，キオスク，インターネット，携帯電話等を使って支払うことができる．通過車両の確認には，課金区域の境界に設置された数台のCCTVカメラによってナンバープレートが撮影され，後日支払い状況と照合し，違反者には多額の罰金を科すというペナルティー制度が採用されている．

このロンドンの混雑税については，実施の1年後に詳細な報告書（Transport for London 2004）が提出されたが，それによると，セントラルロンドンの課金区域内の混雑度は，混雑税導入前に比較して約30％減少した．混雑度は，非混雑状態の自動車走行に対して，過剰となった走行がもたらす"失われた時間"総量によって定義されるが，30％の混雑削減は当初の予想を超えるものであり，混雑税の効果は大きかったといえよう．車の運転者は，東京都の都心3区に匹敵する22 km^{2}の規制地域内で，車の停止時間と時速10キロ以下で走行する時間の合計が約25％減少するという渋滞緩和を経験したのである．

課金区域の混雑は減少するが，その周辺の環状道路は混雑するのではなかろうかというのが，混雑税導入以前の関心事項であったが，しかし，インナーリング道路の混雑度は，交通管理手法の改善を通じて，走行量は増えたものの，混雑度は若干低下するという状況になっている．課金時間に課金区域

外から流入する自動車台数は 18% 減少し，課金区域内で循環する自動車台数は 15% ほど減少した．課金区域の外周道路（インナーリング道路）に車が溢れ出したということは，まったくなかったというわけである．

課金区域内の自動車数は，課金時間内で 6 万 5,000 台〜7 万台が減少したのであるが，これらの減少のうち 3 万 5,000 台〜4 万台（50%〜60%）がバスや鉄道等の公共交通機関に転換し，1 万 5,000 台〜2 万台（20%〜30%）が課金区域周辺その他への走行の転換を図り，そして，5,000 台〜1 万台が自転車，徒歩，オートバイ，タクシー，カー・シェアリングに転換し，5,000 台以下が課金時間以外の走行に転換し，5,000 台以下が他の目的地，頻度削減を試みたものと計測されている．

混雑税は市民の交通行動の転換を引き起こした．実際，混雑税導入によって，課金区域に流入する交通量（2002 年度から課金後の 03 年度の年間値）の比率は，全車両（すべての四輪車と二輪車）で 14% 減少し，4 輪自動車で 33%，バンで 11%，トラックその他で 11% それぞれ減少し，反対に，バスとコーチで 23%，タクシー（免許保有）で 17%，二輪車で 15%，それぞれ増加した．

特に四輪自動車からバスへの転換は大きいが，これは，ロンドン交通局が，課金区域における朝のピーク時のバス利用は 7,000 トリップほど増えるという予測を立てて，課金区域内における 8 つの新しいバス路線の開設，約 50 路線において運行頻度を引き上げたことが要因となっている．2003 年秋，平日朝，課金区域に流入するバスの総数は約 3,000 台で，2002 年度に比較して 560 台（23%）ほど増加し，乗客数は 10 万 6,000 人となっており，2002 年度に比較して 2 万 9,000 人（38%）ほど上昇している．これは 2002 年度と比較して，バスに対する選好度が 38% 増加し，また，サービス改善が 23% ほど改善されたことがその要因となっている．課金区域では，バスの速度は 6% ほど改善され，バス運行が不規則になって生じる待機時間は 30% ほど減少し，遅れに伴う破壊行為は 60% も減少した．

一方，地下鉄については，休止した路線もあったため利用客は減少し，また，鉄道を利用してロンドン中心地に流入する利用者の数はほとんど変化が見られなかった．

交通行動の変化については，東京都のロードプライシング検討委員会でも，アンケート調査によって確かめられている．この調査では，山手線・隅田川をコードンラインとし，この内部に乗り入れる（平日午前7時から午後7時まで）クルマに対して課金することが想定されている．それによると，一般道では，500円の課金で，自家用自動車は，電話Faxで済ます，徒歩・自転車利用に転換する，鉄道利用に替える，バス利用に替えるなどによって，クルマ利用をやめると答えた人は約34％であり，課金額500円（小型）と1,000円（大型）の場合の自家用貨物車では，約30％が車利用をやめると答えている．この結果は，ロンドンにおける混雑税の効果と類似しており，また，貨物車については多くの貨物車が規制時間帯を避けると答えており，混雑分散の効果は大きいと推測できる．

ロンドンにおける混雑税の効果は，さらに，交通事故や環境汚染にも波及している．実際，交通事故の件数は，2001年度の1,137件が，2002年度の1,020件，そして，2003年度の854件と減少している（事故件数は平日の7：00―19：00の時間帯で，年度は3月から10月までの数値である）．また，課金区域内における道路起源のNO_x，PM10の排出量は，いずれも12％減少し，CO_2の排出量も19％ほど減少している．なお，課金区域内の商業活動に及ぼす混雑税の影響は小さかったこと，課金区域の外周の道路では大きな混雑はなかったこと，税収はロンドン市に入るが，その金額は純収入で年間6,800万ポンド（約136億円）であったことなども報告されている．

こうした改善の効果を見て，ロンドン市長のケン・リビングストン（Ken Livingstone）は，2005年9月に，2007年2月からロンドン混雑税の対象区域を西部地区（チェルシー等）にまで拡張し，あわせて，住民の課金割引地域を拡大するとともに，課金時間を夕方の18：00までにするという提案を行っている．

ロンドンの混雑税は，大きな成果をもたらしつつあるが，その成功の裏には，徹底したパブリック・アクセプタンス（住民合意）を得る行動があった．これが，ロンドン混雑税の第一の特徴である．実際，GLA（Greater London Authority）やTfL（Transport for London）は，周到な広報活動を行った．彼らは，混雑税の導入に向けて，市民の理解と制度の教育のために巨額の資

金を広報に投入した．GLA の広報誌である "The Londoner" や無料の日刊紙である "Metro" を通じて，制度の周知徹底を図った．また，市民向けの冊子も発行されたが，冊子は英語だけでなく，日本語を含め多数の言語にも翻訳され，制度の概要，意義，効果について詳細に記され，市民の理解に役立った．もちろん，インターネットを通じて，混雑税の意義や，課金支払いの方法などの詳細な情報が提供されたことは言うまでもない．さらに，混雑税導入に対するアンケート調査，満足度調査などが頻繁に行われ，その結果は "Metro" で紹介され，市民の主体的な参加，支持を広げることに貢献した．

ロンドン混雑税成功の第二の要因は，一方で自動車交通量を抑制するとともに，他方で，地下鉄の修理，バス交通の増加などの公共交通機関を改善するための資金にするというパッケージ政策がとられたことである．混雑税は，自治体（GLA）の財政収入となり，その資金は公共交通機関の改善に投入することが決められており，こうしたことが，市民の同意を取り付ける大きな要因となった．

混雑税のパブリック・アクセプタンス

一般に，都市内におけるロードプライシング導入のパブリック・アクセプタンスについては，以下のような課題をクリアしなければならない．

① 不必要かもしれない．つまり，交通状況は混雑税を導入するほど深刻ではないかもしれないし，また，交通量を削減するためには他の方法（道路建設等）があるかもしれない．
② 機能しないかもしれない．人々は価格に対して全く反応しない（非弾力的である）かもしれず，その場合には，課金水準にかかわらず，人々は自動車を利用し続けるかもしれない．
③ 他の選択肢がないかもしれない．人々は，代替する交通モードを利用することができないか，その他の理由で，自動車を"使用せざるを

得ない"かもしれない．
④　技術的に困難である．課金システムは停止してしまうか，正確に自動車を追跡できないかも知れず，また，課金支払い制度を遵守しないか，当局に強制力がないかもしれない．
⑤　システムは，プライバシーの侵害になるかもしれない．自動車は追跡され，人々の移動は監視されてしまうかもしれないし，そのような情報は他の目的に利用されてしまうかもしれない．しかし，もし取引の記録が無いとすれば，通行がなされたという"証拠"も存在しないことになるという議論もある．
⑥　ロードプライシングは，外周道路に深刻な影響をもたらすかもしれない．人々は，課金区域の外部に駐車したり，外周道路を利用するかもしれず，その場合には，これまで混雑が深刻でなかった課金区域以外の地域において，混雑が深刻になるかもしれない．
⑦　ロードプライシングは，金持ちの自動車利用者に有利に働くので，不公正であるかもしれない．現在は，あらゆる所得階層や社会経済的背景を持つ人々に道路利用は開かれており，したがって，混雑は（経済的には非効率ではあるが）公平であると多くの人から見られている．
⑧　ロードプライシングは，税金の一種に過ぎないかもしれない．集められた税収はどう使われるか判らないし，政府は，将来，財務省の税収が不足したとき，税率を引き上げるかもしれない．

　こうした課題をクリアーしなければ，ロードプライシングは実際に導入できないというのが，パブリック・アクセプタンスの問題である．特に，その必要性，他の選択肢は非効率で不十分であること，ロードプライシングは実施可能で，効率的な選択肢であること，そして，公平性が担保されることを主張しなければならない．
　課題をクリアーするために，必要性を人々に徹底的に認識してもらうことと，特に，交通混雑や環境問題が深刻で「何かをしなければならない」と考えている住民が多い大都市においては，住民の意識調査によって，ロードプライシングに賛成する比率が高いことを正確に捉えることが重要である．特に，パッケージ政策は重要で，実際，イギリスの世論調査では，単独でロードプライシングを導入することに対して30％の人々が賛成するのに対して，税収を公共交通機関の改善に利用する，交通安全や歩道・

自転車道路を整備するなどのパッケージ政策を行うと，賛成の比率が57％に上昇することなどが知られている．

　一般に，自動車交通量を削減する手法に対する選好度では，50％以上の賛成で選好される手法として，上から「パーク＆ライド・サービス」，「公共交通機関の改善，あるいは低廉化」，「カーシェアリングの推進策」，「歩行と自転車利用の推進策」，「自動車騒音対策の推進策」，「中心市街地における自動車の走行禁止，あるいは規制」，「実施上の改善」，50％以下の賛成の手法として，同じく上から「道路や駐車場の増加」，「ロードプライシング」，「自動車燃料税の引き上げ」という順になっている．したがって，賛成の少ないロードプライシングは，賛成の多いパーク＆ライド・サービスや公共交通機関の改善，あるいは低廉化等の手法とパッケージして実施することが望ましいのである．こうした，パブリック・アクセプタンスの手法を通じて，ロンドンの混雑税は実施されたのである．

6.「環境面で持続可能な交通」の構築に向けて

　近年，「環境面で持続可能な交通」(EST：Environmental Sustainable Transport) のあり方について，欧州，とりわけイギリスの動向が興味深い．実際，1997年の自動車交通削減法，1998年の「交通のニューディール」白書から始まり，ロンドンでの混雑税の導入 (2003年2月より)，地域の交通計画を推進する地方交通計画 (LTP：Local Transport Plan) の動きは，自動車依存を引き下げることに重点を置いた交通政策，「公共交通指向型開発」(TOD：Transit Oriented Development) を目指しており，また，環境政策と交通政策の統合をはじめとする包括的な統合交通政策は，環境面で持続可能な交通を目指す政策となっていることに注目すべきであろう．LTP とは，1997年の自動車交通削減法にもとづいて，各自治体で自動車削減レポート (現状の交通水準の評価，交通の予測，目標設定からなるレポート) が発表され，予算措置が導入され，2001年から2006年にかけて実施された自動車交通量削減計画である．

　イギリスにおける交通政策は，1980年代のロンドンの環状道路 M25 の建

設に端を発している．この道路は，慢性的なロンドン市内の自動車交通量を削減するために建設された．当初計画では，中心地から放射状の道路では通過交通量が排除されるので，混雑が減少するとされていたが，M25の開通とともに，放射道路の交通量は最大2倍も計画値を上回るほど増加したことが判明した．ネットワーク道路の開通によって既存道路の混雑を削減するという当初の目論見が外れたのは，自動車専用道路の建設が新たな自動車交通需要を生み出すという"誘発交通量"が発生したことが大きな要因であった．

この経験をもとに，イギリスは道路建設という供給面で自動車交通対策を行うのではなく，自動車交通需要を抑制して混雑を解消するというTDM (Traffic Demand Management) 政策に舵を変えるようになった．TDMは同時に，自動車に依存する生活やまちづくりを見直すという意味を持っていた．1998年の「交通のニューディール」白書には，イギリスでは自動車交通によって年間約3万人以上の人間が死亡しているという記述がある．この数字は，交通事故・大気汚染による死亡者を合計したものではない．そうではなくて，自動車に依存することによって，運動不足が発生し，心肺機能の低下から，高血圧などの生活習慣病に由来する多数の死亡者が発生していることを指摘したのである．クルマ依存症は，生活習慣病につながり，その生活習慣病はクルマ中心のまちづくりにその原因があることが明らかになった．一方で，イギリスでは全国民の約30％が自動車を保有しておらず，そのため，仕事，教育，ショッピング，病院などに出かける交通手段が不足していることが述べられている．自動車利用に依存した都市では，マイカーを持たない人々はアクセシビリティー（Accessibility）を欠く生活を余儀なくされ，社会から疎外されているのである．

このアクセシビリティーの概念は，2005年夏のアメリカ合衆国南部のニューオーリンズで，猛烈なハリケーンが到来したときに，クルマという移動手段を持たないマイノリティー・グループを中心に，貧困層が被災地から脱出できず被害が広がったという出来事のなかにも見出すことができる．豊かな社会，自動車社会といわれたアメリカ合衆国で，貧富の差がアクセシビリティーという概念で捉えることができる．

さらに，モータリゼーションが高度に発達した社会では，クルマに依存し

た交通は多様な弊害をもたらす．実際，現代人の交通においては自動車が最も重要な手段になっており，買い物で300メートルの距離を超えると人々は歩行ではなく，自動車を利用するようになり，親は交通事故を恐れて，子供の通学の送り迎えを自動車で行うようになり，子供のモビリティーも自動車が主役になっているのが現状である．一方で，自動車を保有しない高齢者や失業者は，買い物や病院，職探しに出かける交通手段が不十分で，そのため，社会生活から隔離され，人間のネットワーク（支えあうという相互扶助のネットワーク）が不足し，生活の質を欠くという状況に陥ることになる．自動車は社会の多数の人々が所有，利用していることから見れば，ユニバーサルな交通手段と思われているが，実態は，自動車の利用者だけでなく，自動車交通の外部費用の被害者を含む多数の人間の健康を損ない，一部の人間から利用を排除しており，到底ユニバーサルというわけにはいかないのである．この点で重要な交通手段は，歩行であり，歩行に近い公共交通手段は最もユニバーサルであるということがいえるであろう．

ところで，OECDは1994年から四段階にわたってESTプロジェクトを推進してきた．1996年の第一段階では，加盟各国の多様な関連活動を検討し，ESTの定義および基準を確立した．次に，1998年の第二段階では，2030年を目標にして，現状のトレンドが続いた場合のシナリオ（BAU: Business As Usual）と技術革新と交通活動抑制のいくつかのレベルを組み合わせる3種類のシナリオ（EST1, EST2, EST3）を策定した．EST1は技術革新のみによって目標を達成する方法であり，交通活動はBAUレベルにとどまる．一方，EST2は逆に技術レベルはBAUレベルであり，交通活動の抑制によって目標を達成しようというものである．そして，EST3は技術革新と交通活動の抑制を組み合わせて目標を達成しようというアプローチである．2000年初めの第三段階では，EST3を達成するための各種政策のあり方や，社会経済面に及ぼす影響を検討した．そして，第四段階目ではOECD加盟各国の政府が用いているESTガイドラインの草案を作成し，ESTの達成目標の再検討を行い，その結果を2001年5月に指針として発表した．

その結果は，表7-2に示されている．2030年を目標として，1990年に比較して交通部門の各種汚染物質を大幅に削減し，騒音レベルを引き下げ，都市

表 7-2　EST の達成目標

指標	基　準		対象地域
CO_2	−80%	2030年を目標年とし、1990年に比べて交通部門の汚染物質排出量を減少させる	全地域
NO_x	−90%		
VOC	−90%		都市地域
PM	−99%		
騒音	65 dB (A) 以下		全地域
	55 dB (A) 以下　昼間		居住地域
	45 dB (A) 以下　夜間		
土地利用	開発を抑制		都市地域
	交通基幹施設の拡張を抑制		地方地域

地域では道路建設などの開発を抑制することが指摘されている．このように，OECD は目標年次の状況から現在の対策のあり方を検討するというバックキャスティングの方法を採用し，2030年には加盟各国で環境基準を達成することが EST を達成することになるという主張を行ったのである．

　サステイナブル・トランスポートの概念は，物流とか，輸送にも及んでいる．貨物輸送や物流の世界においては，今日，わが国の自動車の分担率は54%（1997年）にまで上昇し，鉄道や海運による輸送を上回るという状況が発生しているが，もとより，1トンの貨物を1km輸送するのに要する実際のエネルギー投入量や，環境負荷量を比較すると自動車は他の交通手段と比較して，相対的に大きなものになっており，したがって，輸送においてはエネルギー面で非効率で環境効率が劣る交通手段となっている．

　そこで，①距離別に見て効率面で劣る長距離輸送においては，トラックから鉄道，海運に代替するというモード転換政策の推進，②共同輸配送を可能にするための仕組み作りといったサステイナブル・ロジスティックスの構築が，今日，大きな課題となっている．①に関しては，長距離輸送に利用されるトラックの走行に対して，GPS を利用したマイレージ課金という方法でコストを賦課し，鉄道や海運の利用を相対的に有利にしようという政策の導入が検討されており，実際，EU においてはドイツとスイスでこの課金制度が取り入れられる予定である．また，わが国でも，トラックから鉄道に代替

するときに，環境税（炭素税）の予定税率，炭素1トン当たり2,400円という水準を利用して，この水準を下回る費用の追加で代替するような場合には，国土交通省が補助金を支出するという社会実験をやっており，モード転換による温室効果ガスの削減という対策を進めている．

①の対策には，技術的な対策もあり，たとえば，スーパーレール・カーゴの仕組みは，貨物トラックをそのまま鉄道で一定距離だけ輸送し，その後はトラック輸送に即座に転換することができるというシステムである．

TDM，あるいはモード転換に際して，自動車から都市河川を利用する舟運という転換もありうる．都市においては，工場立地などによって大量の交通量が発生したり，あるいは市場がある場合には，当該市場へ，および当該市場から膨大な交通量を生み出しているという状況を変えることが必要であろう．最近では，東京北区の堀船に進出した新聞社の印刷工場が大きな交通量を生み出し，周辺住民から立地反対の声が上がったことがある．このケースでは総印刷部数は255万部/日で，新聞印刷用ロール紙やインクを運ぶために，大型トラックが日中47台，新聞配送車（2トン，あるいは4トン車）が357台利用されることになった．ロール紙などは，品川の埠頭から運ばれるが，これに関連して，環境NGOは隅田川を利用した舟運と自動車輸送を比較する実験を行って，注目を浴びた．

この実験・解析（伊瀬洋昭2001）では，船舶では180トン/隻を3隻，トラックは11トン車を49台と想定し，品川埠頭から建設予定地の隅田川河岸までの区間で比較がなされた．その結果，①舟運の平均速度は19.4 km/hと，自動車輸送の14.1 km/hより5.3 km/h速く，輸送時間を13.8%短縮できる，②燃料消費量は自動車輸送の8.95%で済む，③二酸化炭素の排出量は自動車輸送の9.95%で済む，④輸送コストは自動車輸送の35.4%で済み，舟運利用によって年間4億6,600万円のコスト低減となる，⑤自動車輸送の場合，延べ784 km/日にも及び，舟運の0.3 km/日と比較すると，圧倒的に沿道住民に大気汚染・騒音などの被害や交通事故の危険性をもたらす可能性が高い，などが明らかになった．

このように，サステイナブル・トランスポートを構築していくためには，クルマから人間へと価値を転換し，自動車交通を抑制し，自動車交通に代替

する交通手段を整備していくことが重要である．そのためには，市民の交通行動を変える意識改革に影響を及ぼすようなキャンペーン活動が重視されなくてはならないし，混雑税や駐車場税などの環境税を導入し，統合交通政策の資金を用意しなくてはならない．それとともに，地域で独自の交通計画を推進できる地方分権体制をつくり，市民参加を基本にして，サステイナブル・トランスポートの実現に向けた社会実験を積極的に進めていかなくてはならない．

参考文献

宇沢弘文 (1974)，『自動車の社会的費用』岩波新書．
柴田徳衛・永井進・水谷洋一 (1995)，『クルマ依存社会』実教出版社．
永井進・寺西俊一・除本理史編 (2003)，『環境再生』有斐閣．
永井進 (2001)，「維持可能な都市交通の再生」『環境と公害』第 31 巻第 1 号．
永井進 (2004)，「自動車公害対策の新展開」『環境と公害』第 33 巻第 4 号．
吉野貴寛 (2004)，「ロンドンのロードプライシング」『環境と公害』第 33 巻第 4 号．
兒山真也・岸本充生 (2001)，「日本における自動車の外部費用の概算」『運輸政策研究』4 巻 2 号．
上岡直見 (2002)，『自動車にいくらかかっているか』コモンズ．
黄棋淵 (2005)，「清溪川復元計画」『交通権』，第 22 号．
新田保次・小谷通泰・山中英生 (2000)，『まちづくりのための交通戦略』学芸出版社．
新田保次 (2004)，「持続可能な交通」『環境と公害』Vol. 33, No. 4, 岩波書店．
伊瀬洋昭 (2001)，「居住地内走行の限界と舟運利用によるモーダルシフト」国際影響評価学会日本支部第 5 回研究発表会．
西村弘・水谷洋一 (2003)，「環境と交通システム」寺西俊一・細田衛士編『環境保全への政策統合』岩波書店．
道路投資の評価に関する指針検討委員会 (1997)，『道路投資の評価に関する指針（案）』．
INFRAS/IWW (1995), *External Costs of Transport*, UIC.
INFRAS/IWW (2000), *External Costs of Transport in Western Europe*, UIC.
R. L. Ottinger, et. al. (1991), *Environmental Cost of Electricity*, Oceana Publication.
OECD (2002), *OECD Guidlines towards Environmentally Sustainable Trans-*

port.

M. Q. Wang, D. J. Santini, S. A. Warinner (1994), *Methods of Valuing Air Pollution and Estimated Monetary Values of Air Pollutants in Various U.S. Regions*, Argonne National Lab.

Transport for London (2004), *Impacts Monitoring—Second Annual Report*, April.

8章 環境再生と市民参加
実効的な環境配慮システムの構築をめざして

大久保規子

1. はじめに

　環境再生を実現するためには，環境に関わるあらゆる意思決定において，可能な限り早い段階から，さまざまな主体の参加のもとに，実効的な環境配慮がなされる社会システムを構築する必要がある．1992年の「環境と開発に関する国連会議」（地球サミット）で採択された「環境と開発に関するリオ宣言」は，環境保全は開発過程の不可分の部分とならなければならないとするとともに（第4原則），あらゆる主体の環境情報へのアクセス，意思決定過程への参加および救済への効果的アクセスの保障（第10原則）について定めている．また，その行動計画である「アジェンダ21」では，①広範な参加のもとに，環境と開発を統合した意思決定を行うための戦略を作成すべきこと（8章），②意思決定プロセスへのさまざまな主体の参加を実現すべきこと（2章・23-32章）が盛り込まれている．

　地球サミット以後，日本では，環境基本法が制定され，環境影響評価法や自然再生推進法が成立するなど，市民参加を通じた環境保全に関する法律の整備が進んだ．また，近年，行政手続法，情報公開法，政策評価法の制定やパブリック・コメントの法制化にみられるように，行政領域全般にわたり，行政の透明性や民主性を向上するための仕組みが強化されてきた．最近では，市民参加型の道路づくりや河川管理が注目を集め，都市計画の提案制度が法定されるなど，公共事業や土地利用規制の分野においても，市民参加を重視

する動きが広がっている[1]．

しかし，これらの制度改革は，実際には，必ずしも良好な環境の保全や創造につながっておらず，市民の間には，依然として突然の地域開発に対する不満が強い．環境配慮や市民参加を形式的なものに終わらせず，手続の整備が実質的な環境再生につながるようにするためには，何が必要なのであろうか．

本章では，まず，諸外国の最新動向を踏まえたうえで，日本の環境基本法において，市民参加がどのように位置づけられ，また，政策決定における環境配慮がどのように担保されているのかを確認する．次に，環境に著しい影響を及ぼす大規模公共事業計画に焦点を当てて，市民参加と環境配慮がどの段階で，どのように組み込まれているのかを分析し，今後のあるべき方向性について論ずることとする．

2. EU 環境法の展開

2.1 オーフス条約と EC 指令

リオ宣言第10原則を具体化するための国際的取組みとして最も注目されるのは，1998年6月に採択された「環境問題における情報へのアクセス，意思決定への市民参加及び司法へのアクセスに関する条約」（オーフス条約）である（2001年10月発効）．この条約は，すべての人が環境権を有することを確認し，この権利を実現するため，①環境情報へのアクセス権，②環境に関する政策決定への参加権，③司法へのアクセス権という3つの権利を，NPOも含め，すべての市民に保障しようとするものである（以下「オーフス3原則」という）[2]．その基礎にあるのは，情報へのアクセス権は参加の前提とな

---

[1] 市民参加手法の多様化については，拙稿「市民参加と環境法」『淡路剛久教授・阿部泰隆教授還暦記念・環境法学の挑戦』（日本評論社，2002年），p.93以下，参照．

[2] オーフス条約は，国連欧州経済委員会が策定したものであるが，委員会の加盟国以外の国々も加盟できることが条約に明記されている（19条3項）．オーフス条約については，高村ゆかり「情報公開と市民参加による欧州の環境保護」『法政研究（静岡大学）』第8巻第1号，2003年，p.1以下，参照．

るものであり，司法アクセス権は他の2つの権利の実効性を確保するために不可欠の権利であるから，これら3つの権利を一体のものとして保障する必要があるという考え方である．

オーフス条約を批准し，EU環境法の執行状況を強化するため，EUは，2003年，①新環境情報公開指令（2003/4/EC）と，②環境に係る計画，プログラムへの市民参加指令（2003/35/EC）を採択するとともに，③環境に係る司法アクセス指令案（COM（2003）624）を提案している．司法アクセス指令案は未だ採択に至っていないが（2006年1月1日現在），EUは，2005年2月17日に，オーフス条約の批准に踏み切っている[3]．

日本の制度と比較すると，第1に，新環境情報公開指令の最大の特徴は，各種公共サービスを提供する一定の民間機関を含め，幅広い「公的機関」に情報公開を義務づけていることである．また，工場等からの排出情報については，個人情報や営業の秘密を理由に不開示にしてはならないとされ，不開示理由がとくに限定されている．さらに，環境情報の積極的な収集・整備とわかりやすい形での普及が求められている点にも留意すべきである．

第2に，市民参加指令は，主な産業施設（発電所，化学工場等）や公共施設の設置許可について，市民参加の実施を義務づけている．①意思決定の早い段階で，参加手続を含む決定スケジュールを市民に知らせ，②合理的な期間内に関係市民に関連情報を提供し，③関係市民が早期かつ効果的に参加できる機会を保障し，そのための十分な時間を確保するとともに，④提出意見の内容，検討結果を公表することを求めていることがポイントである．ここでいう関係市民とは，その意思決定により影響を受けるおそれのある市民や当該決定に利益を有する市民であり，環境NPOは利益を有するものとみなされる．また，各種許可のみならず，特定の計画・プログラムについても，意見表明の権利を保障し，参加結果を十分に考慮すること等が義務づけられている．

第3に，司法アクセス指令案の特徴は，一定の要件を満たすNPOに，自己の権利利益の有無にかかわらず，環境利益を守るための訴権を保障してい

---

[3] 大久保規子「オーフス条約とEU環境法——ドイツ2005年法案を中心として——」『環境と公害』第35巻第3号，2006年，p.31以下参照．

ることである．このような公益団体訴訟は，公共利益訴訟の一種に位置づけられ，諸外国では，消費者保護，人種差別禁止等，さまざまな分野で導入されている．判例が基本的に環境権を認めていない日本の現状では，環境利益を守るため，立法措置により同様の仕組みを導入する必要性はとくに高いと考えられるが，今のところ具体的な制度化の動きは進んでいない．

2.2 SEA 指令

SEA（SEA：Strategic Environmental Assessment）とは，個別の事業に先立つ意思決定段階（政策・計画・プログラム）を対象とする環境アセスメントである[4]．現在，環境影響評価法により義務づけられているのは，個別事業の実施前に行われる事業アセスメントであるが，この段階でのアセスメントには，①すでに事業の枠組みが決定されているため，幅広い代替案の検討が困難である，②小規模事業の累積的影響や複合的・広域的影響を検討することが困難であるなどの限界がある．これに対し，より早い段階での環境アセスメントであれば，①立地に関する複数案を含めた，より広範な環境保全対策の検討，②土地利用計画等を対象とした累積的影響の評価，③交通ネットワーク等を対象とした広域的な影響の評価が可能となる[5]．SEA は，アメリカでは，すでに 30 年以上も前から行われていたが（1969 年），1980 年代後半以降，オランダ（1987 年），カナダ（1990 年），フランス（1993 年）等においても，順次導入されてきた．2001 年には，SEA 指令（2001/42/EC）により，EU 加盟国に，その制度化が義務づけられている．

SEA には，①計画・プログラムを対象とし，事業アセスメントと同一の制度で行われるもの（タイプ 1：アメリカ，オランダ，フランス等），②政策等を対象とし，事業アセスメントとは別の制度を設けるもの（タイプ 2：カナダ，オランダ，デンマーク等）のほか，③政策評価の一環として，環境面か

---

4) SEA については，例えば，バリー・サドラー＝ロブ・フェルヒーム『戦略的環境アセスメント』（ぎょうせい，1998 年），環境アセスメント研究会編『わかりやすい戦略的環境アセスメント：戦略的環境アセスメント総合研究会報告書』（中央法規，2000 年），「特集・政策・計画段階のアセスメント（SEA）」『環境と公害』第 30 巻第 4 号，2001 年，p. 10 以下，参照．

5) 環境アセスメント研究会編，前掲書，p. 32 以下，参照．

らの評価を行うもの（イギリス）がある．タイプ1では，法律に基づき，スコーピング，市民意見聴取，代替案の検討等が行われるのに対し，計画・プログラムよりも上位段階で行われるタイプ2は，閣議決定等の行政措置によるのが一般的であり，詳細な手続が定められていないことが多い[6]．

SEA指令は，タイプ1について定めるものであり，土地利用，水管理，道路建設，廃棄物処理，エネルギー等，幅広い分野を対象とする．SEA指令の対象となる計画やプログラムを策定する際には，環境への影響を特定し，環境報告書を作成しなければならない．その際，「何もしない選択肢」，開発の種類，立地を含めた代替案の検討を行い，評価の過程，代替案が採用されなかった理由についても環境報告書に記載することが求められる．市民は，環境報告書および計画・プログラム案に対して意見を述べることができ，環境報告書および市民意見は，計画決定のときに考慮されなければならないとされている．事業アセスメントの場合と同様，市民参加は不可欠の要素とされており，SEAは，より早い段階から実効的な環境配慮を行うための主要な仕組みとして位置づけられている．

2.3 個別条約

オーフス条約やSEA指令は，環境政策の横断的な仕組みを定めるものであるが，そのほかにも，市民参加について定める分野別のさまざまな条約が存在する．

例えば，2000年10月に欧州評議会で採択された「欧州景観条約」は，景観とは「その特徴が自然又は人間的要素の作用及び相互作用の結果として，人々に知覚されている地域」をいうと定義し（1条），景観の内容は人々の認識に左右されることを正面から認めている[7]．そのうえで，「人々の環境の不可欠の要素として，人々によって共有された文化及び自然遺産の多様性の表現として，並びに人々のアイデンティティーの基礎として景観を法律に位置

---

6) 環境アセスメント研究会編，前掲書，p. 34以下，参照．
7) 景観条約については，西村幸夫『都市保全計画』（東京大学出版会，2004年），p. 780以下（条約の翻訳はp. 1007以下）；磯崎博司・羽山伸一「欧州における生態系の保全と再生」『環境と公害』第34巻第4号，2005年，p. 17，参照．

づける」とともに，①景観政策の確立，②参加手続の確立，③すべての政策への景観の統合を求めている（5条）．その際，保護の対象となる景観をどのように捉えるかが問題となるが，景観の特質は，関係諸団体の参加のもと，①全領土の景観を同定し，②関係諸団体・関係住民が景観に込めた特定の価値を考慮しつつ景観を評価し，③公開協議を実施することによって明らかにすべきものとされている（6条）．

また，2000年12月の「水枠組指令」は，湿地帯，沿岸水等を含め，すべての水域を対象に，多様な水問題（水量・水質・生態系）に統合的に対応し，2015年までに，全水域において「良好な状態」を達成することにより，持続可能な水利用の実現を図ることを目的とする．施策の柱を成すのは，環境目標等を定める流域計画の策定であり，そのプロセスにおいては，市民，NPO，専門家等に情報を提供し，聴聞を保障するとともに，さらに積極的な参画を促進すべきであるとされている（14条）．参加手続の詳細は各国に委ねられているが，指令の国内法化期限（2003年12月22日）の1年前に，詳細な参加ガイドラインが策定・公表されている．

3. 環境基本法と参加・政策統合

3.1 環境基本法における市民参加の位置づけ

日本の環境基本法において，オーフス3原則に対応するような規定が存在するかどうかをみると，第1に，環境情報に関しては，NPO活動等を促進するための情報提供に関する規定（27条・34条）と環境調査の実施に関する規定（28条）があるのみであり，開示請求権を保障する情報公開法が制定された現在では，時代遅れの感を否めない．第2に，政策決定への参加権に関する規定も存在せず，①すべての者の公平な役割分担の下に持続的発展が可能な社会を構築すべきこと（4条），②市民や事業者には環境施策に協力すべき「責務」があること（8条・9条）が定められているにすぎない．第3に，司法アクセスに関連する規定としては，公害紛争処理と被害救済に関する規定があるが（31条），公共利益訴訟に関する規定は存在しない．

3. 環境基本法と参加・政策統合

　ただし，環境基本計画のレベルでは，参加の位置づけが次第に強化されている．すなわち，1994年に策定された最初の環境基本計画では，「あらゆる主体の参加の実現」が長期目標の1つとして定められた．もっとも，ここでいう参加とは，公平な役割分担の下に，相互に連携・協力しながら，環境への負荷の低減等に自主的積極的に取り組むことを指し，「政策決定への参加」という視点は弱い．これに対し，2000年に策定された第2次環境基本計画では，「各主体の政策決定への参画と自主的な環境保全の行動を促進することを政策の基本に据え，各種の政策手段によってこれを促進することが必要」であると明記された．また，①政策決定過程に国民の意見を反映させることが重要であること，②専門能力をいかした提言等が，民間団体の役割として期待されること等も盛り込まれている．このような流れを受けて，環境保全意欲増進・環境教育推進法（2003年）では，環境保全に関する施策の策定・実施に当たり，国民，民間団体等との適切な連携を図るよう留意する旨の責務規定が設けられた（5条1項）．

　政策決定過程への参加を重視するという傾向は，環境分野だけの現象ではない．最近では，環境と関連する他の基本法において，「国民の意見の反映」が明記されるようになってきている．例えば，食品安全基本法（2003年）は[8]，①国民の意見に十分配慮しつつ，食品の安全性確保に必要な措置を講ずること（5条），②施策の策定に当たり，国民の意見を反映するとともに，その過程の公正性および透明性を確保するため，情報提供，意見を述べる機会の付与等，必要な措置を講ずること（13条）を定めている．文化芸術振興基本法（2001年）も[9]，文化芸術の振興に当たっては，広く国民の意見が反映されるよう十分配慮されなければならないと定めるとともに（2条8項），政策形成に民意を反映し，その過程の公正性および透明性を確保するため，芸術家等，学識経験者その他広く国民の意見を求め，これを十分考慮した上で政策形成を行う仕組みの活用を図ることを，国の基本的施策の中に位置づけ

8）　食品安全基本法の解説として，食品安全基本政策研究会編『逐条解説食品安全基本法解説』（大成出版社，2005年），参照．
9）　文化芸術振興基本法における参加の位置づけについては，根木昭『文化政策の法的基盤』（水曜社，2003年），p. 83以下，p. 154以下，参照．

ている（34条）．

　さらに，消費者基本法は，2004年の改正により[10]，①必要な情報および教育機会が提供されること，②消費者の意見が消費者政策に反映されること，③適切かつ迅速に被害が救済されること等が「消費者の権利」であることを明記するとともに，消費者等の意見を施策に反映し，策定過程の透明性を確保するための制度を整備することを義務づけている（2条・18条）．このような消費者基本法の規定は，オーフス3原則の考え方に通じるものがある．オーフス条約が重視しているNPOの役割と権利については，情報の収集・提供，意見表明，消費者啓発・教育，被害の防止・救済活動等に「努める」旨を定めるにとどまっているが（8条．NPO活動の促進については，26条参照），現在，別途，消費者契約法の改正による消費者団体訴訟の法制化が進められているところである．

　環境基本法についても，このような国内外の動向を踏まえ，オーフス3原則を明記するとともに，その実効性を確保するための基本的施策について定めることが重要である．オーフス条約の保障する3つの権利は環境権の派生的権利であると考えられるが，環境権の権利性を疑問視し，環境利益の保護を政策プロセスにおける利益調整に委ねる立場からしても，政策プロセスの公正性と透明性を確保するため，オーフス3原則の具体化が要請される．

3.2　施策の策定における環境配慮

　参加を通じた環境再生を実現するためには，そもそも，環境に関わるあらゆる意思決定において，環境配慮が義務づけられていることが必要である．この点について，環境基本法19条は「国は，環境に影響を及ぼすと認められる施策を策定し，及び実施するに当たっては，環境の保全について配慮しなければならない」と定めている．この規定と，国に準じた施策を自治体に求める36条の規定により，国および自治体のあらゆる施策について，環境影響の度合いに応じ，適切な環境配慮をすることが義務づけられていると解され

---

10)　改正の概要については，吉田尚弘「新しい『消費者政策の憲法』――消費者基本法」『時の法令』第1721号，2004年，p.6以下，参照．
11)　環境省総合環境政策局総務課編『環境基本法の解説・改訂版』（ぎょうせい，2002年），p.

る[11]).

　もっとも，環境配慮の方法や内容については基本法に定めがないから，現状では，この規定の実効性の確保は，各個別法による具体化に委ねられていることになる．前述のように，より早い段階での環境配慮の手法として国際的に普及しているのはSEAの活用である．しかし，日本では，個別事業の実施段階でのアセスメントは法制化されているものの，SEAは未だ本格的な導入に至っていない．環境影響評価法制定時の国会付帯決議においては，制度化に向けた検討を行うことが盛り込まれており，第2次基本計画においては，ガイドラインの作成を図り，必要に応じて制度化の検討を進めるとされた．現在は，廃棄物分野に係る試行ガイドライン（2003年11月），新むつ小川原開発基本計画に係る指針（2005年3月）等が策定されている段階である[12]).

　そこで，次に，環境と関連を有する他の基本法の規定に環境配慮が組み込まれているか否かをみると，近年，理念規定や基本的施策の中に，環境保全や環境との調和を明記する例が増えている．とくに農林水産業分野では，国土の保全，水源の涵養，自然環境の保全，良好な景観の形成，文化の伝承等，農林水産業の多面的機能が重視され，環境に関するさまざまな規定が置かれている．第1に，食料・農業・農村基本法（1999年）[13]）は，総則において，①農業の多面的機能の適切かつ十分な発揮（3条）と，②農業の自然循環機能等の維持増進による農業の持続的な発展（4条）について定めるとともに，基本的施策の中に，③環境への負荷の低減および資源の有効利用に配慮した食品

　209以下，参照．

12) 国における制度化が一足飛びには行かないなか，一部の自治体においては，独自の制度化に向けた試みも始まっている．その先駆けとなったのは，埼玉県の戦略的環境影響評価実施要綱（2002年3月）であり，2004年には，広島市や京都市も要綱を策定している．また，1998年に「総合環境アセスメント制度」の試行指針を定め，SEAの制度化に取り組んできた東京都では，2003年1月に，計画段階環境影響評価制度の条例化に踏み切っている．そのほか，沖縄県も検討会報告（2003年3月）を受けて要綱を策定中であり，兵庫県でも審査会答申（2005年9月）に基づく試行的取組みが始まっている．

13) 食料・農業・農村基本法については，食料・農業・農村基本政策研究会編『逐条解説食料・農業・農村基本法解説』（大成出版社，2000年），参照．

産業の健全な発展（17条），④環境との調和に配慮した農業生産の基盤整備（24条），⑤農薬および肥料の適正な使用の確保，家畜排せつ物等の有効利用等による自然循環機能の維持増進（32条），⑥景観が優れ，豊かで住みよい農村とするための生活環境の整備（34条）等，多岐にわたる規定を設けている．第2に，2001年の改正により，林業基本法（1964年）の法律名が「森林・林業基本法」に改められ[14]，①森林の有する多面的機能の持続的発揮（2条），②国有林野の有する公益的機能の維持増進（5条），③多面的機能の確保に係る森林所有者等の責務（9条）に関する定めが置かれるとともに，「森林の有する多面的機能の発揮に関する施策」と題する独立の章が設けられ（3章），森林の保全の確保（13条）等が規定された．第3に，水産基本法（2001年）[15]は，総則において，水産資源が生態系の構成要素であることを謳い，環境との調和に配慮しつつ，水産動植物の増殖・養殖を推進すべき旨を定めるとともに（2条），①水産動植物の生育環境の保全・改善（17条），②環境との調和に配慮した水産業の基盤整備（26条），③景観が優れ，豊かで住みよい漁村とするための生活環境整備（30条）等について規定している．

　消費生活の分野でも，消費者基本法（2条5項）や食品安全基本法（20条）が，施策の策定・推進における環境影響配慮を義務づけ，食育基本法（2005年）[16]は，環境と調和のとれた食料生産と消費等への配意等について定めている（7条）．そのほか，文化芸術振興基本法は，基本的施策の中に，文化財等の保存・活用（13条），公共の建物等の建築に当たり，周囲の自然的環境，地域の歴史，文化等との調和を保つよう努めること（28条）等を定めている．なお，観光基本法（1963年）は，政策目標として，観光資源の保護・育成・開発と観光施設の整備を掲げているが（1条），同法における観光資源の保護と開発の関係は，法文上，必ずしも明らかではない．

---

14) 森林・林業基本法については，森林・林業基本政策研究会編『逐条解説森林・林業基本法解説』（大成出版社，2002年），参照．

15) 水産基本法については，水産基本政策研究会編『逐条解説水産基本法解説』（大成出版社，2001年），参照．

16) 食育基本法の概要については，大内亘「食育の推進」『時の法令』第1748号，2005年，p.48以下，参照．

エネルギー政策に関しては、エネルギー政策基本法（2002年）[17]が、地域・地球の環境保全への寄与を法目的に掲げるとともに（1条）、①エネルギー消費の効率化、②化石燃料以外のエネルギーの利用への転換等による地域環境の保全、③循環型社会の形成に資するための施策の推進について定めている（3条）。これに対し、原子力基本法（1955年）には、環境に関する規定が全く設けられておらず、改善が必要である。

最後に、土地基本法（1989年）は、その目的に「適正な土地利用の確保」を掲げ（1条）、現在および将来の国民の限られた貴重な資源である土地については「公共の福祉を優先させる」（2条）ことを基本理念として定めている。ここでいう公共の福祉には、当然、公害の防止、自然環境の保全等も含まれると解されるが[18]、公共の福祉は抽象的な概念であり、他の多くの基本法と同様に、環境の保全ということばを明記することが望ましい。同法も、土地の高度利用については良好な環境に配慮する義務を確認的に定めているが（11条2項）、環境配慮はあらゆる土地利用に求められるものである。日本では、土地利用規制は必要最小限にとどめるべきであるという考え方が今も根強く残っているから、基本法においても、良好な環境保全のための土地利用規制の正当性を明確に位置づけておくことが重要である[19]。この点、土地利用の基本的枠組みについて定める土地利用計画法（1974年）では、国土利用の基本理念として「自然環境の保全」や「健康で文化的な生活環境の確保」が掲げられている（2条）。

3.3 環境基本計画

環境基本計画は、総合的、計画的な環境施策を推進するため、環境保全に関する総合的かつ長期的な施策の大綱等について、政府が定める基本的な計

---

17) エネルギー政策基本法の概要については、吉田尚弘「エネルギー政策を長期的、総合的かつ計画的に推進」『時の法令』第1691号、p.36以下、参照。
18) 国土庁土地局監修『逐条解説・土地基本法』（ぎょうせい、1990年）、p.31、参照。
19) 必要最小限原則の問題点とその克服については、例えば、土地利用制度に係る基礎的詳細分析に関する調査研究委員会編『土地利用規制立法に見られる公共性』（財団法人土地総合研究所、2002年）、p.7以下、参照。

画である（15条）。したがって，広く市民の意見を反映して計画を作成し，環境保全に関わる他の行政計画が，環境基本計画に沿ったものになるよう担保することによって，他の行政施策における環境配慮を促すことが必要である．

そこで，まず計画の策定手続についてみると，現状では，環境大臣が中央環境審議会の意見を聴いて案を作成し，閣議決定を経て定められることとされ，市民参加手続は法定されていない．ただし，実際には，最初の基本計画の策定時から，地方ヒアリングのほか，メール，FAX等による意見募集が行われるとともに，その結果の公表と案の修正がなされてきた．これまでの成果やパブリック・コメントの法制化等の状況を踏まえ，環境基本計画についても，パブリック・コメント，公聴会の開催等の参加手続を法律に明記すべきであると考えられる[20]．

次に，環境基本計画と他の行政計画との関係についても，環境基本法には規定がない．制度上は，政府部内の調整がなされたうえで閣議決定されることにより，他の計画が，環境基本計画に沿ったものになることが予定されており，環境基本計画にも，その趣旨の記述がある．しかし，環境基本計画の内容は施策の大綱を示すものにとどまるから，環境に関連する他の基本的な計画や個別計画の段階で，別途，環境基本計画への適合，環境保全に関する記述，環境大臣との協議等を義務づけることなしには，具体的な環境施策の推進を確保することは困難である．

そこで，環境に関連する他の基本的・全国的な法定計画の規定をみると，いくつかの法律では，環境基本計画との調和（国土形成計画法6条，森林・林業基本法11条，森林法4条等）が義務づけられ，循環型社会形成推進基本計画については，環境基本計画を「基本とする」ことが明記されている（循環型社会形成推進基本法16条）．

また，環境大臣との協議（国土形成計画法6条，社会資本整備重点計画法4条，森林法4条等）や関係行政機関の長の意見聴取（エネルギー政策基本法12条）が定められている場合もある．さらに，国土利用計画法では，全国計画のうち，環境保全の基本的な政策に係るものについては，国土交通大臣が

---

[20] 自治体の市民参加・協働条例には，基本的な計画をパブリック・コメントの対象に含めるものが少なくない．

環境大臣と「共同して」案を作成するとされている（5条）．

これに対し，水産基本法に基づく水産基本計画（11条5項）や食料・農業・農村基本法に基づく食料・農業・農村基本計画（15条4項）に関しては，国土の総合的な利用・整備・保全計画との調和が明記されているのみで，環境基本計画との調整規定は置かれていない．これらの法律では，前述のように，総則等において，環境関連規定が設けられてはいるが，基本計画に関しても，環境基本計画との関係や調整手続を明記すべきである．

また，環境基本計画との調整規定等が置かれている場合であっても，国が定める基本的・全国的な計画には，ごく最近法定された計画（国土形成計画等）を除き，市民参加手続が設けられているものがほとんどない．消費者政策に意見を反映する権利を規定している消費者基本法ですら，消費者基本計画に関しては，市民参加を明記していないのである．この点は，基本計画全般について，環境基本計画の場合と同様の改善が必要である．

以上のように，日本の環境基本法は，市民参加の保障について定めていない．最近は，各種基本法の中に，政策への市民意見の反映について一般的な定めを置く例が増えているが，基本計画の策定については，環境基本計画も含め，参加手続がほとんど法定されていない．これに対し，各種施策の策定における環境配慮については，環境基本法にも規定が置かれ，他の基本法にも，何らかの定めを置くものが多い．ただし，その具体的方法や内容については，環境基本法にも他の基本法にも定めがない．しかも，SEAに関する一般法が制定されていない現状では，個別法の段階において，市民参加を通じた環境配慮が確保される仕組みを構築する必要がある．そこで，次に，公共事業計画を例に挙げて，この点について具体的に検討する．

4. 公共事業計画と参加

4.1 開発計画体系の見直し

国土総合開発法の改正

開発計画体系に関しては，この数年，大きな改革が進められている．すな

わち，従来，土地利用に関しては，土地基本法のもと，開発計画に関する国土総合開発法と土地利用計画に関する国土利用計画法を柱とする，二元的な体系が形成されてきた．開発計画は主に公共事業の実施により新たな国土形成を図る計画であり，土地利用計画は主に民間活動の誘導により土地の適正利用を図る計画である[21]．

しかし，1962年から1998年まで，5回にわたって作成された全国総合開発計画に対しては，全国的にさまざまな公害や環境破壊を引き起こしたとの批判がなされてきた．とくに1990年代半ば以降は，今日の成熟社会において，なお「開発」計画を土地施策の柱に置くことに対し，計画立案者の間からも疑問が呈されるようになった．そこで，2005年7月には，開発中心から既存のストック活用への転換を図り，成熟社会に適応した計画法制を構築するため，国土総合開発法の法律名が「国土形成計画法」に改められ[22]，各地方開発促進法（東北開発促進法等）が廃止された．

新しい国土形成計画法では，法律の目的も，国土の総合的利用・開発・保全から国土の総合的利用・整備・保全に改められた（1条）．また，従来の国土総合開発計画に代えて，「全国計画」（閣議決定）と「広域地方計画」（国土交通大臣が策定）から成る「国土形成計画」が策定されることになった（2条2項）．国土形成計画法と国土利用計画法という二元的体系は残されたものの，全国計画は国土利用計画法4条の計画と「一体のものとして」定めなければならないとされている（6条7項）．

参加と環境配慮という視点でみると，まず，従来の全国総合計画には市民参加規定がなかったのに対し，新法では，全国計画についても，広域地方計画についても，その策定に当たり，国民の意見を反映させるために必要な措置を講じることが義務づけられた．そのほか，全国計画については，①環境大臣等との協議，②都道府県・指定都市の意見聴取，③国土審議会の調査審

---

21) 従来の開発計画や土地利用計画の法体系については，例えば，西谷剛『実定行政計画法』（有斐閣，2003年）；阿部泰隆『国土開発と環境保全』（日本評論社，1989年）；塩野宏「国土開発」山本草二・塩野宏・奥平康弘・下山俊次編『未来社会と法』（筑摩書房，1976年），p. 119以下，参照．

22) 国土形成計画法の特徴については，例えば，大西隆「広域地方計画の展開と課題」『都市問題』第96巻第7号，2005年，p. 10以下，参照．

議が要件とされ（6条5項），広域地方計画については，国の関係行政機関や関係自治体から成る協議会の協議を経ることとされている（9条3項）[23]。

また，新たな全国計画については，その対象事項に，①海域の利用・保全と，②環境保全および良好な景観形成が付け加えられるとともに（2条1項），環境基本計画との調和が義務づけられた（6条3項）。いずれも従来の全国総合開発計画についてはなかった規定であり，環境配慮の仕組みが強化されたといえる。

社会資本整備重点計画法の制定

従来，開発計画を具体化するための社会資本整備事業については，事業分野別の緊急措置法に基づき長期計画が策定され，事業量に重点を置いた公共事業が行われてきた。しかし，国の厳しい財政状況や環境問題の深刻化等を背景に，不必要な公共事業や縦割りの事業に対する批判が高まるようになり，2003年3月に，社会資本整備重点計画法が制定された[24]。重点計画法は，従来の9事業分野別（道路，交通安全施設，空港，港湾，都市公園，下水道，治水，急傾斜地，海岸）の長期計画を社会資本整備重点計画に一本化し，重点的，効果的かつ効率的に社会資本整備を推進するための法律である。これにともない，分野別計画の法的根拠となっていた各緊急措置法については，法律自体を廃止（港湾整備緊急措置法等）または計画の根拠規定を廃止し，法律名を改正する措置（道路整備緊急措置法）等が採られている。

環境配慮規定の有無をみると，社会資本整備重点計画法では，法律の目的として「生活環境の保全」と「都市環境の改善」が明記されている（1条）。従来の緊急措置法の中にも「生活環境の保全」（港湾整備緊急措置法）や「都市環境の改善」（下水道整備緊急措置法，都市公園等整備緊急措置法）を掲げ

---

23) そのほか，全国計画については都道府県・指定都市（8条），広域地方計画については市町村の提案制度（11条）が設けられた。何れの場合にも，案を作成する必要がないと判断したときは，国土交通大臣は，遅滞なく，その旨およびその理由を通知しなければならないとされている。この提案制度の基本構造は私人による都市計画の提案制度と同様であり，土地利用に係る提案制度の広がりを示すものとして注目される。
24) 社会資本整備重点計画法の概要については，中尾晃史「公共事業の長期計画の仕組みの抜本的見直し」『時の法令』第1697号，2004年，p.6以下，参照。

るものがなかったわけではない．しかし，例えば，道路整備緊急措置法には何らの定めもなかったから，9事業分野に共通の目的として，生活環境の保全等が定められたことは注目に値する．また，同法の柱を成す「社会資本整備重点計画」（以下「重点計画」という）についても，環境の保全が基本理念の1つとして定められ（3条），重点計画と環境基本計画との調和が義務づけられた（6条）．さらに，重点計画の策定手続に関しては，環境大臣との協議が要件とされている（4条5項）．

次に，参加という視点でみると，まず，従来の長期計画には市民参加規定がなかった．これに対し，重点計画法では，情報公開と参加手続を通じ，公共事業に国民のニーズや地方の実情を適切に反映させるべきであるとの考え方に立って，重点計画の案の策定に当たり，国民の意見を反映させるために必要な措置を講ずるとともに，都道府県の意見を聴くことが義務づけられた（4条4項）．

また，重点計画に定めるべき事項の中には，「地域住民等の理解と協力の確保」という項目が盛り込まれた（4条3項）．理解と協力という表現は，特定の事業の実施を前提としているようにも考えられるが，市民意見が反映されない計画について理解と協力を得ることは困難であるから，理解と協力を確保するための措置には，できるだけ早い段階からの市民参加の推進も含まれると考えられる．実際，2003年10月に策定された最初の重点計画においては，事業の構想段階から住民参加を推進することが定められている．

「住民参加手続きガイドライン」

前述のように，新たな国土形成計画と社会資本整備重点計画については，環境配慮と市民参加が義務づけられた．しかし，重点計画の対象事業の根拠法規では，そもそも事業の要件や手続が明記されていない場合も多く，通常，環境配慮や市民参加に関する明文規定は置かれていない．

そこで，国土交通省は，2003年に，「国土交通省所管の公共事業の構想段階における住民参加手続きガイドライン」（以下「参加ガイドライン」という）を策定し，国土交通省所管の直轄事業および公団等事業を対象とし，構想段階から情報公開・提供，住民参加の必要がある事業について，その標準的な

手続等を示している。ここにいう構想段階とは，事業の公益性・必要性を検討するとともに，施設の概ねの位置・配置・規模等の基本的な諸元について，事業目的に照らして検討を加えることにより，一の案に決定するまでの段階であるとされている。構想段階より後は，当該事業に関連する都市計画法等に基づき事業の計画案について情報公開や参加手続が実施されることになる。

また，住民等とは「当該事業の影響が及ぶ地域住民その他の関係者」を指し，構想段階では，①事業者による複数案の作成・公表（適切な場合には，当該事業を行わない案を含める），②事業者による住民等の意見の把握のための措置，③事業者による計画案の決定，計画案決定過程（意見概要，これに対する事業者の考え等）の公表という手順で，参加手続を実施すべきことが定められている。

意見の把握に関しては，「インターネットの利用，説明会又は公聴会の開催，意見書の受付けその他の方法により，住民等に対する複数案の公表，周知及び説明，住民等からの質疑への応答等を真摯に行い，住民等の意見や提案を十分に把握するよう努める」ものとされている。また，手続の円滑化のため，必要な場合には，①学識経験者等および関係住民代表，事業者団体，地方公共団体等の関係者から成る協議組織（協議会）や，②参加手続の内容，複数案の検討方針等について，客観的な立場からの助言を行うための，学識経験者等から成る組織（第三者機関）を設置するとされている。ここでいう協議会や第三者機関は，事業者に代わり，公聴会の開催，意見書の受付等，住民等の意見聴取を実施するための組織であり[25]，協議会の構成員は，広く意見が代表されるよう配慮して，事業者が人選・任命するとされている。

また，住民等の意思形成に際しては，①複数案の各々について，提示理由，事業費等の案の内容，国民生活や環境，社会経済への影響，メリット・デメリット等，住民等が複数案を比較検討し，判断するうえで必要かつ十分な情報を積極的に公開・提供するとともに，事業に対する住民等の意思形成に十

---

25) これに対し，最近では，自然再生推進法に基づく自然再生協議会のように，全体構想の策定や事業実施計画に関する関係者の協議そのものを協議会方式で行う例がみられる。このような場合には，協議会の構成員以外の者も意見をいえる機会を保障することが重要である。

分な期間を確保するよう配慮するものとされている．

このように，参加ガイドラインでは，環境影響についても検討することが予定されているが，その手続は，通常のSEAとは異なり，環境影響のみを独立して検討する手続ではない．参加ガイドラインに対するパブリック・コメントにおいては，SEAとの連携を図るべきであるとの意見も寄せられていたが，国土交通省からは，①複数案の提示に当たっては，環境影響についても情報公開・提供がなされるから，住民等が環境影響を考慮して意見提出を行うことが可能である，②上位計画および政策における環境配慮の仕組みについては，別途技術的手法を検討中であり，その成果を本ガイドラインにも反映させる旨の見解が示されている．

そこで，参加ガイドラインと環境省が2003年に策定した「一般廃棄物処理計画策定における戦略的環境アセスメント試行ガイドライン」の内容を比較すると，SEAガイドラインでは，計画構想プロセスの各節目ごとにNPOや市民参加の可能性が考慮され，また，複数案の設定手続が詳細に定められている．具体的には，①SEA実施体制の整備（SEAチームの構築等），②環境配慮方針の策定，③複数案設定方針の策定，④複数案の設定，⑤調査・予測・評価項目および手法の選定，⑥③〜⑤の公表，意見募集と対応，⑦調査・予測・評価の実施，⑧⑦の結果の公表，意見募集と対応（報告書の作成），⑨計画の決定という手順が予定されている．この手続では，少なくとも，スコーピング段階と結果のとりまとめ段階という2段階の市民参加が実施されるほか，①の段階でもNPOの意見を聴取したり，②の段階でも地域住民等広く一般の意見を調査することが望ましいとされている．SEAについては，とくにスコーピングの重要性がかねてより指摘されているところであり[26]，仮にSEAの意見聴取を計画策定プロセスの意見聴取手続に組み込んで行う方式を選択する場合には，複数案の設定手続を整備し，スコーピング段階での意見聴取手続を設けるとともに，環境利益が他の利益の中に埋没しないようにする（例えば，意見聴取の際に，環境項目を独立させ，環境報告書の作成を義務づける）など，今の参加ガイドラインの大幅な修正が必要

---

26) 環境アセスメント研究会編，前掲書，p.49以下，参照．

である.

　もっとも,参加ガイドラインは標準的な手続を定めるものであり,いくつかの事業分野では,独自のガイドラインが策定され,より詳細な参加手続が示されている.そこで,次に,いくつかの個別事業の仕組みを検討することとする.

4.2　個別の事業計画

道　路

　道路は,自動車専用道路とそれ以外の一般国道・都道府県道・市町村道（一般道路）に大別され,自動車専用道路は,①高速自動車国道,②一般国道の自動車専用道路,③それ以外の自動車専用道路（都市高速道路）に分けられる.①と②を併せて高規格幹線道路と呼び,①には国土開発幹線自動車国道とそれ以外の高速自動車国道がある.このようにさまざまな種類の道路と根拠法規（高速自動車国道法,国土開発幹線自動車道建設法,道路法等）があるため,その設置手続も多様で,統一的ルールはない.例えば,一般道路の仕組みは,路線の指定・認定,区域の決定を経て,工事実施に至るというシンプルなものである.これに対し,高速自動車国道については,①予定路線の決定,②路線の指定,③整備計画の決定,④区域の決定,⑤新設許可,⑥事業の実施という多段階の手続がある.さらに,国土開発幹線自動車国道の場合には,③の前に基本計画の決定がなされるという具合である.

　しかし,これら一連の過程において,環境配慮を要件としたり,市民参加手続について定める法律上の規定はほとんどない.わずかに,国土開発幹線自動車道については,基本計画の公表後,利害関係を有する者が意見を申し出ることができ,国の行政機関の長は,これを斟酌して,必要な措置を採らなければならないとされている例がある程度である（国土開発幹線自動車道建設法5条3項・4項）.また,高速自動車国道の場合を除くと,原則として,関係自治体の直接的な意見聴取もなく,審議会等の意見聴取もない（一部の路線指定・認定については議会の議決が必要）.都市計画決定や環境影響評価が行われる場合には,その枠組みの中で市民参加や環境配慮がなされることになるが,これらの手続が実施されるのは,路線の指定等から区域の

決定までの間（整備計画が定められる場合にはその前）であり，すでに計画の大枠が固まった段階である．

もっとも，最近では市民参加型の道路づくりに注目が集まるようになり，2002年には，国土交通省道路局が，「市民参画型道路計画プロセスのガイドライン」（以下「道路ガイドライン」という）を策定している．道路ガイドラインは，高規格幹線道路事業等における市民参画（パブリック・インボルブメント．以下「PI」という）に係る共通ルールを提示するものであり，解説も含め約30頁から成る詳細な内容となっている．道路ガイドラインは，道路事業のプロセスを「構想段階」と「計画段階」に分け，それぞれの検討段階で市民参画手続を実施するプロセス全体を「市民参画型道路計画プロセス」と呼ぶ．ここでいう構想段階とは，計画の必要性を検討し，幅広い選択肢の中から候補となる概略ルート等を絞り込み，概略計画を決定するまでの段階である．また，計画段階とは，概略計画の決定後，公共の利益と市民等の権利との調整を図り，事業実施の前提となる計画（都市計画決定をする場合には「都市計画」）を決定するまでの段階である．道路ガイドラインでは，計画段階での市民参画は，都市計画決定や環境影響評価のための手続により行うことが予定されており，構想段階のPIプロセスに焦点を当てて定められている．

道路ガイドラインによれば，構想段階では，①課題・目的の設定，②代替案（道路整備をしない案も含む）と評価項目（環境影響を含む）の決定，③代替案の比較評価によるたたき台の策定を経て，④たたき台をPIプロセスに諮ることになる．ただし，場合により，たたき台の提示前の段階でも，代替案の設定やPIの進め方自体等について随時PIを実施する．そして，比較検討結果や市民意見を考慮し，起終点，道路種別，主たる構造等を内容とする概略計画を決定し，決定の根拠とともに公表するとされている．

PIの主な対象者は沿道の市民であるが，道路の利用者，地球環境に関心を有する者等，幅広い範囲の者が含まれる．その際，計画の効果や影響が及ぶ度合いに応じて，双方向のコミュニケーション（ワークショップ等）からインターネット等を通じた意見聴取まで，それぞれ適切な参画手法を選択する．PIプロセスの実施主体は関係行政機関（地元自治体，道路管理者）であり，

道路管理者は，PI プロセスに関する助言・評価等を行う第三者機関（多元的な委員会，協議会等）を設置するとされている．

共通の参加ガイドラインと比較すると，①PI 実施が，事業者ではなく，原則として自治体の責務とされている，②代替案の設定や市民参画の進め方自体等に関する市民参画にも言及している，③参加者に幅広い範囲の者が含まれることを明記したうえで，その関わりの度合いに応じた参加手法の選択が予定されている，などの特徴がある．

空　港

空港の設置は，国土交通大臣の許可制とされているが（航空法 38 条），重点計画以外に，個別法に基づく法定計画はない．空港整備法も，空港の種類や設置・管理主体を定めるのみで，設置手続に関する規定は置かれていない．重点計画法の制定前は，空港整備計画が閣議決定される段階で，事実上，新規事業の選定・公表が行われ，すでに立地選定等がほぼ固まっていた．それにもかかわらず，そこに至るプロセスにおいて環境配慮や市民参加を担保する法的仕組みはなく，事業アセスメントが行われる段階では，結果的に十分な環境配慮を行うことができなかった．

このような状況に対し，2002 年 12 月，交通政策審議会航空分科会が「今後の空港及び航空保安施設の整備に関する方策について」と題する答申の中で，①一般空港事業の新規採択については，代替手段の検討を含む必要性の十分な検証，候補地選定等の十分な吟味，費用対効果分析の徹底等を行って，真に必要かつ有用なものに限って事業化すること，②透明性向上の観点から，構想・計画段階における PI 等の手続をルール化すべきこと，③閣議決定時における個別新規事業の選定・公表は事業の硬直性を招きかねないのでとりやめるべきであること等を提言した．

この答申をを踏まえ，国土交通省の委託を受けた空港整備プロセス研究会が，2003 年 4 月に，「一般空港の滑走路新設または延長事業に係る整備指針（案）」と「一般空港の整備計画に関するパブリック・インボルブメント・ガイドライン（案）」を公表している．整備指針（案）では，新規事業の評価項目として，環境要素も含めた複数候補地の比較や事業の実現性が挙げられて

おり，実現性の具体的な判断要素として，環境影響，PI を通じた合意形成の状況等が挙げられている．PI ガイドライン（案）のポイントは，①地域住民，対象事業に関心を有し参画を希望する者等を対象とし，構想段階と施設計画段階の2段階で PI を行うこと，② PI の進め方に関するアドバイザリー・チームの設置と会議の原則公開，③構想段階における複数案の公表（事業を行わない案も含む），④公聴会，意見書等，さまざまな手法による意見把握，⑤必要に応じた意見集約のための協議会設置と会議の原則公開，⑥ PI 対象者の疑問が解消され，論点整理ができ，次の段階に移行するに支障とならないと判断した時点（PI の目標達成）での PI 実施記録（意見とその対応状況，目標到達の判断根拠等）の作成・公表等である．

共通の参加ガイドラインと比較すると，①アドバイザリー・チームの必置，②アドバイザリー・チームや協議会の原則公開，③ PI の目標達成に係る判断基準の明記等が特徴となっている．

河川

河川については，1997年の河川法改正により，河川法の目的に「河川環境の保全」が加わり，また，市民参加の仕組みも強化された[27]．新河川法では，ダム等の河川工事は，①河川整備基本方針の策定，②河川整備計画の決定，③国土交通大臣の認可等（知事の事業の場合），④河川工事の実施というプロセスで行われる．

第1に，河川整備基本方針は，河川管理者が，水系ごとに，河川工事の基本的方向性や基本高水の数値決定を行う段階である．その内容は，河川環境の状況等を考慮したものでなければならず，かつ，国土形成計画や環境基本計画との調整を図らなければならないことが明記されている（16条2項）．基本高水の数値をめぐっては，従来その設定根拠や合理性が問題となることが少なくなかったが，この段階では，社会資本整備審議会や都道府県河川審議会の意見聴取が予定されている以外，関係主体等の参加の仕組みはない．

---

27) 新河川法については，建設省河川法研究会編『改正河川法の解説とこれからの河川行政』（ぎょうせい，1997年）；五十嵐敬喜「河川法と環境」『法律時報』第69巻第11号，1997年，p. 24 以下，参照．

第2に，河川整備計画では，ダム等の位置，規模等が決定され，公害防止計画との調整が図られなければならない．また，関係自治体の意見を聴くとともに，河川管理者が必要と認めるときは，学識経験者の意見を聴き，公聴会の開催等関係住民の意見を反映させるために必要な措置を講じなければならない（16条の2）とされている．

このように，改正河川法では，一連の基本的プロセスが法定されたが，①基本方針の段階で市民参加の仕組みがないこと，②整備計画段階で参加手続を実施するか否かの判断が河川管理者に委ねられ，また，その対象も関係住民に限られていること等が批判されてきた．

このうち整備計画段階での環境配慮に関しては，国土交通省が設置した「河川事業の計画段階における環境影響の分析方法に関する検討委員会」が，2002年に「河川事業の計画段階における環境影響の分析方法に関する考え方」と題する提言を行っている．その中では，計画段階における環境面の分析結果を的確に計画策定の意思決定に反映し，また地域住民等との間で意思疎通を円滑に図るため，複数案の設定およびその過程や分析手法等をとりまとめた分析計画書を作成し，地域住民や専門家等の第三者に公表するとともに，意見を収集し，必要に応じて環境影響分析の項目や分析手法等の選定に反映する仕組み（スコーピング）を設けることが提案されている．

港湾

港湾法では，国土交通大臣が港湾の開発・利用・保全等に係る基本方針を定め，重要港湾の港湾管理者が港湾計画を定めるものとされている．基本方針に定めるべき事項には環境保全に関する基本的な事項が含まれており，港湾計画は，省令で定める環境の整備・保全に関する事項等に適合しなければならないとされている（3条の2，3条の3）．基本方針についても，港湾計画についても，審議会の意見聴取は義務づけられているが，市民参加の仕組みは設けられていない．

ただし，300 haを超える埋立てを含む港湾計画は，環境影響評価法に基づく環境アセスメントの対象とされており，その枠組みでの環境配慮と市民参加が行われる．環境影響評価法の対象は，原則として大規模公共事業である

が，港湾計画については，1960年代より港湾法に基づく環境アセスメントが行われていた経緯を踏まえて，法の対象としたうえで，いくつかの特則（スコーピングの省略等）が設けられたものである．

また，2003年8月には「港湾の公共事業の構想段階における住民参加手続きガイドライン」が策定されている．このガイドラインは，共通の参加ガイドラインを標準としつつ，事業特性を考慮した港湾版の参加ガイドラインとして位置づけられている．それによると，港湾計画の構想案の決定は，①関係行政機関の調整，②検討体制の公表，③基本ニーズの把握（意見募集・集約），④構想案の検討（③の意見を反映），⑤住民等の意見の把握，⑥構想案の検討・策定（⑤の意見を反映），⑦構想案・検討経過の公表という手順で行われる．市民参加は③と⑤の段階で行われるが，③では，環境の現況，構想案の必要性等が対象項目となり，⑤では，構想案の概要，環境影響，事業効果等が示される．また，市民意見の反映について検討を行う機関として，多元的な協議会を設置するとされている．共通の参加ガイドラインと比較すると，①構想段階でも2段階の意見把握が義務づけられていること，②協議会が必置とされていること等が特徴である．

以上の例が示すように，個別の公共事業に関しては，河川分野を除き，環境配慮や市民参加はほとんど法定されておらず，参加ガイドライン等の段階的な改善・法制化が課題となっている．

4.3　都市計画と参加

国土交通省の参加ガイドライン等では，構想段階に続く計画段階の参加手続は，土地利用計画の1つである都市計画や事業アセスメントの枠組みの中で行われることが予定されている．土地利用に関する基本的な法律は土地利用計画法であり，土地利用計画法に基づく計画には，①全国・都道府県・市町村の各国土利用計画と，②土地利用基本計画がある．国土利用計画は，市街地，農地等の利用区分の目標を定めるものであり，土地利用基本計画では，①都市地域，②農業地域，③森林地域，④自然公園地域，⑤自然保全地域という5つの地域区分がなされる．さらに，それぞれの地域区分に対応する5つの個別法（農業振興地域の整備に関する法律，森林法等）がより詳細な土

地利用規制を行う仕組みになっており，都市計画法は都市地域に関する法律として位置づけられる．

まず，これらの法律の参加規定の有無についてみると，土地基本法は，土地利用計画の策定に当たり「住民その他の関係者の意見を反映させる」ことを義務づけているが（11条3項），国土利用計画法に基づく土地利用計画については，市町村計画を除き（8条3項），市民参加手続は設けられていない．

また，都市計画法に基づく地域指定のうち，都道府県が行う都市計画区域の指定についても参加手続は設けられていない．関係市町村および都道府県都市計画審議会の意見を聴くとともに，国土交通大臣の同意を要する協議を経なければならないとされるにとどまっている（5条）．これに対し，各種都市計画決定（区域区分等）については，以前から市民参加の仕組みが存在する．すなわち，都市計画決定は，都市計画審議会の議を経て決定されるものであるが（18条，19条），①都市計画の案を作成するに際しては，必要な場合に公聴会の開催等住民の意見を反映させるために必要な措置を講じるとされ（16条），②関係市町村の住民および利害関係人の意見書の提出も認められている（17条）．

また，地区計画については，土地の所有者等の利害関係者の意見を求めて，案を作成するものとされている（16条2項）．また，地区計画は住民それぞれの土地利用に関する権利に大きく関わるものであり，実際にも市民参加の要請が高まってきたことから，2000年には，関係住民の申出制度が創設された（同3項）．ただし，申出の要件や申出制度を採用するか否かの判断は，自治体の条例に委ねられている．

さらに，2002年の改革では，都市計画の提案制度が創設された（21条の2以下）[28]．この制度では，土地所有者，まちづくりNPO法人等が，地権者の3分の2以上の同意を得て提案を行ったときは，遅滞なく，計画提案を踏まえた都市計画決定の必要性を検討しなければならない．提案を採用しない場

---

28) 提案制度については，例えば，見上崇洋「都市計画の提案制度」小林武・見上崇洋・安本典夫編『「民」による行政』（法律文化社，2005年），p.157以下；大久保規子「市民と行政法解釈」『公法研究』第66号，2004年，p.242以下，参照．

合には，あらかじめ都市計画審議会に当該計画提案に係る素案を提出して意見を聴くとともに，理由の通知をしなければならないとされている．①地区計画の申出制度については応答義務が定められていないのに対し，提案については応答義務が定められたこと，②まちづくりNPOにも提案権が認められたことがポイントである．また，2004年に制定された景観法においても，景観計画制度や景観地区制度が創設され，住民等による景観計画の提案制度が導入されている[29]．

　以上のように，都市計画の分野では，近年，市民参加が段階的に強化されてきている[30]．しかし，実際には，都市計画決定の段階では，すでに事業の大枠が固まっていることもあり，必ずしも市民意見が十分に検討・反映されていない．例えば，2000年の改正では，都市計画案の作成過程の透明化を図るため，案の縦覧に際し，理由書の縦覧が義務づけられた．本来は，当該都市計画の必要性や代替案の検討状況を示すことが期待されているが，どの程度詳細な理由を示すべきかは法定されていないため，実際には，抽象的で，ごく簡単な記載しかなされない場合もある．また，都市計画審議会には，意見書の要旨が提出されるが，意見の検討結果の公表等が義務づけられていないため，実質的な議論がなされないままに終わることも少なくないのが現状である．

　次に，環境配慮規定についてみると，土地利用計画法では，国土利用の基本理念として「自然環境の保全」や「健康で文化的な生活環境の確保」が掲げられている．これに対し，都市計画法では，目的規定や基本理念の中に，「都市の健全な発展と秩序ある整備」（1条）や「健康で文化的な都市生活」の確保（2条）が定められてはいるものの，環境保全は明記されておらず，都市

---

29) 景観法については，例えば，景観法制研究会編『概説景観法』（ぎょうせい，2004年）；景観法制研究会編『逐条解説景観法』（ぎょうせい，2004年）；景観まちづくり研究会編『景観法を活かす』（学芸出版社，2004年）；日本建築学会編『景観法と景観まちづくり』（学芸出版社，2005年），参照．

30) 近年の都市計画プロセスの変化については，例えば，佐藤岩夫「都市計画と住民参加」原田純孝編『日本の都市法 II』（東京大学出版会，2001年），p. 405以下；見上崇洋「計画過程への私人の関わり——協議型まちづくり論に関連して——」原野翹・浜川清・晴山一穂編『民営化と公共性の確保』（法律文化社，2003年），p. 143以下，参照．

計画決定等において，環境配慮の必要性が十分に認識されない傾向がある．他方，事業アセスメントの枠組みでは，用途地域や建築物の容積等のコントロールは都市計画の問題と捉えられるため，環境影響の大きい開発行為であっても，結局，本質的な変更がなされないままで終わることが少なくない．

最近では，都市計画の中に環境保全の観点を正面から位置づけるため，都市計画基準に「自然的環境の整備又は保全」への配慮が明記され（2000年），また，環境保全のための都市計画上の手法も多様化しつつある[31]．しかし，不特定多数の人に関わる環境利益は，行政の裁量判断において，ただでさえ土地所有者の経済的利益の劣後に置かれやすい状況にある．それゆえ，環境配慮の実効性を確保するためには，国や自治体の環境基本計画への都市計画の適合を明記したり[32]，マスタープランをSEAの対象とするなど，さまざまな手当が必要である．その前提としては，徹底的な市民参加のもとに，あらかじめ地域の環境目標を明らかにし，これを環境基本計画に位置づけておくことが重要である．

また，審議組織や手続についても，環境の専門家を都市計画審議会の委員に任命したり，都市計画審議会と環境関係の審議会等（環境影響評価審査会等）との合同会議を開催するなどの工夫が求められよう．

5. 今後の展望

以上のように，地球サミット以後，日本においても，各種政策・計画の策定から実施に至るまで，さまざまな段階における環境配慮と市民参加手続が整備されてきた．それにもかかわらず，その実効性が確保されない最大の原因は，日本では，市民参加規定が設けられている場合であっても，それが権利として十分保障されていないことにある．

オーフス条約が定める3つの権利のうち，第1に，情報へのアクセス権については，情報公開法の枠組みにより，誰にでも開示請求権が保障され，不

---

31) 都市保全の計画技法について，西村，前掲書，p. 198 以下，p. 246 以下，参照．
32) 西田裕子「環境優位の都市計画へ」原田純孝編『日本の都市法Ⅰ』（東京大学出版会，2001年），p. 442 以下，参照．

開示決定に対する司法的救済も認められている。しかし，オーフス条約や環境情報公開指令では，公共サービスを行う民間事業者も実施機関とされており，日本よりも実施機関の範囲が広い。さまざまな公共サービス・事業の民営化・民間化が進む現代において，このことは極めて重要である。また，オーフス条約や環境情報公開指令では，積極的な環境情報の収集・整備と提供が義務づけられているが，例えば，効果的・効率的な SEA を行うためには，地域の環境情報の収集・整備が不可欠であり，財政面も含めた体制の強化に力を入れるべきである。

第2に，政策決定への参加権については，分野や政策プロセスの段階によって，参加手続が法定されている場合とされていない場合があり，整合性が十分図られていない。本章で取り上げた公共事業計画についていえば，国土形成計画や社会資本整備重点計画の段階では，国民の意見の反映が法定され，また，都市計画決定や事業アセスメントの段階でも市民参加手続が設けられている。しかし，立地や規模等，事業の大枠を決めるもっとも重要な事業の構想段階における参加手続が法定されていないのである。国土交通省所管の直轄事業等については参加ガイドラインが定められたが，他の省の所管事業（電源開発等），自治体の事業，大規模民間事業（都市再生事業等）[33]等，同種の参加手続が必要と考えられる事業は多数あり，これらも対象に含めて参加手続の総合的な整備を図るべきである。

また，参加が義務づけられている場合であっても，事業アセスメントにおける市民意見の場合のように，情報参加といわれる場合もあり，参加権の侵害に対する司法救済が，必ずしも保障されていない。仮に，事業アセスメントにおける市民参加が情報参加であるとすれば，個別許認可等の根拠法規において，別途政策決定への参加権が保障されるべきである。しかし，何らかの参加手続が設けられているのは，公有水面埋立法に基づく埋立免許（3条），航空法に基づく飛行場の設置許可（39条）等，ごくわずかである。ま

---

33) 例えば，再開発会社制度の問題点については，安本典夫「市街地再開発事業『民営化』の法的検討」『立命館法学』2002年第6号，p. 317以下，参照。都市再生事業の問題点については，大久保規子「都市再生をめぐる法制度改革の特徴と課題」『遠藤浩先生傘寿記念・現代民法学の理論と課題』（第一法規，2002年），p. 685以下，参照。

5. 今後の展望

た，今後，SEA の制度化に際し，SEA の意見聴取を計画策定プロセスの意見聴取手続に組み込んで行う方式を採用する場合には，情報参加と意思決定参加を区別する意味は，ますます少なくなるものと考えられる．

さらに，参加規定が設けられている場合であっても，その内容や手続が具体的に定められていないため，提出された意見が真摯に検討されないという事例も数多くみられる．行政立法に関するパブリック・コメントについては，提出意見を十分考慮するとともに，提出意見，提出意見を考慮した結果およびその理由を公示しなければならないとされているが[34]，これは，さまざまな参加手続に共通の最低限のルールであると考えられる．各種計画に関する参加手続の定め方としては，行政手続法等に共通の規定を設ける方法と，個別法に委ねる方法とが考えられるが[35]，あらゆる計画分野における参加システムの底上げを図るためには，最低限のルールを統一的に定めたうえで，個別法により上乗せ的な規定を充実させる方法が検討に値しよう．

なお，SEA についても，環境影響評価法のように一般法による制度化を図る方法と，個別法による方法がありうる．計画には多種多様なものがあるのは確かであるが，参加ガイドラインのような共通ルール化も可能であると考えられる．その際，SEA の意見聴取を計画策定プロセスの意見聴取手続に組み込んで行う方式も可能ではあるが，その場合には，SEA に関する最低基準を示したうえで，より充実した手続が計画策定プロセスにおいて確保されている場合にのみ，統合を認めるべきであろう．

第 3 に，司法アクセスについては，まず，行政訴訟における原告適格が，

---

34) パブリック・コメントについては，例えば，原嶋清次「パブリック・コメント手続の法制化」『時の法令』第 1751 号，2005 年，p. 36 以下；常岡孝好「行政立法手続の法制化」『ジュリスト』第 1304 号，2005 年，p. 47 以下，参照．
35) 法制化の方法については，例えば，久保茂樹「土地利用分野における行政手続の課題」『ジュリスト』第 1304 号，2005 年，p. 25 以下；交告尚史「計画策定手続」『ジュリスト』第 1304 号，2005 年，p. 65 以下，参照．なお，自治体レベルでは，「石狩市行政活動への市民参加の推進に関する条例」(2001 年) のように，ワークショップから，パブリック・コメント，審議会まで，多様な参加・協働手法の総合的な体系化を図る条例が現れている．参画・協働条例の現状については，大久保規子「市民参加・協働条例の現状と課題」『公共政策研究』第 4 号，2004 年，p. 24 以下，参照．
36) 住民等の法的地位について，例えば，見上崇洋「都市行政と住民の法的位置」原

行政事件訴訟法改正の趣旨を踏まえて，広く解されるべきである[36]．同時に，参加の実効性を確保し，環境利益を保護するためには，諸外国の例が示すように，公共利益訴訟を導入し，環境に関わる行政のあらゆる意思決定について司法的コントロールを及ぼすことが有効である．

　もっとも，仮に原告適格が認められたとしても，各種の計画や公団等に対する許認可については，処分性が否定される可能性もある．環境破壊が不可逆的なものであることにかんがみれば，第2段階の行政訴訟改革では，団体訴訟の導入とともに，計画の争訟方法の整備が重要である[37]．その際，計画の実体的違法と手続的違法をともに争えるようにすることが重要である．手続的違法の例としては，法定されている公聴会が開かれなかったような場合や，市民意見の検討結果の公表が義務づけられているにもかかわらず，市民意見を採用しない理由が十分に示されていないような場合が考えられる．

　最後に，参加権の保障と同様に重要なのは，各種計画事項や許認可の要件として，具体的な環境配慮の内容を明記し，実体規定を充実させることである．現在の法制度をみると，各種基本法や基本計画の段階では，環境配慮規定が置かれている場合も少なくないのに対し，具体的な公共事業や都市計画の段階では，環境配慮が必ずしも法律に明記されていない．そのため，本来，上位計画等で環境配慮が義務づけられているにもかかわらず，個別の計画段階では，環境配慮が軽視される傾向がある．これを是正するためには，まず，徹底的な市民参加のもとに地域の環境目標を明らかにし，守られるべき環境について共通の認識を形成することが必要である．そして，この目標を自治体の環境基本計画に位置づけるとともに，他の施策の策定や実施に当たり，環境基本計画への適合を義務づけることが重要である．

田，前掲書（注32），p.451以下，参照．なお，小田急線高架化訴訟の上告審では，健康・生活環境に係る著しい被害を直接的に受けるおそれのある住民に，都市計画事業認可の取消しを求める訴訟の原告適格が認められた（最大判平成17年12月7日判例，『地方自治』275号62頁）．

37) 計画の法的性質と争訟方法については，例えば，見上崇洋『行政計画の法的統制』（信山社，1996年）；西谷，前掲書，p.261以下；山下淳「土地利用計画と規制」三辺夏雄・磯部力・小早川光郎・高橋滋編『法治国家と行政訴訟』（2004年，有斐閣），p.631以下；交告，前掲論文，p.70以下，参照．

5. 今後の展望

　以上のように，環境にかかわるあらゆる意思決定について，可能な限り早い段階から，その実施段階に至るまで，それぞれの段階に応じた環境配慮が市民参加のもとで行われることによって初めて，実質的な環境再生が可能になるといえよう．

「環境先進県」が生んだ「負の遺産」
——循環から環境再生への転換・拡張の必要性——

山下英俊

「四日市環境再生まちづくりプラン検討委員会」は、日本環境会議の「環境再生政策研究会」の成果を発展的に継承する形で 2004 年 7 月 31 日に発足した、研究者や市民によるネットワークである（遠藤 2005）。発足以来、定期的に市民講座やシンポジウムを開催し、四日市の環境再生に関わるさまざまな課題の検討をすすめている。2005 年 10 月 16 日に開催された第 5 回の市民公開講座では、「四日市の廃棄物問題を考える」というテーマが選ばれた。報告のなかでは、日本最大規模といわれる四日市市大矢知の産業廃棄物不法投棄問題や、同市で三重県の環境保全事業団が運営する廃棄物のガス化溶融処理施設の問題が取り上げられた。加えて、同市にある石原産業の工場がリサイクル製品として製造し、三重県の認定を受けて販売していたフェロシルトの問題も話題に上った[1]。

四日市市の廃棄物問題

大矢知の産廃不法投棄現場では、川越建材興業が産廃処分の許可を得る前に廃棄物を投棄（許可前投棄）したり、許可された量を大幅に超えて投棄（不法投棄）したことなどにより、合わせて 159 万 m^3 にもおよぶ許可外投棄が行われた。三重県は遅くとも 1993 年 9 月には許可外の投棄を把握し、改善命令を二度出した。しかし、これらが履行されなかったため、1994 年 10 月に処分場の許可の更新を認めなかった。結果として、同年 11 月に操業が止

---

[1] 四日市環境再生まちづくり検討委員会は、第 5 回市民公開講座を受けて、2006 年 3 月 2 日、四日市の廃棄物問題への政策提言を三重県と四日市市に提出した。

まったものの，これ以降，県は2004年に現地調査を開始するまで一切の行政措置をとらず放置した[2]。市民公開講座の当日は現地視察も行われ，住民代表からは行政の不作為を強く問う声が聞かれた。

ガス化溶融処理施設は，ダイオキシン対策として，県内の一般廃棄物焼却炉から発生する飛灰・焼却灰と産業廃棄物とを溶融処理する目的で建設された。しかし，産廃処理量が計画の34％に止まるなど，当初計画の甘さから経営が悪化，2003年度決算で事業団が債務超過に陥る事態となった。2004年度決算では累積赤字が33億7,100万円，債務超過も11億400万円に達している。これを受け，市町村が支払う灰処理料の値上げ（2万円から2万8,000円へ）や，県による年間20億円の財政支援などの対策が2005年度から始まった。しかし，20億円の融資については県議会でも大きな争点となり，一方的に処理料を値上げされた市町村からも不満の声が上がっているという[3]。また，このガス化溶融処理施設については，経営問題だけでなく，住宅密集地に近接した立地，不十分な排ガス処理，ダイオキシン対策としての機能を果たしていないこと[4]など，根本的な問題点が数多く指摘され，操業差止を求める裁判が係争中である[5]。

石原産業のフェロシルト問題

フェロシルトは，四日市コンビナートに立地する酸化チタン生産日本最大手の石原産業（本社大阪市）が，生産工程で発生する汚泥を「リサイクル」し，土壌埋め戻し材として販売していたものである[6]。三重県が「リサイクル製品利用推進条例」（リサイクル条例：2001年10月施行）に基づいて2003

---

2) 2005年6月16日開催の県議会全員協議会提出資料（http://www.eco.pref.mie.jp/kouhou/kyou/200506171529200100/index.htm：最終閲覧日2006年1月7日）参照。
3) 『中日新聞』2005年2月9日付，同3月19日付，6月7日付など参照。
4) 処理される灰中のダイオキシン類が，処理前の段階で既に規制をクリアしている。
5) 『朝日新聞』2005年2月20日付，差止訴訟原告団の米屋倍夫氏の第5回市民公開講座講演資料「三重県の一般廃棄物処理の問題点と課題」など参照。
6) 以下のフェロシルト問題に関する記述は，特に断りのないかぎり三重県フェロシルト問題検討委員会「フェロシルト問題に関する検討調査最終報告書」（http://www.eco.pref.mie.jp/jyourei/jyourei-yoko/jyorei/j20/feroshiruto/saishuhokoku.htm：最終閲覧日2006年1月6日）参照。

年9月に「リサイクル製品」として認定したこともあり，2001年8月の販売開始から2005年4月の生産・販売中止までに東海三県などで約72万トンが使用された．2004年12月に愛知県瀬戸市でフェロシルトが流出し，川の水が赤くなったことから問題が表面化した．酸化チタンの原料となる鉱石には微量の放射性元素が含まれており，これに起因する放射線がフェロシルトからも放出される．これを懸念した住民からの苦情に応じて岐阜県がフェロシルトの微量成分の分析を行ったところ，当初は想定外だった六価クロムが検出された．六価クロムの濃度が環境基準を超える場所もあり，2005年6月には岐阜県が石原産業に全量撤去を要請，8月には三重県も「フェロシルト問題検討委員会」を設置するなど，一気に問題が広がった．その後，石原産業が，三重県に提出したフェロシルトのサンプルを故意に取り違えたり，フェロシルトの生産工程を県が認定した工程から変更し別の廃液を混ぜるなど，悪質な対応を繰り返していたことが判明した．また，「フェロシルト問題検討委員会」の調査の結果，県が認定した工程で生産されたフェロシルトにも六価クロムが含まれることが明らかとなった．さらに，石原産業がフェロシルトを販売した業者に，販売価格のトンあたり150円を大幅に上回る数千円もの金額を「開発費」などとして支払っていたことが判明した[7]．こうした事実から，三重県はフェロシルトを産業廃棄物と判断し2005年11月5日に石原産業を廃棄物処理法違反で告発した[8]．

一方で，フェロシルトを「リサイクル製品」として認定した三重県に対しても批判が集まった．これに対し，「フェロシルト問題検討委員会」は，2005年12月15日発表の最終報告書で，「石原産業㈱によって作成された申請書は，（中略）周到に準備して作成された悪質なものであると考えられる．（中略）したがって，この申請書をもとに行われた認定審査に過失があったと断定することはできない」とし，県の過失を認めなかった．しかし，「チタン鉱

---

7) 『朝日新聞』2005年10月17日付，同10月24日付，『中日新聞』2005年10月23日付参照．
8) 三重県報道発表資料（平成17年11月7日付）「廃棄物の処理及び清掃に関する法律違反に対する告発」(http://www.pref.mie.jp/TOPICS/2005110081.htm：最終閲覧日2006年1月6日) 参照．

石中に不純物としてクロム等の留意すべき金属類が含有されていることは，化学技術者にとって予見可能と考えられ，（中略）また，県がフェロシルトをリサイクル製品として認定したことにより，（中略）問題となる箇所が拡大したことから，県は製品認定をしたことの道義的責任を免れることはできないと考えられる」と，道義的責任については認める見解を示している[9]。これに先立ち，野呂昭彦知事も記者会見で道義的責任については言及している[10]。しかし，県や外郭団体と石原産業との関係に鑑みると，道義的責任だけで済ますことができるか，疑問である。石原産業が認定申請時に提出した「有害ではない」という証明書を発行したのも三重県の環境保全事業団であった。この事業団では1977年の発足以来，県庁のOBや出向者などに加え，石原産業四日市工場長が歴代理事に就任していたことや，この事業団が運営する公共関与の廃棄物最終処分場の大半が石原産業の産廃の埋立に用いられてきたこと，そして今回撤去されるフェロシルトも事業団の処分場が受け入れる方針であることなど，石原産業との密接な関係が指摘されている[11]。石原産業がこれまでに三度も公害事件で有罪となっているという歴史（田尻（1972），宮本（2005）など参照）に照らすと，この関係の異常さが際立つ．

北川県政の失敗

　第5回市民公開講座で採り上げられたこれら3つの問題に加え，三重県では2003年8月に，多度町（現桑名市）のRDF（ごみ固形燃料）発電所のRDF貯蔵槽で爆発事故が発生し，消火活動中の消防職員ら7名が死傷している[12]。これらはいずれも「環境先進県」を標榜していた北川正恭知事の県

---

9) 三重県フェロシルト問題検討委員会「フェロシルト問題に関する検討調査最終報告書」(http://www.eco.pref.mie.jp/jyourei/jyourei-yoko/jyorei/j20/feroshiruto/sai-shuhokoku.htm：最終閲覧日2006年1月6日）参照．
10) 2005年11月1日の知事会見 (http://www.pref.mie.jp/koho/gyousei/teirei/051101.htm：最終閲覧日2006年1月8日）参照．
11) 『朝日新聞』2005年11月10日付，三重県環境保全事業団からの聞取り（2004年1月）．
12) 三重県「ごみ固形燃料発電所事故調査最終報告書」(http://www.eco.pref.mie.jp/kouhou/kyou/200311221412161000/index.htm：最終閲覧日2006年1月6日）参照．

政(1995年4月～2003年4月)において導入された(大矢知の不法投棄問題については北川県政の間に放置され続けた)政策である.一般廃棄物のダイオキシン対策として,①既存焼却炉の改修とガス化溶融炉による灰溶融と,②既存焼却炉の廃棄と新設RDF化工場およびRDF発電所による発電という二系統の広域処理化が進められた.産業廃棄物については,「産業廃棄物税」(産廃税)の導入と「リサイクル製品」の認定制度や補助金の整備が進められた.しかし,知事の交代直後から次々に問題が発覚したため,対応に追われる野呂知事もこれらの事業を「負の遺産」と呼ぶような状況となっている[13].

　以上のように,「環境先進県」をめざした北川県政の取組みは,少なくとも廃棄物政策に関しては明らかに失敗だったといえよう.なお,産廃税については,2002年度の導入以降,年を経るごとに税収が減少し,「課税効果で,産廃を減らす目的が達成されつつ」あるという肯定的評価も見られる[14].しかし,三重県の産廃の排出構造は極端に偏っており,1996年度の統計では産廃税の課税ベースの約3割を石原産業1社が占めていたという事実[15]に照らすと,この評価にも疑問符が付く.産廃税導入の検討過程でも,「予測税額は約7.2億円と見込まれるが,その4分の1近くに相当する1.8億円を1事業所で納める必要が出てくる(中略)同社は大手の化学製品製造業であるが,同社の経営に対する非常な痛手となる恐れが」ある(三菱総合研究所2000,p.29)と,石原産業への影響が懸念されていた.実際には,産廃税の導入と石原産業による廃液のフェロシルトへの不正混入の開始が同時期だったことなどから考えて,産廃税導入に伴う負担の増加が石原産業による不正行為を加速させたことは否めない.また,フェロシルトが産廃と認定されたことで,

---

13) たとえば2005年11月15日の知事会見(http://www.pref.mie.jp/koho/gyousei/teirei/051115.htm:最終閲覧日2006年1月6日)や,2005年11月12日の「第29回知事と語ろう　本音でトーク」(http://www.pref.mie.jp/koho/honne/h17/shima.htm:最終閲覧日2006年1月6日)など参照.
14) 『朝日新聞』2005年11月8日付.
15) 県内最終処分量78万トンのうち石原産業の無機汚泥だけで12万トン(15%)を占めていた.最終処分量から産廃税の対象外となった建設廃棄物(36万トン)を除くと石原産業の占める割合は29%となる(三重県1998).

産廃の削減という当初の目的の達成からも大きく遠ざかってしまった．

失敗の背景要因

　ではなぜ，「環境先進県」が「負の遺産」を生んでしまったのか．当時の三重県の政策については，別途詳細な検討が必要になる[16]．ここでは，前提となる背景要因として，以下の2点を指摘しておく．まず，産廃税の検討にあたっての北川知事の指示は，「政策形成段階からオープンな議論を展開すること，税制面，環境面，産業政策の面から制度的にもしっかりとした制度を構築すること」（細田 2001）であったという．しかし，結果論的に見れば，一連の政策で受益したのはプラント・メーカーや石原産業のような大企業で，一般の県民には膨大な財政負担や環境汚染のリスクという「負の遺産」が残された．「オープンな議論」が，実際には十分に開かれていなかったことを物語っているのではないか．「四日市公害を克服した」という三重県の環境政策において，未だ克服されていない要素がここから垣間見られる．

　加えて，序章で提示されている「循環から環境再生へ」という政策理念の転換・拡張が，廃棄物政策においても不可欠であることを，北川県政の失敗から読み取ることができる．マテリアル・フローの観点から解釈すると，「循環」とはフローの管理政策であり，「環境再生」はストックの管理政策である．産廃税とリサイクル条例は，税の導入とリサイクルの促進による，県内の最終処分場への産廃処分量の削減対策（フローの管理）として導入されたものであった．しかし，フローの管理のみを目標に設定してしまったために，フェロシルト問題を引き起こし，本来処分場に封じ込めておくべき有害な廃棄物をリサイクル名目で一般環境中に拡散させることになった．同様に，ガス化溶融炉とRDFは，どちらも主として一般廃棄物の処理に際して発生するダイオキシンの削減対策（フローの管理）として導入されたものであっ

---

16) 筆者らは，フェロシルト問題が明るみに出る前に，三重県の産廃政策について評価を試みたことがある（山下・除本 2004）．ここでは酸化チタンの汚泥に含まれる放射性物質への懸念に言及し，結論においてもリサイクルにともなう有害物質の拡散可能性に触れ，処分量の削減のみを政策目標とすることの限界を指摘している．しかし，全体として三重県における処分量の削減が肯定的に評価されている印象を与えたことは否めない．その意味でも新たな事実を踏まえた再評価が必要である．

た．しかし，導入に際して行われた技術的・経済的検討が不十分だったため，事故や環境汚染のリスク，膨大な財政的負担といった負のストックを生むことになった．このように，北川県政においてはフローの管理にのみ政策資源が投入され，結果としてストックの管理に失敗した．北川県政のフロー管理の偏重は，ストックの管理の典型である大矢知をはじめとした産廃の不法投棄問題が無視されつづけたことにも象徴的に表れている[17]．環境政策にはフローの管理とストックの管理という両者の視点が不可欠であることを，北川県政の失敗が端的に示しているといえる．

参考文献

遠藤宏一（2005）「『四日市環境再生まちづくり検討委員会』がめざすもの」『環境と公害』34巻3号，pp. 29-32.
田尻宗昭（1972）『四日市・死の海と闘う』岩波書店．
細田大造（2001）「三重県産業廃棄物税条例」『自治事務セミナー』2001年8月号．
三重県（1998）「三重県産業廃棄物実態調査報告書（平成8年度実績）」．
三重県環境森林部（2005）「四日市市大矢知・平津地内安全性確認調査状況（平成17年12月19日）」．
三菱総合研究所（2000）「産業廃棄物埋立税（仮称）調査研究報告書」．
宮本憲一（2005）「日本の公害――歴史的教訓」『環境と公害』第35巻第1号，pp. 62-70.
山下英俊・除本理史（2004）「なぜ三重県では産廃最終処分量が激減したのか？」『環境と公害』第33巻第4号，pp. 48-55.

---

[17] 三重県としては，大矢知不法投棄問題について特定産業廃棄物に起因する支障の除去等に関する特別措置法（産廃特措法）による国からの財政支援を念頭に対策を検討していた．しかし，環境省が補助金削減の一環で新規の申請を受け付けない方針を決めたため，国からの支援が望めなくなった．北川県政の不作為のツケを県民が負わされることになる（『中日新聞』2005年12月27日付など参照）．一方で，県が対策費用削減のため，現地調査の結果を基に「生活環境保全上の支障」がないと主張し，産廃の撤去や浄化が行われないおそれもある（現地調査の結果については三重県環境森林部（2005）を参照）．三重県には，北川県政の不作為への反省に基づく責任ある対応を期待したい．

終章 環境再生を通じた地域再生
これからの課題と展望

寺西俊一・除本理史

1. はじめに

　「地域再生の環境学」と題した本書は，序章（淡路剛久）で述べられているように，これからの「サステイナブルな社会」（「持続可能な社会」もしくは「維持可能な社会」）の構築のためには，「環境再生」をキーワードとした独自の政策理念の確立と，それにもとづく新たな施策の本格的な展開が不可欠な課題となっていることを多面的に明らかにしようとしたものである．

　その際，われわれのいう環境再生とは，これまでの環境破壊の結果として累積させてきた各種の「環境被害ストック」の除去・修復・復元・再生への取り組みを通じて，深刻な破壊や喪失を被ってきた人々の健康や自然を取り戻し，そのうえに，「環境的な豊かさ」（Environmental Wealth）の実現につながる農村，都市，地域経済，交通，そして住民や市民が主体となった地域社会（コミュニティ）の再生と創出をめざしていくこと，一言でいえば，「環境再生を通じた地域再生」のための総合的な取り組みを意味している．

　この終章では，1章から8章までの各論を踏まえながら，そのような「環境再生を通じた地域再生」への取り組みが今や国際的にも注目すべき時代的な潮流となってきていることを改めて紹介し，そのなかで日本における取り組みの今後の基本的な課題と展望について，若干の補足的言及をしておくこととしたい[1]．

2. 各地で広がる「環境再生を通じた地域再生」への取り組み

21世紀の今日,前世紀に追い求めてきた「経済」や「社会」の発展パターンが生み落としてきたさまざまな環境破壊が次々と際限のない広がりをみせ,足元から地球規模に至るまで,いよいよ深刻な危機的状況を顕在化させつつある[2]。しかし他方では,そうしたなかにあって,「経済」や「社会」のこれまでの発展パターンによって破壊され,荒廃させられてきた環境の修復 (rehabilitation) や復元 (restoration),そして,それらを含む広い意味での環境再生 (Environmental regeneration) をめざす多様な取り組みが各地で広がりつつあることに注目する必要がある。

2.1 欧州にみる動向と事例

まず,この間にとくに注目されるのが,欧州にみる動向である。そこでは,とくに1990年代に入って以降,多くの都市や地域で,「再自然化」(Re-naturalization)や「サステイナブル・シティ」(Sutainable cities),あるいは,「サステイナブル・エリア」(Sustainable areas)や「エコロジカル・コ

---

1) 寺西が「環境再生を通じた地域再生」という表現を用いたのは,以下の論稿が最初である。寺西俊一「これからの自治体環境政策の課題はこれだ」『住民と自治』1998年11月号。その後も,このテーマをめぐって,いくつかの論稿を発表する機会を得てきた。同「地方自治体と環境政策」日本地方財政学会編『環境と開発の地方財政』勁草書房,2001年6月。同「『環境再生』のための総合的な政策研究をめざして」『環境と公害』第31巻第1号,2001年7月。同「環境再生の理念と課題」『環境と公害』第32巻第1号,2002年7月。同「環境再生と自治体環境政策」植田和弘ほか編『持続可能な地域社会のデザイン』有斐閣,2004年,同「環境再生と都市再生——サステイナブルな人間社会を求めて——」植田和弘・神野直彦・西村幸夫・間宮陽介編集『都市のアメニティとエコロジー』岩波書店,2005年,など。この終章は,上記の一連の論稿を再構成しつつ,その後の状況も踏まえて,若干の補筆・修正を加えたものであることをお断りしておきたい。なお,本章の4.3項は,除本理史による草稿にもとづいている。

2) 寺西俊一『地球環境問題の政治経済学』東洋経済新報社,1992年,および,その後のアジア地域を中心とした具体的な問題状況については,日本環境会議・「アジア環境白書」編集委員会編『アジア環境白書1997/98』東洋経済新報社,1997年,同『アジア環境白書2000/01』同上,2000年,同『アジア環境白書2003/04』同上,2003年,同『アジア環境白書2006/07』同上,2006年,を参照してほしい。

ミュニティ」(Ecological communities) といった独自の理念を掲げた取り組みが進められてきた．

このうち，「再自然化」への取り組みとして最も有名なのは，イタリア中部のポー川流域（エミリア・ロマーニャ州のフェラーラ県やラベンナ市にまたがる地域）での取り組みである．そこでは，1980年代後半以降，それまで重化学工業用地や食糧増産のために湿地帯（ラグーナ）や海岸部を埋め立ててきた歴史を大転換させ，干拓地をかつての湿地帯や自然海岸に復元していくという壮大な事業が着々と進められてきた[3]．

あるいは，「サステイナブル・シティ」への取り組みとして有名なのは，たとえばフランスのストラスブールである．そこでは，1990年代に入って以降，従来までの自動車中心型の都市交通のあり方への歴史的反省にもとづき，かつて走らせていた市電に代わるものとして最新鋭の低床型トラムという公共交通の積極的な導入に踏み切り，都心部での自動車利用を大幅に減らす「脱モータリゼーション・シティ」ともいうべき新たな都市づくりへの挑戦が進められてきた[4]．

欧州の場合，この他にも数多くの有名な成功事例が挙げられるが，そこでの特徴は，こうした都市ないし地域レベルでの取り組みが個々バラバラに進められているのではなく，欧州全体としての広がりをもった一連の都市ないし地域レベルでの重層的な相互協力のネットワークに支えられて着実な展開をみせている点にある．まさに欧州では，世界に一歩先んじて，「環境再生を通じた都市や地域の再生」をめざす取り組みが，この21世紀の時代における新しい潮流として発展しつつあるといえる[5]．

---

[3] 井上典子「イタリア，ポー・デルタ地域における環境再生型地域計画」『環境と公害』第28巻第3号，1999年1月，参照．

[4] ストラスブールの取り組みについては，多くの紹介があるが，ここでは，宇沢弘文「ヨーロッパにおける新しい都市づくり」『環境と公害』第30巻第3号，2001年1月，を参照文献として挙げておく．

[5] 以上，前出1)の寺西俊一「環境再生と都市再生——サステイナブルな人間社会を求めて——」，参照．

2.2 日本にみる動向と事例

　他方，日本においても，かつての深刻な公害被害の累積によって荒廃化を余儀なくさせられてきた地域社会の環境再生をめざす取り組みが，1990年代後半から登場するようになってきた．しかも日本の場合，こうした環境再生への取り組みを最初にスタートさせたのが，大阪という大都市部の工業地帯に隣接する西淀川地域で深刻な大気汚染被害に苦しみ，長年にわたる公害裁判を通じて，その被害救済（損害賠償）と差止めを求めてきた原告住民たちであった．この点は特筆すべきことである．そこでは，環境再生への取り組みが，これまでに累積してきた公害被害の除去や修復という課題だけにとどまらず，当該地域における固有の歴史や生活文化，地域アメニティの回復，さらには地域医療や地域福祉の充実といった諸課題を含めて，まさに総合的なまちづくり，とりわけ当該地域の「生活コミュニティ」の再生をめざす取り組みとして展開されている点が注目される．また，こうした取り組みは，その後，同じように深刻な大気汚染公害をめぐって被害救済（損害賠償）と差止めを求める裁判が争われてきた川崎臨海部地域，水島地域，尼崎地域，名古屋南部地域などにおいても，長年にわたった裁判の和解という節目を受けて次々と広がりをみせている．これらの地域では，いずれも環境再生をキーワードとした地域再生やコミュニティ再生をめざす模索的な取り組みが始まっている．

　一方，この間に，行政サイドにおいても，たとえば兵庫県が検討し始めた「尼崎21世紀の森構想」，千葉県が円卓会議方式で検討してきた三番瀬での「干潟再生事業」，あるいは国土交通省と環境省が共同所管となり，釧路市をはじめとする流域市町村と関係住民，専門家やNPOなどが参画する協議会方式で具体的な取り組みが進んでいる釧路湿原での「自然再生事業」，さらには神奈川県の環境農政部と「自然環境保全センター」が中心となって調査検討を進めている「丹沢大山自然再生事業」など，環境再生への事業的な取り組みが各地で登場しつつあり，今後，注視されるべき動きとなっている．

3.「環境再生を通じた地域再生」がめざしていること

さて，前述のような各地での「環境再生を通じた地域再生」への取り組みは，非常に多面的・複合的な諸課題を含んでいるが，それらが共通してめざしていることは，以下に示すような3つの基本課題に集約されるといえる．

3.1 「環境被害ストック」の除去・修復・復元・再生

まず，第一の基本課題は，すでに述べたとおり，これまでの環境破壊の結果として累積させてきた各種の「環境被害ストック」をめぐる問題を重視し，それらの除去・修復・復元・再生への取り組みを本格的に推し進めていくことにある．この課題は，序章や2章（除本理史・尾崎寛直・礒野弥生）でも指摘されているが，これまでの環境政策において第一の柱として位置づけられてきた「環境負荷の低減」，あるいは，近年，第二の柱として掲げられるようになってきた「循環の推進」といった「フロー対策」だけにとどまらず，いわば「ストック対策」の独自な取り組みが環境保全のための各政策分野で求められてきているという現実的要請を背景としている．

たとえば，汚染防止の政策分野でいえば，これまでは各種の汚染物質や有害物質について，それぞれ遵守されるべき排出基準を定め，それらの基準内に「排出フロー」を抑え込むことによって「環境負荷の低減」をめざすという規制策がそれなりに積み上げられてきた．しかし，改めて考えてみると，仮に基準内への「排出フロー」の抑制が首尾よく達成されたとしても，他方で一定の「排出フロー」が継続し環境中に蓄積していくことになれば，いずれは，それらの「排出フロー」の累積による「ストック汚染」が重要な問題となってこざるを得ない．

また，とくに日本の場合，戦前・戦後を通じて各種の公害や環境破壊が幾度も繰り返され，それにともなう深刻な健康被害や自然破壊が全国各地に累積され，数多くの「環境被害ストック」を歴史的に抱え込んできたという経緯がある．このため，21世紀に入った今日，この種の課題への取り組みがいよいよ避けられなくなってきているといえる．

ここで，これまでの諸章ではほとんど言及されていないので，戦前期にお

写真終-1　1902年，煙害により生活が破壊され廃村となった松木村の跡．墓石のみが残されている（2002年12月，寺西撮影）．

ける日本の公害・環境問題の原点ともいうべき足尾鉱毒事件の舞台となった地域について簡単に触れておこう．そこでは，周知のように，明治期以降の銅精錬事業のための燃料使用を目的とした行き過ぎた森林伐採に加え，高濃度の亜流酸ガスの放出・充満による激しい煙害に見舞われたため，周囲の山々が完全な禿げ山となってしまった．それからすでに一世紀以上の歳月が経過しているが，今もなお，現地では剝き出しとなった荒漠たる山肌が痛々しい姿を晒しつづけている．また，そこには，明治35年（1902年）1月，煙害激甚地の一つであった旧松木村が廃村を余儀なくされ，地域コミュニティそのものが崩壊したという悲劇的な歴史があり，その墓石がひっそりと取り残されたままとなっている（写真終-1）．こうした足尾地域にみる今日の光景こそ，明治期以降における日本の近代化やその後の経済発展の影で生み落とされ，そのまま放置されてきた「負の遺産」としての「環境被害ストック」をめぐる問題を象徴的に示しているといってよいだろう．

　もちろん，上記の足尾地域では，とくに戦後になってから，治山治水対策

の一環として国および栃木県による「緑化事業」が営々と進められてきた．また，1990年代後半以降には，「よみがえれ！足尾の緑」の呼びかけのもとに，関東一円から広範な市民たちが参加する植林ボランティアの活動も展開されてきた[6]．さらに，今世紀に入ってからは「足尾の環境と歴史を考える会」という有志研究会が新たにスタートし，足尾町の行政当局者の一部を巻き込んで「足尾再生シンポジウム」が開催されるといった動きも起こり始めた．このシンポジウムでは，この間に急速な過疎化と高齢化が進行している足尾地域の起死回生をめざして「全町地域博物館構想」（エコ・ミュージアム構想）が提案されている．この構想には，旧松木村の崩壊から一世紀という節目を機に，人々の記憶から消え去りつつある日本の公害・環境問題の原点としての足尾鉱毒事件の痕跡を「歴史の証言」として保存し，その教訓を後生の世代に引き継いでいくことを通じて，当該地域の再生をめざしていきたいという地元関係者たちの熱い願いが込められている．だが，これまでのところ，こうした地元の願いを支援し，いよいよ衰退化を余儀なくされている足尾地域の新たな再生を可能とするための総合的な行政施策がまったく講じられていない．そのため，上述した注目すべき動きも，その後は立ち消え状況となりつつある．日本の近代化の過程において当該地域が果たしてきた歴史的な意義や役割に照らして考えるならば，これは誠に遺憾なことだといわなくてはならない．今後，地元住民および関係自治体を主体としつつ，国および県レベルでの責任ある支援体制のもとに，「環境再生を通じた足尾地域再生」へのビジョンづくりとその具体的な実現のための特別総合対策のプログラムが早急に検討されてしかるべきであろう．

他方，「環境被害ストック」の除去・修復・復元・再生への取り組みの重要性をより端的に示している事態として，近年，次々と発覚している全国各地での土壌汚染をめぐる問題[7]を挙げることができる．あるいは，つい最近になって再びクローズアップされてきたアスベスト被害をめぐる問題[8]なども

---

6) 足尾に緑を育てる会編『よみがえれ，足尾の緑』随想社，2001年，参照．
7) 畑明郎『拡大する土壌・地下水汚染——土壌汚染対策法と汚染の現実』世界思想社，2004年，参照．
8) 「〈特集〉アスベスト問題の新展開」『環境と公害』第32巻第2号，2002年10月，お

典型的な事態だといえる．改めて指摘するまでもなく，前者は，「土壌環境」(Soil Environment) に累積させてきた各種の有害汚染物質の「ストック除去」をめぐる深刻な課題を今日のわれわれに突きつけている．また，後者は，長年にわたって使用しつづけてきた有害なアスベストを扱ってきた労働現場のみならず，それらを含んだ材料や製品等を「建造環境」(Built Environment) としてのわれわれの身近な生活環境のなかにも大量に累積させてきたツケとして，その「ストック除去」が避けられない今日的課題となって浮上してきていることを示している．

以上に挙げたような諸事例はいずれも，いわば環境面における「不良資産」をめぐる問題だと言い換えてもよいが，これらの除去・修復・復元・再生に向けた総合的な「ストック対策」への取り組みを改めて真剣に検討することなくしては，これからの時代の環境政策の体系を語ることができなくなっているのである．

3.2 「環境的な豊かさ」の実現につながる「良質資産」の形成

第2に，われわれのいう「環境再生を通じた地域再生」への取り組みは，単に過去からの歴史的なツケの後始末，あるいは，その償いということにとどまるものではない．先の20世紀という時代がさまざまな公害・環境問題を引き起こし，それらのツケとして，各種の「環境被害ストック」という「不良資産」を数多く累積させてきた世紀であったとするならば，この21世紀には，それらの除去・修復・復元・再生への取り組みを着実に推進していくだけでなく，これからの将来世代のために環境面における「良質資産」の形成をめざしていくことも重要な課題になっているといわなくてはならない．

本書の3章（磯崎博司）では，日本の農村環境の再生をめぐる課題が取り上げられているが，そこでは，単に失われつつある日本独自の水田生態系や里山生態系の消極的な保護にとどまらず，より積極的な生物多様性の保全と農村景観や農村文化の継承・発展に向けた各地の取り組み事例が紹介されている．また，4章（羽山伸一）では，この間の自然再生事業や再導入事業の諸

よび，「〈特集②〉問われるアスベスト対策」『環境と公害』第35巻第3号，2005年1月，など参照．

事例が取り上げられている．これらはいずれも，失われつつある自然生態系と生物多様性の回復・保全を通じて，将来世代に対して環境面での「良質資産」をより豊かな形で残していくための不可欠な取り組みだといえる．さらに，5章（西村幸夫）やその補論（塩崎賢明）で検討されている都市環境の再生をめぐる課題においても，これまでの日本の都市づくりにみられる「不良資産」の累積化[9]という状況を真摯に反省し，これからは環境面からみてもより良質な「都市資産」の形成につながる新たなまちづくりへの転換が重要となっていることが指摘されている．

なお，こうした一連の取り組み課題は，将来世代に対して「環境的な豊かさ」を享受する基本的人権としての環境権（environmental rights）を保障していくために，現在のわれわれに課せられた世代的責任でもあることを確認しておく必要がある[10]．また，こうした取り組みは，1章（原田正純）において厳しく指摘されているように，とくに水俣病のような深刻な公害被害者を多数生みだし，当該地域の「環境的な豊かさ」を徹底的に剥奪してきたケースにあっては，「長きにわたる被害者の人権侵害からの回復」という基本的な視点にもとづくものでなければならない．

3.3 「エコロジー的に健全で持続可能な社会」の構築

さらに，われわれのいう「環境再生を通じた地域再生」への取り組みは，この21世紀の時代における都市と農村を含む，すべての地域社会の豊かな発展を展望していく上で，ますます重要かつ共通の課題となりつつあるといわなくてはならない．この点からいえば，環境再生は，単に狭い意味での公害被害によって疲弊させられてきた特定の「公害地域」においてのみならず，この間に構造的な疲弊化や衰退化が進みつつある日本の「鉱山地域」「農村地域」「工業地域」「都市地域」，さらには沖縄等に象徴されるような軍事基地に占拠されてきた「軍事地域」[11]，あるいは，むつ小川原等を典型とするような

---

9) 最近，大きな社会問題となっている「耐震構造偽装」によって建設された多くのビルやマンション群なども，その典型だといえる．
10) この点については，淡路剛久「20世紀から21世紀へ――環境権の思想と展望――」『環境と公害』第30巻第1号，2000年7月，参照．

かつての地域開発の政策的失敗のツケを押しつけられてきた「開発失敗地域」なども含め，すべての地域社会において，まさに共通して取り組まれるべき重要課題となってきている．

　近年では，環境省の「環境基本計画」等においても，都市と農村を含むすべての地域社会がそれぞれにふさわしいあり方で「持続可能な社会」の構築をめざしていくという政策目標が掲げられるようになってきているが，環境再生は，そうした政策目標を実現していくための前提となる基本的な取り組み課題だといってよい．より正確にいえば，われわれのいう「環境再生を通じた地域再生」への取り組みが究極的にめざしていることは，「エコロジー的に健全で持続可能な社会」（Ecologically sound and sustainable societies）[12]の構築にほかならない，ということである．

4. これからの課題と展望に触れて

　さて，以上で略述してきたような「環境再生を通じた地域再生」への取り組みをより本格的に推進していく上で，今後に残されているいくつかの課題やこれからの展望についても，さらに若干の補足的言及をしておきたい．

---

11) この「軍事地域」に関する環境再生への課題は，他の地域にはない特有の困難性を抱えている．この点について詳しくは，〈特集①〉軍事基地の閉鎖・返還と環境再生」『環境と公害』第 32 巻第 4 号，2003 年 4 月，林公則・大島堅一「米国における軍事基地閉鎖・民生転換政策」『環境経済・政策学会和文年報第 10 号』東洋経済新報社，2005 年，および，林公則・大島堅一「環境から軍事を問い直す」寺西俊一・大島堅一・井上真編『地球環境保全への途――アジアからのメッセージ――』有斐閣，2006 年，などを参照．

12) この表現は寺西独自のものであるが，Pearce, D. et al. [1993], *Blueprint 3 : Measuring Sustainable Dvelopment*, Earthcan Publication Ltd. や，Turner, R. K. ed. [1993], *Sustainable Environmental Economics and Management : Principle and Practice*, Belhaven Press, などでの議論が参考となっている．なお，"sustain" という英語は，「下から（sus）支えて保持ないし維持する（tain）」という意味であり，"sustainable" も「持続可能な」というよりも，「維持可能な」と和訳する方がより適切である．

4.1 推進主体をめぐる問題

　まず，第一に触れておく必要があるのは，今後，われわれのいう「環境再生を通じた地域再生」をより本格的に推進していくための主体をめぐる問題である．

　すでに述べたように，日本で「環境再生を通じた地域再生」への取り組みが始まったのは西淀川地域からであるが，そこで中心的な主体となっているのは，1996年に設立された「財団法人公害地域再生センター」(通称：「あおぞら財団」)である．これは，西淀川公害裁判における原告たちが自ら主体となって「公害地域」の再生に向けた取り組みを推進していくために新たに発足させた組織である[13]．ここに，日本では最初の，また国際的にみても前例のない新しいタイプの「まちづくりNPO」が誕生したことの意義は大きい．

　この「あおぞら財団」は，その発足以降，西淀川地域を中心とした「公害地域」の「環境再生プラン」を何人かの専門家たちによる協力も得て作成し，当該地域の再生のためのさまざまな提案を行い，地道な市民活動を積み上げてきた．それらの活動のなかで注目されるのは，深刻な公害被害によって破壊される以前の西淀川地域の「原風景」やそれと結びついた「原体験」を地元住民から聞き取り調査を行ったり，あるいは，「まちづくりたんけん隊」による当該地域の「環境診断マップ」づくりを進め，それらにもとづいて，地元の町会や工業団地協会などの協力も要請しつつ，足元からの地域再生に向けた積極的な提案活動が展開されてきたことである．さらには，西淀川地域での公害被害の実態についての詳細な歴史を記録し，関係資料の整理・保存を行い，後生の世代に正確に伝達・継承していくための取り組みも進めてきた．そして，財団発足から10年を経て，2006年3月には「公害・環境資料館」(愛称：エコミューズ)をオープンさせている．また，引き続く公害被害

---

13) これは，西淀川公害裁判で1995年3月に締結された和解条項において，被告企業側が支払うべき損害賠償金の一部を原告住民らの健康回復や生活環境の改善を含む西淀川地域の環境再生のための事業に用いるという重要な合意事項が盛り込まれたことにもとづいている．詳しくは，あおぞら財団のHP，http://www.aozora.or.jp/，参照．

による苦しみのなかで日々生活し，高齢化も進んできている公害患者たちの「健康回復」や「生き甲斐づくり」といった地域保健ないし地域福祉の分野にまたがる活動も推進してきている．

他方，こうした「あおぞら財団」の精力的な取り組みに触発されて，20世紀の「工業社会」が生み落としてきた典型的な「公害都市」といってよい川崎でも，1998年10月末に「環境再生とまちづくり――これからの川崎をどうするか――」という市民シンポジウムが開催された．同シンポジウムでは，「公害都市」としての川崎が今後における都市再生を図っていくためには，なによりもまず環境再生への取り組みが基軸とならなければならないことがアピールされた．そして，これを受けて，翌1999年10月から川崎臨海地域の環境再生を中心的テーマに掲げた「かわさき環境・まちづくり連続講座」をはじめとした取り組みも開始されていくことになった[14]．また，水島地域では，「水島地域環境再生財団」が発足し，足元の地域環境調査が進められ，たとえば八間川に清流を取り戻すための活動などが展開されてきた．尼崎では，「尼崎・ひと・まち・赤とんぼセンター」が発足し，とくに公害患者たちの「健康回復」への切実なニーズに応える地域福祉のための新しい市民事業が模索されてきた[15]．

さらには，かつての激甚な「コンビナート公害」に悩まされ，今なおその後遺症を地域的に抱え込み，近年では中心市街地の衰退化の危機にも直面している四日市地域でも，1972年7月の「四日市公害判決」から30周年という節目を記念した「集い」（2002年7月）の成功を機に，翌々年の2004年7月末に「四日市環境再生まちづくりシンポジウム」が開催され，同年9月から

---

14) このシンポジウムは，「川崎公害裁判」の判決とその後の和解解決への動きを受けて，21世紀に向けた川崎での取組み課題を検討するために1997年10月に発足した「かわさき環境プロジェクト21」（KEP21）（代表：永井進・法政大学教授，事務局：寺西俊一）が主催したものである．このプロジェクトの成果は，かわさき環境プロジェクト21編『環境破壊から環境再生の世紀へ』2000年3月，としてまとめられている．また，その成果をもとに，永井進・寺西俊一・除本理史編著『環境再生――川崎から公害地域の再生を考える』有斐閣，2002年9月，が出版されている．

15) 尾崎寛直「公害被害者による環境保健活動とコミュニティ福祉――尼崎「センター赤とんぼ」の活動から」『環境と公害』第32巻第4号，2003年4月，参照．

は「環境再生まちづくりプラン検討委員会」が発足し，地道な研究会活動が積み重ねられている（補論2（山下英俊）も参照)[16]．

しかしながら，以上で簡単に紹介したようないくつかの注目すべき取り組みも，日本においては，残念ながら，まだ一部の人々によるささやかな取り組みでしかなく，欧州にみられるように，一つの潮流を形成するまでにはいたっていない．こうした状況のなかで，今後，「環境再生を通じた地域再生」への取り組みをより本格的に発展させていくためには，当面，以下のような諸課題を意識的に追求していくことがとくに重要である．

第一には，すでに各地でさまざまに実践され，また模索されている取り組みに関する相互交流・相互支援のための独自なネットワークづくりを推し進めていくことである．この点でいえば，すでに触れた「あおぞら財団」が中心的な役割を担って，たとえば2002年11月下旬に「環境再生に向けたNGO国際会議」（於・北九州学園研究都市）が開催され，欧州やアジアを含む各地の取り組みの相互交流が行われたが[17]，今後，より恒常的な相互交流・相互支援のネットワークづくりが必要である．あるいは，そうしたネットワークを基礎にした全国な推進センターの設立なども考えられてよい．なお，先に紹介した欧州の場合，都市ないし地域レベルからのさまざまな取り組みがすべてインターネット上で一覧でき，相互の支援・交流を進めるための独自な情報システムができあがっている．日本における今後の取り組みにとっても大いに参考となろう．

第二には，環境再生に取り組んでいるそれぞれの地域において，関係する地方自治体当局への働きかけを意識的に進め，地方自治体の行政や議会からの協力・支援を引き出していくための独自のパートナーシップづくりがとくに重要になっているといえる．逆に言うならば，日本の各地方自治体当局には，今日における「環境再生を通じた地域再生」への取り組みの重要性につ

---

16) 遠藤宏一「『四日市環境再生まちづくりプラン検討委員会』がめざすもの」『環境と公害』第34巻第3号，2005年1月，宮本憲一「四日市の都市再生を求めて」同上，および，土井妙子「第2回四日市環境再生まちづくりシンポジウム――防災のまちづくり」『環境と公害』第35巻第3号，2006年1月，参照．

17) あおぞら財団『環境再生に向けたNGO国際会議報告集』2001年11月，参照．

いての認識を高め，すでに始まっている取り組みへの行政的な支援策を講じていくことが強く要請されている，ということでもある．この点でも，欧州の場合には，各地方自治体がそれぞれに積極的な推進主体になっており，また，たとえばドイツのフライブルグに本部がある「国際環境自治体協議会」(International Council for Local Environmnetal Initiative：ICLEI) という地方自治体ネットワークや，あるいは，ストラスブールに本部が置かれている「欧州評議会」(Council of Europe) のもとに組織されている地方自治体協議会のネットワークなどが積極的に関与している．さらに，欧州連合(EU) 委員会（当時，EC 委員会）のレベルでも，1990 年に採択された「都市環境に関するグリーンペーパー」(Ggreen Paper on Urban Environment) にもとづいて，1993 年から「サステイナブル・シティー・プロジェクト」が立ち上げられ，一連の都市ないし地域からの環境再生に向けた事業や取り組みに対して積極的な政策的支援措置が講じられている[18]．

今後，日本における取り組みの発展にとっても，関係する地方自治体の積極的なコミットメントが不可欠な課題になっているといわなくてはならない．また，その際，8 章（大久保規子）で詳しく論じられているように，そこでの意思決定プロセスにおいて実質的な市民参加が保障されていくこともきわめて重要な課題となっている．

4.2 政策統合をめぐる問題

続いて，第 2 に言及しておく必要があるのは，「環境再生を通じた地域再生」を可能としていくための政策統合をめぐる問題である．

この点でいえば，本書では，たとえば 2 章において「医療・福祉・環境の分野における政策統合」の重要性が論じられている．また，3 章では農業・農村政策との政策統合，5 章では都市政策との政策統合，6 章（中村剛治郎・佐無田光）では産業政策や地域政策との政策統合，そして，7 章（永井進）で

---

[18] 佐無田光「欧州サステイナブル・シティの展開」『環境と公害』第 31 巻第 1 号，2001 年 7 月，岡部明子『サステイナブル・シティ――EU の地域・環境戦略』学芸出版社，2003 年，および，アルマンド・モンタナーリ「サステイナブル・シティの経験と挑戦」『環境と公害』第 33 巻第 3 号，2004 年 1 月，など参照．

は交通政策との政策統合に向けた諸課題がそれぞれ明らかにされている．しかし，それらを受けて，「環境再生を通じた地域再生」のためのより具体的な政策メニューや政策プログラムを提示していくためには，さらなる調査研究が必要となっている．この点では，われわれが中心メンバーとなっている「日本環境会議」(JEC) による「環境再生政策研究会」がこの間に積み重ねられてきたが[19]，なお，数多くの検討課題を残したままとなっている．

日本では，周知のように，「公害対策基本法」の改正と関連 14 法が 1970 年末の臨時国会 (「公害国会」) で制定され，また翌 1971 年 7 月から環境庁が発足し，環境政策がそれなりのスタートを切ることになった．その後，1992 年 6 月の「環境と開発に関する国連会議」(リオ会議) を受け，1993 年 11 月に「環境基本法」も制定された．しかし他方では，この間に，いわゆる環境政策がカバーすべき領域はますます多様な広がりをみせ，個々の具体的な政策課題は列挙しきれないほど，膨大なものになってきている．こうしたなかで，今日，ますます重要となってきているのは，「環境保全のための政策統合」(Environmental Policy Integration：EPI) の推進である．この点でもまた，欧州地域が一歩先んじた取り組みを進めてきていることに学ぶ必要があろう．

欧州地域では，他の先進諸国と同様，1960 年代末から 1970 年代初頭以降になって，まず各国単位での国内的な環境政策の確立に向けた動きがスタートしたが，そこでは，当時の欧州共同体 (EC) のレベルでの「欧州共通環境政策」(Community Envrionmental Policy) という国際的な枠組みの構築も同時並行的に進められてきた．より具体的にいえば，1973 年に EC 全体としての「第一次欧州環境行動計画」(1973～1976) が策定され，以来，順次，「欧州環境行動計画」が積み上げられてきた．こうした経緯のなかで，欧州では，1980 年代前半の「第三次欧州環境行動計画」(1982～1986) 以降，「環境保全のための政策統合」(EPI) の推進という重要な基本理念が掲げられている．1980 年代後半以降の「第四次欧州環境行動計画」(1987～1992) では，環境に

---

19) 日本環境会議・環境再生政策研究会全体事務局『環境再生政策研究会／研究会報告書 (第 1 年度)』2002 年 3 月，同『環境再生政策研究会／研究会報告書 (第 2 年度)』2003 年 9 月，同『環境再生政策研究会／研究会報告書 (最終年度)』2005 年 3 月，参照．

かかわる政策領域と他の政策領域との「統合的アプローチ」(Integrated Approarch) を推進すべきことが強調された．1990年代に入ってからの「第五次欧州環境行動計画」(1993～1997) では，より具体的に，工業，エネルギー，農業 (林業，漁業を含む)，交通，観光といった5つの重点分野が明示され，環境保全との統合を積極的に推進していくことが盛り込まれている．なお，欧州地域の場合，EPI という基本理念は，単に環境政策と他の政策領域という横軸での統合 (部門間における政策統合：Sectoral Policy Integration) だけではなく，他方では，足元の市町村 (コミュニティ) レベルから，州政府レベル，各国中央政府レベル，そして欧州全体のレベルへ，という縦軸での政策統合 (政府間における政策統合：Governmental Policy Integration) も同時に推進していくための基本指針となっている点が注目される[20]．

今後，日本においても，こうした欧州にみる EPI の基本理念とそれもとづく取り組みに学びながら，「環境再生を通じた地域再生」のための総合的な政策研究をさらに発展させていくことが強く求められている．

4.3 費用負担と資金・財政措置をめぐる問題

最後に，第三として言及しておくべき点は，「環境再生を通じた地域再生」への取り組みを具体的に推進していくための費用負担と資金・財政措置をめぐる問題である．「環境再生を通じた地域再生」への事業や取り組みをより本格的に進めていくためには，それを可能とする費用負担のあり方と資金・財政面での独自な政策支援措置の検討が不可欠である．

この点では，今後の検討のための参考として，これまでにとられてきた費用負担と資金・財政措置をめぐって簡単に触れておこう．たとえば，日本では，かつての石炭採掘にともなって生じた地表陥落による農地・家屋・道路等の沈下あるいは破損などの鉱害問題への対策として，戦前に福岡県が約2,200ヘクタールの農地復旧計画を立て，400ヘクタール弱の農地復旧事業を行っている[21]．その際の復旧事業費については，鉱業権者が4割分を負担し，

---

20) 寺西俊一・細田衛士編『環境保全への政策統合』岩波書店，2003年，および寺西俊一編『新しい環境経済政策――サステイナブル・エコノミーへの道』東洋経済新報社，2003年，参照．

4. これからの課題と展望に触れて

表終-1　福岡県の鉱害復旧費と負担比率

(単位：千円)

年度	農地	道路・河川等
1940	150	—
41	321	1,080
42	174	1,770
43	174	1,379
44	582	2,699
45	—	2,523
46	—	6,483
計	1,402	15,936
負担比率（％）		
国	40	—
県	20	—
鉱業権者	40	100

(注) 1. 千円未満は切り捨て．
2. 農地は国・県補助金の交付を受けて復旧したもので，それ以外は不明．道路・河川等は，道路法・河川法等により，県に認可，許可，または届出のあったものに限られ，これらの手続きが不要の復旧分については不明．

(出所) 福岡県鉱害対策連絡協議会編『石炭と鉱害』福岡県鉱害対策連絡協議会，1959年，p.136より作成．

残りは，国が4割分，県が2割分の財政負担を行っている（表終-1，参照）．この背景には，1939年に鉱業法が改正され，鉱害に対する無過失賠償責任が採用されたことがある．

また，戦後になってからも，1947年度から49年度には，「行政措置」による復旧事業[22]と「プール資金制度」による復旧事業[23]が実施されている．そ

---

21) 福岡県鉱害対策連絡協議会編『石炭と鉱害』福岡県鉱害対策連絡協議会，1959年，参照．
22) 「行政措置」による復旧事業とは，1947年度，防災上緊急に復旧を必要とする土木箇所と，食糧増産に最も適当と認められる農地を対象に，国の災害復旧費による補助のもとに行われたものである．その際の費用負担比率は，土木箇所については国が66％，県・市町村が10％，鉱業権者が24％，農地については，国が36％，県が10％，鉱業権者が54％であった．
23) 「プール資金制度」による復旧事業とは，1948年度から49年度に実施された国，地方自治体，鉱業権者の費用負担による公共事業である．鉱業権者の費用負担は，石炭1トンあたり一定額の資金をプールしてまかなわれた．その際の費用負担比率は，土木事業については「行政措置」による復旧事業と同じであり，農地についても原則と

表終-2 農地・農業用施設の復旧事業費の負担比率（特鉱法，臨鉱法）

(単位：千円，カッコ内は%)

特鉱法（1950～57年度）			臨鉱法（1952～58年度のみ）		
国庫補助	2,985,044	(69.9)	国庫補助	907,819	(51.4)
自治体	427,143	(10.0)	県補助	186,098	(10.5)
特別会計	858,216	(20.1)	納付金	669,961	(38.0)
計	4,270,403	(100.0)	その他とも計	1,764,542	(100.0)

(注) 特鉱法の数値は，全国の実績（1958年4月30日現在）。臨鉱法の数値は，福岡県のみで計画ベース。
(出所) 福岡県鉱害対策連絡協議会編『石炭と鉱害』福岡県鉱害対策連絡協議会，1959年，pp.643, 652-658より作成。

の後，1950年に「特別鉱害復旧臨時措置法」（特鉱法）が，1952年には「臨時石炭鉱害復旧法」（臨鉱法）が制定された。このうち，特鉱法は，太平洋戦争中，国の石炭増産の要請にもとづく乱掘によって生じた鉱害（特別鉱害）の復旧を目的とした臨時立法であったが（1958年3月末に失効），このための費用に関しては，家屋等の非公共物件を除き，公共事業については国と地方自治体が一部を負担し，残りを鉱業権者の納付金等による特別会計からまかなうこととされた。これによって，福岡県では，1950年度から58年度に約2,000ヘクタールの農地が復旧されている。他方，臨鉱法では，特別鉱害以外の一般鉱害が対象とされ，その復旧費用に関しては事業対象に応じて国や県の補助率が定められ，賠償義務のある鉱業権者の負担比率はそれぞれの復旧事業ごとに異なっている。この臨鉱法による全国の農地復旧面積は，1952～57年度で約1,300ヘクタールであった。表終-2は，こうした特鉱法および臨鉱法にもとづく農地・農業用施設に関する復旧事業費の負担比率を示したものである。

　以上の事例のほかにも，日本では，とくに深刻なイタイイタイ病を引き起こしたカドミウム汚染の問題が背景となり，1970年末のいわゆる「公害国会」で，「農用地土壌汚染防止法」と「公害防止事業費事業者負担法」が制定された。後者における「事業者」とは，当該公害防止事業に係る地域において，公害の原因となる事業活動を行い，または行うことが確実であると認め

してこれに準じた。

4. これからの課題と展望に触れて

表終-3　大気汚染公害による健康被害救済の費用負担 (1999年度)

(単位：百万円，カッコ内は％)

	工場・事業場	自動車ユーザー	自動車メーカー	公費負担	計
補償給付費	61,499	15,375	—	—	76,873
公害保健福祉事業費	71	18	—	88	176
健康被害予防事業費	1,318	—	165	165	1,647
事務的経費	597	—	—	3,175	3,772
計	63,484	15,392	165	3,428	82,469
	(77.0)	(18.7)	(0.2)	(4.2)	(100.0)

(注) 1. 工場・事業場の負担は汚染負荷量賦課金，自動車ユーザーの負担は自動車重量税引当金による．
　　 2. 健康被害予防事業費の負担額は，工場・事業場，日本自動車工業会および国からの基金への拠出・出資比率で按分して算出した．
　　 3. 事務的経費は給付事務費および徴収事務費の合計．
(出所) 環境庁および公害健康被害補償予防協会（ともに当時）資料より作成．

られる者であり，公害防止事業には汚染農用地の客土事業等が含まれている．この「公害防止事業費事業者負担法」は，いわゆる「ストック公害」の除去に対して「汚染者負担原則」(Polluter Pays Principle：PPP) を適用したという点では先駆的なものであったといえる．だが，実際には，事業者の負担を低率にとどめる運用がなされてきた．たとえば，汚染農用地対策についてみると，1996年末までの累計で，「農用地土壌汚染防止法」にもとづき対策地域に指定されたのは66地域，6,260ヘクタール，このうち，「公害防止事業費事業者負担法」による土壌復元（客土事業等）は，1971年5月〜96年度末に40件が実施され，この総事業費は合計846億円，そのうち事業者の負担割合は44.5％であった[24]．その後，農用地に限られていた日本の土壌汚染対策については，欧米より遅れて，2002年に工場跡地など市街地対策を含む「土壌汚染対策法」が制定されたが，そこでは，汚染原因者でなく土地所有者に汚染除去の義務を負わせるなど，再検討されるべき点が少なくない[25]．

さらに，大気汚染による公害被害については，2章でも触れられているように，1973年に「公害健康被害補償法」(公健法) が制定され，気管支ぜん息等の指定疾病の患者に対して，本人の申請にもとづく行政認定によって，医療サービス等の補償給付や公害保健福祉事業が実施されてきた．表終-3は，

---

[24] 吉田文和『廃棄物と汚染の政治経済学』岩波書店，1998年，参照．
[25] 前出7) の畑明郎著，参照．

これらの健康被害救済事業にかかわる費用負担（1999年度）を示したものであるが，そこには，次のような問題点を指摘しておくことができる．

第1に，被害救済の内容に関して，医療の現物給付と金銭的給付が中心であり，健康被害に対する原状回復のための措置がきわめて限定されたものになっていることである．医療の現物給付と金銭的給付の費用は，表終-3の「補償給付費」であるが，これが全体の費用の9割以上を占めている．健康被害に対する原状回復のための措置としては，公害保健福祉事業が重要であるが，その事業費はきわめて少額である．また同事業の内容も，転地療養，療養用具支給，家庭療養指導，その他と定められているが，実際には，被害者救済にあまり役だっていないのではないか，という指摘もある．

第2に，費用負担に関して，工場・事業場の負担が8割近くを占め，大気汚染の発生源の現状とは乖離している．周知のように，1970年代後半頃から，大気汚染の主な発生源は，従来の工場・事業場から自動車へと移行している．もちろん，公健法の制定当初は，工場・事業場が主な発生源であり，その当時からの救済対象者（認定患者）については工場・事業場の責任が大きいことは当然である．しかし，たとえば，患者の新規認定が打ち切られる5年前，1983年の時点での窒素酸化物（NOx）の発生源別比率でみると，東京地域で自動車が69.1％，工場等が19.9％，大阪地域で自動車が51.2％，工場等が40.1％となっていたことに照らせば[26]，いまだに工場・事業場の負担が8割近くを占めていることは問題である．今後，自動車関連業界による応分の費用負担のあり方について真剣に検討すべきであろう．

今後，以上のようなこれまでの費用負担や資金・財政措置の諸事例の功罪をめぐる歴史的な検証作業も踏まえて，「環境再生を通じた地域再生」への取り組みがそれぞれの都市や地域のレベルからより本格的に推進されていくことが可能となるために，いったい，どのような費用負担や資金・財政措置が考えられるべきかについて，より具体的な政策研究をすすめていくことが残された重要な課題となっている．また，それらを踏まえて，「環境再生を通じ

---

26) 環境庁公健法研究会編著『改正公健法ハンドブック』エネルギージャーナル社，1988年，参照．

た地域再生」のための基本的な制度や枠組みづくりのための特別立法，たとえば「環境再生事業の推進に関する特別措置法」（仮称）のような国レベルでの新たな立法措置を検討していくことも必要となってこよう．

あとがき

　昨年から今年にかけて，日本橋再生の計画が急浮上し，話題を呼んでいる．これは，1964年に開催された東京オリンピックに間に合わせるための突貫工事で，江戸時代の五街道の起点であった東京の日本橋の上になんとも醜悪な形で建設してしまった首都高速道路を移し替えて，橋上の青空を取り戻し，周辺の都市景観をよみがえらせ，ひいては日本橋周辺の地域再生を図ろうという計画である．すでに韓国のソウルでは，高速道路の撤去による「清渓川再生事業」が実施され，若者たちにも人気のスポットとなっているが，いまや「環境再生を通じた地域再生」が「都市再生」においても重要な時代的課題となりつつあることを反映しているといってよい．今後，この計画が具体的にどのような形で実現されていくか，注視していく必要がある．

　以下，本書の出版にいたる若干の経緯について簡単に触れ，「あとがき」に代えておきたい．
　まず，われわれが，本書の基本テーマである「環境再生を通じた地域再生」の課題を検討し始めたのは，1997年の秋からである．当時，川崎公害裁判の判決とその後の和解解決への動きを受けて，同年10月に，21世紀に向けた川崎での取り組み課題を検討するために「かわさき環境プロジェクト21」(KEP21)（代表：永井進，事務局：寺西俊一）を発足させた．そして，終章でも言及したように，このプロジェクトによる政策提言のための中間発表の場として，1998年の10月末，川崎市内で開催したのが市民公開シンポジウム（「環境再生とまちづくり――これからの川崎をどうするか――」）であった．このシンポジウムで，20世紀が生み落とした典型的な「公害都市」といってよい川崎市の今後の都市再生を展望していく上でのキーワードとして，われわれは「環境再生」という独自の政策課題への取り組みの重要性を初めて対外的に提起したのであった．

その後，われわれが編集上の中心メンバーとなっている季刊雑誌『環境と公害』（岩波書店発行）の第28巻第3号（1999年1月）で「環境再生の地域計画」と題する特集を組み，以降，同第31巻第1号（2001年7月）で「環境再生と公共政策」と題する特集，同第31巻第3号（2002年1月号）で「都市の再生」，さらには同第31巻第4号（2002年4月号）では「自然環境の再生」と題する特集などを相次いで組み，われわれが提起した「環境再生」の理念と課題をめぐる議論を少しずつ深める努力を積み重ねてきた．今日では，われわれが提起した「環境再生」という言葉は，日本のマスコミ用語としても登場し始め，あちこちで多用される状況になっているが，そのなかには，われわれの意図とはまったく異なった文脈での使い方も散見されるので，この点では注意が必要である．

 いずれにしろ，われわれは，上述したような経緯のなかで，2000年3月31日に開催した「日本環境会議設立20周年記念シンポジウム」（於・東京），および，それに続く「第19回日本環境会議川崎大会」（2000年4月1日）においても，「環境再生」の課題を中心的なテーマに掲げ，そこでの議論の成果を川崎大会の宣言（「日本環境会議20周年宣言——環境破壊から環境再生の世紀をめざして——」）のなかにも盛り込んだ．そして，この大会宣言にもとづいて，この間に「日本環境会議」による新規の学際的な共同研究プロジェクトとして推進してきたのが「環境再生政策研究会」（2001年2月10日発足．代表：宮本憲一，副代表：淡路剛久・永井進，事務局長：寺西俊一）であった．この研究会は，当初，2001年度，2002年度，2003年度の3か年度をメドにして，全体の研究成果のとりまとめを行うという方針であったが，その後，「環境再生」のための総合的な政策研究というテーマ自体の深さや広がりに対応して，同研究会の活動期間をさらに1年延長し，2005年度末をもって最終的な成果のとりまとめを行うこととなった．

 この間，われわれにとって何よりもありがたかったのは，2002年10月から2004年9月までの2年間にわたって，この共同研究プロジェクトに対し，日本生命財団による平成14年度特別研究助成（「環境再生を通じた『持続可能な社会』の実現に向けた総合政策に関する学際的共同研究」代表研究者：淡路剛久）の採択を受けることができたことである．これは，われわれの共

同研究にとって非常に大きな支えとなってきた．同財団による研究助成による後押しのおかげで，上記の共同研究プロジェクトは，計9回を数える全体研究会の開催，5つの課題別に分かれた部会研究会（①公害地域再生政策研究部会，②臨海部地域再生政策研究部会，③道路・交通再生政策研究部会，④都市地域再生政策研究部会，⑤自然・農村地域再生政策研究部会）の積み上げ，国内外にまたがる現地調査と各地でのシンポジウムやワークショップの実施，また，それらの成果を反映させた日本環境会議の大会（2002年3月：松江大会，2003年9月：滋賀大会，2005年3月：松山大会）と海外の研究者や専門家を招聘した国際会議の開催など，きわめて精力的な活動を展開することが可能となった．そして，それらの成果をすべて集約する形で，2005年3月25日に「第19回ニッセイ財団助成研究ワークショップ」（「『持続可能な社会』実現への提言——環境再生・地域再生の視点から——」）（於・東京大学弥生講堂）を成功裡に開催することができた．

　本書は，以上に述べたような経緯のなかで，日本生命財団による平成14年度特別研究助成による成果のとりまとめとして，同財団の出版助成も受けて，ようやく刊行に漕ぎつけたものである．ここに記して，同財団の関係者，とりわけ，この間にわれわれの共同研究への暖かい励ましと助言を与えてきてくださった同財団の研究助成担当部長の吉川良夫氏に対し，改めて，心から感謝の意を表しておきたい．

　なお，以上のようなわれわれの共同研究プロジェクトによる一連の活動内容と詳細な記録については，終章でも注記しているが，『環境再生政策研究会／研究会報告書（第1年度）』(2002年3月)，『環境再生政策研究会／研究会報告書（第2年度）』(2003年9月)，『環境再生政策研究会／研究会最終報告書』(2005年3月）として，別途，とりまとめている．これらの報告書の入手を希望される本書の読者諸兄は，同共同研究プロジェクトの全体事務局を担当してきた日本環境会議事務局（http://www.einap.org/jec/）までお問い合わせいただければ幸いである．

　なお，上記の共同研究プロジェクトの成果を引き継いだ，いわばその第二ステップにあたる継続的な取り組みとして，日本環境会議事務局の支援のもとに「四日市環境再生まちづくりプラン検討委員会」（2004年7月発足），お

よび,「沖縄持続的発展研究会」(2005年5月発足) がそれぞれスタートし活動していることも, ここに付記しておく.

　最後に, 本書の刊行が, これからの21世紀における日本社会の真の再生への展望を切り拓いていくための一助となってくれることを心から期待する次第である.

　　2006年4月

寺西俊一

索 引

■ア行

RDF（ごみ固形燃料） 286, 287
足尾鉱毒事件 296
石川県ふるさと石川の環境を守り育てる条例 79
石原産業 283-286
イタイイタイ病 308
インナーシティ問題 171
ウサギ小屋 126, 159
エコシステムマネジメント 109
エコタウン（地域，事業） 180, 186, 192, 194
SEA (Strategic Environmental Assessment) 254, 255, 259, 268, 277-279
SPM（浮遊粒子状物質） 206, 230
エネルギー政策基本法 260
エリア・マネジメント 153, 154
大阪府堺・泉北臨海工業地帯 183
オーバーユース問題 65
オーフス条約 252, 253, 255, 258, 277
汚染者負担原則（PPP） 309
温室効果ガス 209

■カ行

外来種 67, 68, 73, 106
確率的生命価値 208

河川法 272
環境影響評価法 273
環境基本計画 29, 256, 257, 261-263
環境基本法 4, 65, 251, 256, 262, 263, 305
環境権 299
環境再生 2, 3, 10
環境と開発に関する国連会議（地球サミット/リオ・デ・ジャネイロ・サミット） 1, 251
環境被害ストック 5, 31, 33, 291, 295
環境保全・意欲増進・環境教育推進法 257
環境保全のための政策統合（EPI） 305
環境面で持続可能な交通（EST） 243, 245
観光基本法 260
気候変動 209
北九州臨海部 185
規模経済 171
釧路湿原 101, 102
クラスター的発展 173
群馬県新治村 85
景観法 137, 276
京浜臨海部 179, 193, 196, 197, 200, 201

原子力基本法　261
建築規制の緩和施策　160
公害健康被害補償制度（公健制度）
　　35, 38, 45, 47, 48
公害健康被害補償法（公健法）　19, 35,
　　36, 309
公害対策基本法　4, 305
公害防止事業費事業者負担法　308
公共交通機関　146-148, 205, 206
公共利益訴訟　256
高知市里山保全条例　78
交通需要管理（TDM）　216, 238, 244
神戸市人と自然との共生ゾーンの指定
　　に関する条例　80
国土形成計画法　264
国土利用計画法　262, 264
混雑税（ロンドン）　238-243

■サ行
再導入事業　98, 109-120
札幌市みどりの保全と創出に関する条
　　例　80
里地里山保全　76-78
参加型管理　107
産業廃棄物　283, 285
サンフランシスコ湾　175-177
滋賀県甲良町　88
時間節約便益　212
自然共生農業　81, 82
自然再生事業　97, 100-122
自然再生推進法　9, 72, 97, 100, 251

自動車の外部費用　206, 207-214
篠山市緑豊かな里づくり条例　80
社会資本整備重点計画法　265
社会的共通資本　214
社会的包含　172
シャドープライス　213, 214
住民参加手続きガイドライン　266-
　　268
集落営農組合　82
首都圏整備計画　127
循環型社会形成推進基本法　4, 168,
　　262
順応型管理　107
消費者基本法　258, 260
食育基本法　260
食品安全基本法　257, 260
食品衛生法　15, 20
食料・農業・農村基本法　259
水産基本法　263
水質二法（水質保全法，工場排水規制
　　法）　15, 20
清溪川　3, 228-230
生態系アプローチ　71, 87, 105
生物多様性　66-68, 71, 73, 99, 105
　——国家戦略　78, 97, 101, 106
　——条約　78, 101
　——保全税　90
絶滅危惧種　64, 105, 106, 116
総合規制改革会議　100, 106
ゾーニング　139, 149, 155
　ダウン——　139, 140

索引

　　排他的——　140
　　ユークリッド・——　140
　　累積的——　140, 141, 144
素材型重化学工業　164-166, 171, 188
損失余命　208

■タ行

耐震偽造　160, 161
大都市圏臨海工業地帯　163-169, 188
多面的機能　81
丹沢山地　103
地域複合営農　83
地球サミット　→環境と開発に関する国連会議
知識経済　169, 198, 201-203
千葉県市川市　153
千葉県里山の保全, 整備及び活用の促進に関する条例　79
千葉市蘇我地区　177
中山間地域　69
ディーゼル車排ガス規制　230, 235-238
定常型社会　171
討議デモクラシー　131, 134
統合的管理　93, 94, 101, 104
道路ガイドライン　270
道路整備5ヵ年計画　221, 222
道路特定財源　147, 148, 214, 222
特定外来生物法　106
都市型住宅のプロトタイプ　150
都市計画法　274—276

　　——の改正案　141, 144
都市の縮退現象　131
都市の連帯と再生に関する法律（SRU法）　155
土地基本法　261, 263, 275
土地区画整理　128, 130
土地利用計画法　261, 274, 276

■ナ行

長野県飯島町　82
西淀川公害裁判　301
日本環境会議　305
ニホンコウノトリ　120
農用地土壌汚染防止法　308

■ハ行

パブリック・インボルブメント（PI）　226, 227, 270-272
パブリック・コメント　262, 279
ヒートアイランド現象　166
兵庫県豊岡市　121
琵琶湖　74
フェロシルト　283-287
文化芸術振興基本法　257, 260
ベルン条約　115, 118
ポスト工業化　163, 164, 166-177, 188, 190-192, 196-202

■マ行

三重県環境保全事業団　283, 286
三重県自然環境保全条例　78, 79

水俣学　28, 29
水俣病　13-29, 31, 50-53
　　――関西訴訟　13, 14, 26, 27
　　後天性――　23
　　小児性――　22, 23, 25, 56
　　胎児性――　22, 23, 25, 56
　　――認定審査会　15
メイン・ストリート・プログラム
　155
モータリゼーション　205
もやい直し　34, 51

■ヤ・ラ・ワ行
山の里下り　70
四日市環境再生まちづくりプラン検討
　委員会　283
四日市市大矢知　283
四日市臨海部　182
ラムサール条約　74
リオ・デ・ジャネイロ・サミット　→
　環境と開発に関する国連会議
「諒解達成型」の都市計画　134
ルール工業地帯　173, 174
ロードプライシング　216, 223

執筆者紹介（執筆順．＊は監修者，＊＊は編者）

*淡路剛久（あわじ　たけひさ）　立教大学大学院法務研究科教授
　1942 年生まれ．東京大学法学部卒．
　『環境法』（共編著，有斐閣，1999 年），『紛争と民法財産法』（放送大学教育振興会，2002 年）など．

原田正純（はらだ　まさずみ）　熊本学園大学社会福祉学部教授
　1934 年生まれ．熊本大学大学院医学研究科神経精神医学専攻修了．医学博士．
　『水俣病』（岩波新書，1972 年），『水俣学講義』（日本評論社，2004 年）など．

除本理史（よけもと　まさふみ）　東京経済大学経済学部助教授
　1971 年生まれ．早稲田大学政治経済学部経済学科卒．一橋大学大学院経済学研究科博士課程単位取得満期退学．博士（経済学，一橋大学）．
　『環境再生——川崎から公害地域の再生を考える』（共編著，有斐閣，2002 年），「『環境被害ストック』に関する責任と費用負担——環境再生のための政治経済学的一考察」（一橋大学審査博士学位論文，2005 年 2 月）．

尾崎寛道（おざき　ひろなお）　東京経済大学経済学部専任講師
　1975 年生まれ．東京農工大学農学部応用生物科学科卒．東京大学大学院総合文化研究科博士課程単位取得．
　「乖離する高齢者ニーズと介護保険制度——介護保障制度の確立に向けて」（『社会政策学会誌』第 10 号，2003 年），「水俣の地域再生と『地域ケア』ネットワーク」（『東京経大学会誌』249 号，2006 年）．

礒野弥生（いその　やよい）　東京経済大学現代法学部教授
　東京都立大学法学部卒．同大学大学院社会科学研究科博士課程単位取得．

『地方自治法』（編著，学陽書房，1990年），『市民法学の課題と展望』（共著，日本評論社，2000年）など．

羽山伸一（はやま　しんいち）　日本獣医生命科学大学獣医学部助教授
1960年生まれ．帯広畜産大学大学院修士課程修了．博士（獣医学），獣医師．
『野生動物問題』（地人書館，2001年），『生態学からみた野生生物の保護と法律』（共著，講談社，2003年）など．

磯崎博司（いそざき　ひろじ）　明治学院大学法学部教授，岩手大学名誉教授．
1950年生まれ．東京都立大学法学部卒．同大学大学院社会科学研究科博士課程中退．
『国際環境法』（信山社，2000年），『知っておきたい環境条約ガイド』（中央法規出版，2006年）など．

**西村幸夫（にしむら　ゆきお）　東京大学大学院工学系研究科教授
1952年生まれ．東京大学工学部卒．同大学院修了．工学博士．
『都市保全計画』（東京大学出版会，2004年），『環境保全と景観創造』（鹿島出版会，1997年）など．

塩崎賢明（しおざき　よしみつ）　神戸大学大学院工学研究科教授
1947年生まれ．京都大学大学院博士課程単位取得退学．工学博士．
『大震災10年と災害列島』（共編著，クリエイツかもがわ，2005年），『住宅政策の再生』（編著，日本経済評論社，2006年）．

中村剛治郎（なかむら　こうじろう）　横浜国立大学大学院国際社会科学研究科教授
1947年生まれ．大阪市立大学大学院経営学研究科博士課程単位修得．商学博士．
『地域政治経済学』（2刷補訂，有斐閣，2005年），『地域の力を日本の活力に：新時代の地域経済学』（編著，全国信用金庫協会，2005年）など．

佐無田光（さむた　ひかる）　金沢大学経済学部助教授
　1974年生まれ．横浜国立大学経済学部卒．横浜国立大学大学院国際社会科学研究科博士後期課程修了．博士（経済学）
　『地域ルネッサンスとネットワーク』(共著，ミネルヴァ書房，2005年)，『環境再生』(共著，有斐閣，2002年) など．

大久保規子（おおくぼ　のりこ）　大阪大学大学院法学研究科教授
　一橋大学大学院博士後期課程修了．博士（法学）．
　『要説環境法（第3版）』(共著，有斐閣，2006年)，「オーフス条約とEU環境法」（『環境と公害』35巻3号，2006年，所収）．

山下英俊（やました　ひでとし）　一橋大学大学院経済学研究科専任講師
　1973年生まれ．東京大学教養学部卒．同大学院総合文化研究科博士課程中退．博士（学術）．
　"Circulation indices: new tools for analyzing the structure of material cascades" (written jointly with Kishino, H., Hanyu, K., Hayashi, C. and Abe, K.), Resources, Conservation and Recycling, Vol. 28, 2000, pp. 85-104.
　「なぜ三重県では産廃最終処分量が激減したのか？」(共著，『環境と公害』第33巻4号，2004年，所収)．

**寺西俊一（てらにし　しゅんいち）　一橋大学大学院経済学研究科教授
　1951年生まれ．京都大学経済学部卒業．一橋大学大学院経済学研究科博士課程単位取得退学．
　『新しい環境経済政策』(編著，東洋経済新報社，2003年)，『環境共同体としての日中韓』(監修，集英社新書，2006年) など．

地域再生の環境学

2006年5月19日　初　版

［検印廃止］

監修者　淡路剛久

編　者　寺西俊一・西村幸夫

発行所　財団法人　東京大学出版会

代 表 者　岡本和夫

113-8654 東京都文京区本郷 7-3-1 東大構内
http://www.utp.or.jp/
電話 03-3811-8814　Fax 03-3812-6958
振替 00160-6-59964

印刷所　株式会社精興社
製本所　誠製本株式会社

©2006 T. Awaji, S. Teranishi and Y. Nishimura, et al.
ISBN 4-13-036300-X　Printed in Japan

Ⓡ〈日本複写権センター委託出版物〉
本書の全部または一部を無断で複写複製（コピー）することは，著作権法上での例外を除き，禁じられています．本書からの複写を希望される場合は，日本複写権センター(03-3401-2382)にご連絡ください．

西村幸夫著	都市保全計画 　　　歴史・文化・自然を活かしたまちづくり	A5・15,000 円
武内・鷲谷 恒川　　　編	里山の環境学	A5・2,800 円
井上・酒井・下村 白石・鈴木　　編	人と森の環境学	A5・2,000 円
武内和彦著	環境時代の構想	A5・2,300 円
石弘之編	環境学の技法	A5・3,200 円
阿部斉 新藤宗幸　著	概説　日本の地方自治［第2版］	四六・2,400 円
持田信樹著	地方分権の財政学　原点からの再構築	A5・5,000 円

ここに表示された価格は本体価格です．御購入の際には消費税が加算されますので御了承ください．